渤海油田录井油气水快速评价技术

MUD LOGGING TECHNOLOGY FOR RAPID EVALUATION
OF RESERVOIR ZONES IN BOHAI OILFIELD

谭忠健　毛　敏　吴立伟　胡　云　赵启彬　等著

中国石油大学出版社
CHINA UNIVERSITY OF PETROLEUM PRESS

山东·青岛

图书在版编目（CIP）数据

渤海油田录井油气水快速评价技术／谭忠健等著
. —青岛：中国石油大学出版社，2021.10
ISBN 978-7-5636-7110-6

Ⅰ．①渤…　Ⅱ．①谭…　Ⅲ．①渤海—海上油气田—录
井—油田水　Ⅳ．①TE311

中国版本图书馆 CIP 数据核字（2021）第 062525 号

书　　　名：渤海油田录井油气水快速评价技术
　　　　　　BOHAI YOUTIAN LUJING YOU-QI-SHUI KUAISU PINGJIA JISHU
著　　　者：谭忠健　毛　敏　吴立伟　胡　云　赵启彬　等
责任编辑：秦晓霞（电话　0532-86983567）
封面设计：悟本设计
出　版　者：中国石油大学出版社
　　　　　　（地址：山东省青岛市黄岛区长江西路 66 号　邮编：266580）
网　　　址：http://cbs.upc.edu.cn
电子邮箱：shiyoujiaoyu@126.com
排　版　者：我世界（北京）文化有限责任公司
印　刷　者：沂南县汇丰印刷有限公司
发　行　者：中国石油大学出版社（电话　0532-86981531，86983437）
开　　　本：787 mm×1 092 mm　1/16
印　　　张：17.75
字　　　数：442 千字
版　印　次：2021 年 10 月第 1 版　2021 年 10 月第 1 次印刷
书　　　号：ISBN 978-7-5636-7110-6
定　　　价：80.00 元

编写人员

主　　编：谭忠健　中海石油(中国)有限公司天津分公司
　　　　　毛　敏　中法渤海地质服务有限公司
副 主 编：吴立伟　中海石油(中国)有限公司天津分公司
　　　　　胡　云　中海石油(中国)有限公司天津分公司
　　　　　赵启彬　中海石油(中国)有限公司
参编人员：(按姓氏拼音顺序排列)
　　　　　符　强　中海油能源发展股份有限公司
　　　　　郭明宇　中海石油(中国)有限公司天津分公司
　　　　　李鸿儒　中海油能源发展股份有限公司
　　　　　刘　坤　中海石油(中国)有限公司天津分公司
　　　　　荆文明　中法渤海地质服务有限公司
　　　　　马金鑫　中海石油(中国)有限公司天津分公司
　　　　　倪朋勃　中法渤海地质服务有限公司
　　　　　桑月浦　中海油能源发展股份有限公司
　　　　　汪　芯　中法渤海地质服务有限公司
　　　　　吴昊晟　中法渤海地质服务有限公司
　　　　　徐凤阳　中法渤海地质服务有限公司
　　　　　苑仁国　中海油能源发展股份有限公司
　　　　　袁胜斌　中法渤海地质服务有限公司
　　　　　张建斌　中海油能源发展股份有限公司

前　言

20 世纪 60 年代,伴随着我国石油工业"上山下海"的战略部署,渤海油田投入勘探开发。从最初的高峰年产量仅 17 万吨,到如今的稳产 3 000 万吨,渤海油田已成为我国重要的原油生产基地。而今,在新时代的新起点上,渤海油田实施推进"七年行动计划"、全力上产 4 000 万吨的新目标已提上日程。

录井技术是随着油气勘探开发的需求而逐步发展起来的一门多学科融合、多项技术综合的井筒技术,是发现、评估油气藏最及时、最直接的手段,具有获取地下信息多样、分析解释快速的特点,是油气勘探开发技术的重要组成部分。

经过 50 余年的生产实践,渤海油田的录井技术经历了从最初的手工简易气测录井阶段,到综合录井发展阶段,再到如今的快速色谱分析、定量荧光录井、地球化学录井、X 射线元素录井、X 衍射全岩分析、FLAIR 实时流体录井等一系列先进的分析录井技术综合发展阶段,现已形成七大技术系列:① 常规录井;② 油气水快速评价;③ 地质剖面建立;④ 关键地层界面卡取;⑤ 钻井工程实时监控;⑥ 录井资料分析处理;⑦ 井场信息远程传输应用。这些技术系列在渤海油田增储上产的过程中发挥了重要作用。

近年来,随着渤海油田勘探开发的深入,以及钻井提速工艺的发展,井场录井油气水快速评价面临着油气水关系复杂、油品性质复杂、复杂储层精细解释难度大以及定量化评价难度大等诸多困难与挑战。

为了解决复杂条件下的油气水快速评价难题,真正发挥录井在油气发现中的"眼睛"作用,中海石油(中国)有限公司天津分公司组织开展技术攻关,创新形成录井油气水定量评价、指纹谱图流体性质分析、FLAIR 实时流体解释以及测、录、试一体化解释评价等渤海特色录井技术,逐步形成了一套渤海油田细分构造带的录井油气水快速评价技术体系,在渤海及国内其他海域广泛应用,大幅度提高了录井油气显示发现率及录井综合解释符合率。此外,本技术实现了数据挖掘技术在录井油气水快速评价中的应用,为大数据时代录井技术的发展提供了技术支撑。为了进一步交流推广这些新技术、新成果,并为海洋石油勘探开发研究人员、作业管理人员及相关专业技术人员深入了解渤海录井油气水快速评价技术提供更多参考依据,特整理编写了此书。

全书的主要内容有如下几个方面：

（1）录井数据标准化处理技术：通过实验分析及方法研究，形成适用于渤海油田的气测数据标准化校正方法及地化烃类损失校正方法。

（2）烃组分储层流体性质分析技术：基于以钻井液为载体的烃组分以及以岩屑为载体的烃组分建立了烃组分储层流体性质评价解释模型。

（3）录井资料原油性质评价技术：利用地化录井和三维定量荧光录井参数及其衍生参数建立原油性质判别图版，并在此基础上探索建立了原油密度定量化预测模型。

（4）指纹谱图储层流体性质分析技术：地化录井和三维定量荧光录井技术与计算机图形技术相结合，形成独特的指纹谱图自动比对的储层流体性质分析技术。

（5）录井油气水综合解释评价技术：结合数据挖掘理论进行测、录、试多参数组合解释评价，在此基础上进行油气水解释方法优选分析，形成录井油气水综合解释评价技术。

（6）录井油气水定量评价技术：从综合含水率和含油气性两个方面进行探索，优化评价指标，实现井场录井油气水定量评价。

全书共分为八章，其中第一章由谭忠健、毛敏、吴昊晟编写；第二章由郭明宇、桑月浦、荆文明编写；第三章由吴立伟、谭忠健、郭明宇编写；第四章由胡云、倪朋勃、刘坤编写；第五章由毛敏、吴立伟、胡云、李鸿儒编写；第六章由谭忠健、赵启彬、马金鑫、徐凤阳、苑仁国编写；第七章由谭忠健、张建斌、袁胜斌编写；第八章由赵启彬、李鸿儒、毛敏、符强编写。全书由谭忠健、李鸿儒、汪芯统稿，胡云、郭明宇、张建斌、符强初审，最后由谭忠健对全书进行审核定稿。

在本书编写过程中尚锁贵、王清斌、张国强等技术专家提供了技术指导；陈靖、袁亚东、马猛、曹军、李战奎、马福罡、张向前、魏雪莲、杨毅、沈文建等技术人员提供了大量的基础资料，并参与软件测试、成果现场应用等工作。在此对为本书出版付出辛勤劳动的技术和科研工作人员表示衷心感谢。

由于著者水平有限，书中难免有错误和不足之处，恳请读者批评指正。

著者
2021 年 4 月

目 录

第一章
概　述

第一节　渤海油田录井技术发展历程

录井是一项重要的石油工程技术,在油气勘探开发钻井工程中起着排头兵和前哨的作用,掌握着油气勘探开发的第一手资料。随着录井技术的发展和录井学科的形成,录井已成为石油工程技术产业链中的重要环节。

录井是在钻井过程中应用电子技术、信息技术及分析技术,并借助分析仪器进行各种石油地质、钻井工程及其他随钻信息的采集(收集)、分析处理,进而达到发现油气层、评价油气层和实时钻井监控目的的一项随钻石油勘探技术。目前渤海油田录井技术主要包括岩屑录井技术、岩心录井技术、工程录井技术、地化录井技术、气体分析录井技术、荧光录井技术(包含定量荧光录井技术)、元素录井及全岩衍射录井等岩性分析技术、岩石物性录井技术、地层压力监测技术、随钻分析决策技术、录井信息传输技术、油气水综合解释评价技术等。

渤海油田录井技术经历了原始积累、引进吸收、联合发展、自主创新的历程,可大致划分为初始发展期、国际同步期和创新发展期三个阶段。

一、初始发展期(1964—1982 年)

该时期,录井技术手段单一,以手工作业和肉眼观察为主,以发现油气显示为主要目的。后期开始引进部分简单气测仪和简易综合录井仪,实现了简单的工程参数记录和钻井液中烃类气体的检测,但烃类组分测量精度偏低。

二、国际同步期(1983—2000 年)

以中海油和 Geoservices 的合资公司——中法渤海地质服务有限公司成立为标志,首次引进法国 Geoservices 的 TDC 综合录井仪,气测仪的性能有了很大飞跃,由原来的间隔点测量变为自动连续测量,烃类检测器为高精度氢火焰离子检测器,测量精度提高至几十

ppm(1 ppm=10^{-6}),烃类色谱可以分析 C_1、C_2、C_3、i-C_4、n-C_4 多种组分。此后,以中法渤海地质服务有限公司为平台,当时最先进的录井设备和仪器被引入国内,ALS 系列综合录井系统、Reserval 快速色谱、QFT 定量荧光、数据远程传输等技术陆续在渤海油田得到应用,在技术上实现了与国际的同步。

ALS 系列综合录井系统集数据采集、数据分析、地质分析、压力检测、成果输出和数据传送于一体。值得一提的是,ALS 系列综合录井系统中 ALS-2 系统曾是录井行业的领导者,与其配套使用的硬件和软件与同期的录井系统相比,都有明显的先进性。

随着 PDC 钻头等新工具的大量使用,机械钻速得到了极大提高,Reserval 快速色谱仪将测量周期缩短至 42 s,满足了快速钻井资料录取的需求,并且测量精度有了很大提高,测量精度提高至 1 ppm。与 Reserval 配套的脱气器也全面升级为定量脱气器,定量脱气器的使用使脱气效果有了质的提升,有助于录井油气水的定量解释以及多井和储层之间对比。

三、创新发展期(2001 年—至今)

随着信息技术的飞速发展和海上石油勘探开发需求的提高,录井技术迈进了设备研发高端化、人才培养多元化、测录解释一体化、技术装备集成化、录井数据归一化、地层评价综合化、行业引领体系化的发展新阶段。Infoservices 井场数据实时传输、GN4 智能录井系统、FLAIR 实时流体录井、PreVue 实时压力监测和 Optiwell 钻井优化技术等录井新技术相继投入使用,并得到较好应用,同时陆地油田应用较为广泛的地化录井技术、三维定量荧光技术、红外光谱技术、元素录井及全岩衍射录井技术也引入使用。

Infoservices 井场数据实时传输系统是集井场信息采集、传输、存储、显示、智能分析等功能于一体的系统,是生产管理、信息沟通及随钻实时决策的综合信息平台。该系统目前可以传输包括录井数据、钻井数据、随钻测井数据和测试数据等在内的石油勘探开发作业的全部数据。实时可视决策支持系统是陆地专家的眼睛,数据能达到实时同步,让陆地专家及时了解现场作业情况,为决策提供可靠的依据,实时指导现场作业,从而提高钻井的时效性,节省成本。

GN4 智能录井系统是由 Geoservices 公司研制、开发的最新一代智能化综合录井系统。与常规综合录井系统相比,无论是从硬件还是软件方面,都进行了全新的改进和升级。目前它已成为国内外深水井、高温高压井、大位移井等高难度井综合录井服务首选录井设备。与传统录井系统相比,GN4 智能录井系统增加的功能有钻井效率监测、井眼清洁情况监测、钻具振动监测、事件同步显示和早期井涌井漏监测。

FLAIR 实时流体录井系统是集气体资料采集、处理、质量控制和解释于一体的气测录井系统。与传统的气测录井系统相比,气体检测组分范围更广,流体录井系统检测组分不仅包括气体组分 $C_1 \sim C_5$,而且扩展到了 n-C_6、n-C_7、n-C_8、C_6H_6、C_7H_8、C_7H_{14} 以及非烃类 H_2S、CO_2 等组分;数据质量更高,使用对钻井液加热的技术,可以将水基钻井液加热到 70 ℃,油基钻井液加热到 90 ℃,使得对于气体的检测更加准确;气体出入口校正,同时检测出口气体和入口气体,通过气体解释软件对出入口数据的"钻头归位"可以消除再循环气以及钻井液材料对气体数据造成的影响,这样得到的数据便是地层的真实气体,即 $Gas_{校正}=Gas_{out}-Gas_{in}$,极大地提高了数据的质量,利用这样的数据所做的研究分析结果也更准确。

PreVue 实时压力监测是实时评估地层孔隙压力和破裂压力的一种录井随钻技术。据统计，在石油工业中每年由于地层压力问题而产生的钻井费用超过 12.5 亿美元，随着石油勘探开发的不断深入，勘探成本也将大幅增加，因此，准确、实时地描述地层压力将会使得勘探成本的使用更加合理、有效。实时压力监测主要通过分析钻井工程数据、随钻测井数据、气体数据、剖面岩性及掉块等信息，为客户提供随钻地层孔隙流体压力梯度、上覆地层压力和破裂压力梯度的评价，保证工程钻井安全高效进行。

Optiwell 是 optimize well construction process 的简称，即优化钻井周期，该项技术可提供时效展示与作业优化服务，通过对地面和井下的钻井过程进行分析和评估，识别作业过程中低效的原因和进行风险管控的提示。针对钻井周期，找出隐形非生产时间和低效作业时间，对钻井风险预估及复杂井况处理环节给出合理优化建议，达到节省作业时间、规避作业风险的目的。

第二节　渤海油田录井油气水评价技术的发展历程

渤海油田录井油气水评价技术的发展和录井技术的发展密不可分，录井技术的发展包括原有技术设备的改进、提高和新技术设备的投入使用。渤海油田勘探的深入和领域的不断扩大，推动着录井技术的发展和录井解释评价技术的不断进步。总体而言，渤海油田录井油气水评价技术经历了定性初期评价阶段、半定量评价阶段和定量化、智能化发展评价阶段。

一、定性初期评价阶段

录井是一项具有实时特点的随钻技术，相对于测井来讲，在揭开油气层时更早地获得储层信息。早期录井解释评价主要以地质录井结合气测的手段进行评价分析。地质录井主要包括岩心和壁心录井、岩屑录井、钻井液录井及荧光录井等，主要是观察含油面积、荧光面积和颜色、槽面显示等并对储层做出感性评价。

随着气测录井技术的进步，开始使用气测录井的全烃和组分数据进行解释分析，使用的图版主要为三角图版和皮克斯勒图版，利用气测数据结合地质录井数据对储层原油性质和含烃丰度进行初步定性评价。这种解释评价的方法适用于未改造的原生油气藏，或者改造程度较低的油气藏，由于渤海 2 000 m 以上的储层的油层受到生物降解影响，气测组分不齐全，降解严重的储层主要气体组分为 C_1，少量 C_2，缺少 $C_3 \sim C_5$ 的组分，导致三角图版和皮克斯勒图版应用效果较差。之后逐渐发展了气体组分比值法和 Gadkari 气体比率法等方法。此时渤海油田的油气水解释进入了定性评价阶段。

地质录井和气测录井受测量精度的限制，同时受到钻井工程作业的影响，所获得的数据相对于测井数据精度和采样密度都低，但是录井的实时性好于测井，并且经常可以解释测井难以解释的问题。随着低对比度油层出现得越来越多，录井解释越发得到勘探家的重视。CFD-N-1 井的解释评价是渤海油田综合使用录测井技术识别低对比度油层的典型案例：CFD-N-1 井 1 470～1 495 m 井段录井显示较好，但测井结果显示该段电阻率为 2.2～3.5 Ω·m，该油组水层电阻率为 3.5～4.2 Ω·m。录井资料显示在钻井过程中见 A 级荧光，气测全烃含量高达 40%，且轻重比值较小，C_1/C_2 为 6.8，C_1/C_3 为 12.4，C_1/C_4 为 43.7；仔细分析测井数据发现，该储层自然电位比水层低，微电阻率比水层高 0.5～0.7 Ω·m，综合判断为油层，最终决策下套管测试。测试日产油 229 m^3，原油密度 0.85 g/cm^3。该储层的成功解释为该油田的发现做出了重要贡献。

二、半定量评价阶段

渤海油田在曹妃甸-H、曹妃甸-N、蓬莱-B、锦州-H 构造、蓬莱-E 等区块发现了低对比度油层，为了更加准确、有效地识别低对比度油层，于 2007 年引进地化录井技术，该技术的引进更有利于发现和评价低对比度油层，并且丰富了井场储层流体性质评价手段。

渤海油田油藏类型复杂，在古近系、新近系地层发现了沙二段、沙三段、东三段、东二段、馆陶组及明化镇组等 8 套含油层系。研究区内油质类型多样，所产出的原油密度介于 0.75～1.00 g/cm^3 之间。相同含油气丰度但不同油质的油气藏，产能有很大差异。利用地化录井技术中岩石热解、岩石热蒸发烃气相色谱、轻烃气相色谱资料进一步将原油类型划分为凝析油、轻质油、中质油、重质油和超重油等，原油类型的判断对测井取样探针选择以及测试工具选择都有很大的指导意义。为了更好地识别轻质油，渤海油田自 2013 年初引入三维定量荧光录井技术，该技术取代了原来的 QFT 定量荧光技术，让录井资料对轻质油的识别更加准确。

地质资料、气测资料、地化资料结合三维定量荧光录井技术，让渤海油田录井解释逐渐向半定量发展。储集层破碎后，其中的烃类化合物一部分保存在岩屑中，一部分侵入钻井液中，以岩屑和钻井液为载体上返至地面。根据测量对象的不同可以把地质资料、地化资料和三维定量荧光资料归为以岩屑类为载体的录井技术，气测资料归为以钻井液为载体的录井技术。通过现有的录井技术对岩屑和钻井液进行检测，可以评价储集层的流体性质和含油气丰度。需要指出的是，以岩屑类为载体的技术会受到样品代表性、人为因素、工程因素等影响，在使用的过程中需要对样品的代表性进行分析，给予相应的解释权重，以免得出错误的解释结论。

目前渤海油田成熟的评价方法是以录井资料为主，结合其他相关资料，根据所钻地层的岩性、电性、物性和含油气特征将所钻地层剖面划分成若干单层，并对储层流体性质做出评价。

三、定量化、智能化发展评价阶段

随着录井一些新技术的投入使用和工作流程的改进，录井技术已经逐渐进入定量发展评价阶段。渤海油田基于定量脱气器等设备，逐步形成了含油气丰度的定量评价方法；气测技术结合地化技术研究形成了综合含水率定量评价储层的方法；利用地化热解技术建立了原油密度定量评价方法；随着混积岩、复杂砂砾岩、潜山等复杂储层油气的勘探开发，XRF 元素录井、XRD 衍射录井、核磁共振录井等技术的使用，渤海油田也开始探索基于工程及地质参数的储层物性定量化评价方法。

进入 21 世纪以来，随着信息技术的发展，录井解释评价技术也取得了进步，由感官认识向理性判断提升转变。渤海油田利用地化录井和三维定量荧光录井技术与计算机图形技术相结合,形成独特的指纹谱图自动比对的储层流体性质分析技术。在录井油气水快速识别理论研究的基础上,将理论研究成果进行软件固化,完成集指纹谱图流体评价、油质判断、流体解释评价及方法优选为一体的综合评价软件系统研发,形成 RISExpress 井场油气水快速识别与评价系统。随着"大数据"的应用发展,录井资料越来越丰富,软件的规模集成使得录井解释评价技术正在向"科学评价"阶段逐步迈进。

第三节 渤海油田录井油气水快速评价技术体系

随着渤海油田勘探的不断深入,加上渤海地质条件的复杂性、油藏成因的多样性和各区域的独特性,录井资料处理的方法和模型在不断更新和完善,录井油气水解释评价技术也在不断进步。

油气水快速评价分析是录井解释中最基本的应用,也是最核心的应用,主要包含两个方面,一个是流体性质分析,另一个是含烃丰度分析。录井油气水快速评价分析需要根据地质条件,选择合适的解释方法和模型,从不同的录井技术出发来进行综合解释,从而认识储层的地质特征,同时也需要把地震、钻井、地质、测井、测试等其他信息综合起来分析,这样才能给出符合客观实际的地质解释。

录井油气水解释一般情况下应对以下特征层进行综合解释:

(1)钻井过程中荧光录井发现的荧光显示层;

(2)钻井过程中气测全烃增加明显的显示层(所测值为基值 3 倍以上);

(3)槽面有显示,地化录井、三维定量荧光录井等录井技术发现有油气显示的层位。

录井油气水解释的一般步骤可以概括如下:

(1)基础资料准备收集。了解区域地质、油气特征,收集邻井录井、测井、测试、钻井和分析化验资料。

(2)对原始数据进行质量分析和校正。剔除由于工程、人为等因素引起的无效数据,对原始数据进行校正,力求解释数据准确可靠。

(3)确定目标解释层和选择合理的解释模型和方法。

(4)流体性质分析(包括原油性质分析)。

(5)含油气丰度分析。

(6)给出解释结论。

渤海油田非常重视录井的油气水解释工作,并且进行了多次油气水解释评价专项研究,目前将解释模型细化至二级构造带,在录井行业处于研究的前沿。目标层的精细化解释方法和模型的建立更真实反映油气层特征,解释精度也得到了相应的提高,形成了符合渤海油田二级构造带的油气水解释流程(图 1-1)。借助丰富的录井资料和信息技术的发展,渤海油田油气水解释越来越标准化、精细化和系统化。从解释初期单井单项的模型和方法,逐渐发展为多井复杂综合分析方法及录、测、试一体化解释评价技术。借助信息技术,录井数据实现了数据标准集成,同时结合地震、钻井、地质、测井、测试等信息,方法也开始发展为多元分析、模糊数学、优选分析、神经网络、计算机图形图像处理技术等,扩大了原始数据和解释成果的应用范围,促进了录井油气水快速评价理论和方法的发展。在实际应用过程中,形成了渤海油田的录井油气水快速评价流程和技术体系。

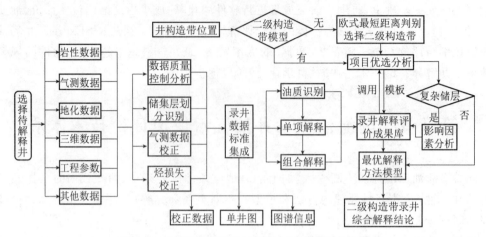

图 1-1　渤海油田二级构造带油气水解释评价流程

一、单井油气水快速评价技术体系

单井油气水解释是录井解释技术中的基础技术,突出了录井随钻获取资料的特点,可做到随钻实时分析,目的是及时评价储层,发现油气藏,为决策提供参考依据。多井对比评价技术体系和特殊评价技术体系及录、测、试一体化解释评价技术体系都是在单井处理技术基础上发展起来的。做好单井油气快速评价工作,是录井解释评价的主要任务。

目前,渤海油田勘探中使用的单井油气水快速评价体系概括起来有:

(1)数据质量控制系统。包括工程数据质量处理、气测数据质量处理、地化烃损失处理、岩性识别及归位、钻井液添加剂识别、复杂工程因素分析等。

(2)流体性质分析系统。包括气测分析方法、地化热解分析方法、地化热蒸发烃气相色谱分析方法、轻烃色谱分析方法、三维定量荧光分析方法以及计算机识别方法等。

(3)油气水解释系统。包括有效层识别、气测油气水解释方法、地化油气水解释方法、三维定量荧光解释方法、录井技术组合解释方法和图版。目前也形成了一些数学解释方法,比如判别解释法、模糊数学、支持向量机、主成因分析法等。

(4)成果展示系统。包括曲线绘图、各录井项目解释图版、谱图展示、谱图对比展示、解释结果呈现、解释综合图显示等。

录井油气水快速评价技术在实际应用过程中,要做到数据分析校正精确,解释有理有据,单项录井技术组合应用权重分析合理,排除多解性,给出合理的解释结论。

二、多井对比评价技术体系

渤海油田经过 50 多年的勘探,各个构造区域的探井井数越来越多。通过对探井录井资料做多井处理解释,可以研究油气藏储层的录井参数特征,寻找规律,从而提高解释符合率。

目前,渤海油田油气勘探中使用的多井对比评价体系,概括起来有:

(1)基础资料评价系统。包括数据整理、工程状况分析、储集层深度归位、重点井研究等。

(2)环境校正系统。包括井眼校正、压力影响因素校正、工程参数影响因素校正、地化烃损失校正、钻井液添加剂校正等。

(3)数据对比系统。包括谱图对比(地化、三维定量荧光等)、参数对比、曲线对比、测井对比研究、测试结论对比研究等。

(4)成果展示系统。包括单井解释成果、多井对比图、重点层对比参数提取、油气层有效厚度等。

通过多井对比研究,获取该区域的录井敏感参数特征,提高录井解释符合率,也有助于油气藏的区域分布特征及油气有利聚集带的研究,为勘探部署及开发方案制订提供依据。

三、特殊处理评价技术体系

目前渤海油田在低孔低渗复杂储层勘探、中深层轻质油勘探、浅层重质油勘探、潜山油气层勘探等多个领域实现了新的突破。录井解释针对特殊油气藏建立了特殊处理评价技术体系。目前应用较多的三种特殊评价技术为:

(1)稠油解释评价技术体系。包括地质信息识别、气测参数解释、地化参数以及谱图解释、三维定量荧光参数以及谱图解释、解释流程分析、岩心壁心解释等。

(2)潜山油气层解释评价技术体系。包括岩性识别、工程参数分析、储层有效性分析、流体性质识别、解释流程分析等。

(3)低孔低渗复杂储层解释评价技术体系。包括烃组分衍生参数流体评价、录测组合参数分析、数据挖掘流体评价及含油气性定量评价等。

四、录、测、试一体化解释评价技术体系

近年来低对比度油气层、低气油比油气层、潜山油气层等复杂油气层越来越受到重视,同时录、测矛盾层越来越多,利用录、测井单方面的资料进行解释评价的局限性越发凸显。渤海油田有针对性地展开技术攻关,加大专业融合,加强解释方法、解释模型的创新研究,形成了"录、测、试一体化解释评价技术体系",大幅提高了油气水层综合解释符合率。针对每口探井,根据第一手资料进行快速储层录测综合解释评价,及时整理完成包括地层归位解释、岩性识别划分、储层类型评价、孔渗条件评价、流体类型识别、原油物性及产能预测等的资料解释及综合成果图件编制,为复杂井况探井评价、复杂储层流体类型评价、重点及疑难层测试决策等提供参考依据和技术支持;综合应用测试资料进行储层流动能力、受污染程度及产能等评价,完成并提交录、测、试一体化综合解释成果,并促进成果资料在开发生产阶段的应用转化。

录井资料为现场的第一手资料,获得的信息具有实时性和直观性,但相对于测井资料定量化程度低;测井资料定量化程度高,但是由于勘探目标的日益复杂,砂砾岩、潜山等复杂储层非均质性问题突出,单纯依靠测井解释模型难以满足生产及研究需求。此时需要综

合利用录井和测井技术从不同技术角度来评价储层,利用各自优势对储层油气进行识别与评价。在油气评价过程中,将录、测井资料进行结合,取长补短,充分挖掘优选敏感参数信息,把储层内在的物理性质和其外在的油气显示表征相结合,得出更加合理的结论。测试资料逐渐被认识到不是油气藏评价结论的"终结者",一方面需要结合前期录井和测井资料的认识,选择适合储层的测试工艺来验证勘探家对于区域的地质认识,另一方面结合录、测井资料对区域油气层特征取得更加深入的认识。

油气水快速评价技术应紧跟勘探生产实践,逐步优化或者建立新的解释模型和方法,从而满足日益增长的勘探作业需求。总之,油气水快速评价技术应该是不断发展和更新的,应该用科学的态度来进行总结提高,应该结合人工智能、高级数据分析等前沿技术来进一步拓展提升。

第二章
录井数据标准化处理技术

第一节 气测录井数据标准化处理技术

气测录井是油气勘探开发中一种必不可少的检测分析手段,气测录井数据是发现和正确评价储层最直观的现场资料,也是评价储层优劣的重要指标。目前已有的气测录井数据处理方法有全烃地面含气量校正指数法、全烃积分校正法和公式校正法等。影响气测录井数据的因素颇多,油气层评价方法在很大程度上局限于传统的、普遍适用的定性解释方法,不能有效地处理和充分利用现场采集的大量资料,影响了油气层评价的准确性。本书以渤海油田气测录井数据为研究对象,分析地质因素和钻井液性能、工程因素等非地质因素对气测录井的数据的影响,通过单位体积岩石含气校正、地下单位体积岩石含气量校正、钻井取心气体校正以及参数归一法气体校正,建立气测录井数据标准化处理方法。实践结果表明,经标准化处理后的气测数据更能反映地层的油气信息,加强了气测录井数据横向、纵向可对比性,提高了气测录井资料的应用价值。

一、气测录井原理介绍

1. 常规气测录井技术

目前渤海油田录井现场通常使用 Reserval 气测录井,如图 2-1 所示。Reserval 色谱仪使用氢火焰离子鉴定技术,鉴定器采用耐高温材料,检测精度高,性能稳定。设备分为四个模块:计算机模块、电源模块、泵模块和分析模块。计算机模块由一台微型电脑、触摸式显示屏组成,计算机上装有 Reserval 程序,存储所有调校值及气体数据;电源部分为各个模块提供所需要的供电电压;泵模块安装两个样气泵,可以同时测量出口和入口的气体,内置除湿装置(Piltier)干燥样气;分析模块可以检测样气中的全烃和组分值。设备的特点如下:

(1) 全烃实时测量,组分测量周期 42 s,周期内测量组分 $C_1 \sim C_5$。

(2) 测量范围广,全烃最大值可测量至 100%,组分最高浓度(体积分数)测量为 50%,

精度 1 ppm。

（3）配合 GZG 定量脱气器，每分钟抽取 1.5 L 钻井液进行脱气，实现了气体的定量分析。

（4）GZG 探头式装置，抽取钻井液不受钻井液液面的影响，保证了脱气的稳定性。

将检测得到的数据按照深度归位，保存至数据库，根据环境校对数据进行较正后，利用各种解释方法、解释模板提取校对后的数据，按照解释流程完成对储层流体性质的分析判断。

图 2-1　GZG 脱气器和 Reserval 分析仪

2. FLAIR 实时流体录井技术

FLAIR 实时流体录井采用的是色谱质谱检测技术，设备由一台色谱仪和一台质谱仪组成。检测原理是：色谱仪通过内部的样气泵模块将 FLEX 萃取器脱出的气体传送到色谱仪的分析模块，分析模块中的色谱柱对样气中的烃类组分进行分离，并将其依次传送到质谱仪；到达质谱仪分析室的不同组分在高压电子流的作用下被电离成对应的离子，质谱仪根据预先设置的离子道参数，以及离子质量依次检测对应目标离子信号强度，然后参考对应组分调校文件，由计算机自动计算样气中相应组分的含量。

为了了解钻井液中二次循环气含量，有效剔除其对地层气的影响，FLAIR 流体录井使用了两套 FLEX 萃取器。一套安放在钻井液返出口，用来检测地层含气量（即出口气体数据）；另一套安放在钻井液舱，用来检测循环池入井钻井液含气量（即入口气体数据）。通过 InFact 软件用入口气体数据对出口数据进行校正，获取地层真实含气量。

为了提高对钻井液中 $C_6 \sim C_8$ 重组分，特别是苯、甲苯和甲基环己烷的萃取效率，FLAIR 在脱气作业前，将钻井液加热到 70℃；同时为了保证检测设备——色谱质谱仪能正常检测到 C_6 以后的重组分，对 FLEX 萃取出的所有组分采取了负压传送（即维持气管线内压力为亚真空状态）。

FLAIR 录井仪器具有以下特点：

（1）定量、恒温脱气。保证脱气条件一致性。

（2）专用气管线。保证不受吸附作用影响。

（3）负压传送。保证 $C_5 \sim C_8$ 组分顺利传送到检测系统。

（4）双气路。可同时检测出口、入口两路气体。

（5）色谱、质谱检测。可根据客户需要，选择性地检测烃类和非烃类物质，在 90 s 周期内可检测 $C_1 \sim C_8$ 烃类组分。

（6）高分辨率。C_1/C_2 高达 8 000。

（7）严格的质量控制，确保数据质量。

FLAIR 流体录井采用 6 个离子道,90 s 分析周期,通过色谱、质谱仪对钻遇地层中烃类流体进行了实时检测,具体检测参数见表 2-1。

表 2-1 FLAIR 色谱质谱仪检测参数

烃类类别	组 分		离子质量	离子道
烷 烃	甲 烷	C_1	离子 15	离子道 1
	乙 烷	C_2	离子 26	离子道 2
	丙 烷	C_3	离子 43	离子道 3
	异丁烷	$i-C_4$	离子 43	
	正丁烷	$n-C_4$	离子 43	
	异戊烷	$i-C_5$	离子 43	
	正构戊烷	$n-C_5$	离子 43	
	正构己烷	$n-C_6$	离子 43	
	正构庚烷	$n-C_7$	离子 43	
	正构辛烷	$n-C_8$	离子 43	
芳香烃	苯	C_6H_6	离子 78	离子道 4
	甲 苯	C_7H_8	离子 91	离子道 6
环烷烃	甲基环己烷	C_7H_{14}	离子 83	离子道 5

FLAIR 流体录井自带一套质量控制体系,分别包括钻前的设备调校实验、钻井液背景气分析、脱气效率实验、气体完整性实验、设备密闭性实验,以及钻进过程中的气体脱气效率(EEC)实验等,整套质量控制实验保证了 FLAIR 流体录井数据的可靠性和可比性,为后期数据研究提供了坚实的数据基础。

二、气测录井数据影响因素

气测录井的影响因素多种多样,有井下的也有地面的,有可控制的也有不可控制的。概括起来,主要影响因素分为地质因素和非地质因素两大类。

1. 地质影响因素

1) 石油和天然气性质的影响

石油是一种由 C、H 和少量 O、S、N 等元素组成的混合物,其中以烃类物质为主,$C_1 \sim C_4$ 在常温常压下的存在形式是溶解在石油中的气态物质。天然气由一些烷烃类的有机物组成,其成分以甲烷为主,还包含少量的乙烷、丙烷和丁烷等。轻烃类物质是用气测资料区分油层和气层的主要手段。研究表明,气测显示效果与原油的相对密度有较紧密的关系,原油的相对密度越小,气测显示的效果越好。

2) 储集层性质的影响

一般情况下,储集层性质是决定气测值高低以及气体组分变化的主要因素,包括储集层的厚度、孔隙度、渗透率、地层压力、流体类型、含油气饱和度等。

储集层厚度越大,孔隙度越高,钻头破碎的岩石体积越多,释放的气体越多,相应气体检测值越高;渗透率和地层压力反映的是储集层内气体进入钻井液中的能力,渗透率和地层压力越高,储集层内油气在压差作用下进入钻井液的量越多,相应气体检测值越高;储集层的流体类型和含油饱和度直接决定了烃类物质的多少,也影响到气体检测值的高低,一般情况下,气体检测值大小规律为"气层>油层>含油(气)水层>水层";气油比反映的是储集层内含气和油的比值,气油比越高,气体检测值越高;原油性质指的是储集层内原油是轻质油、中质油、重质油还是凝析油,一般情况下,油质越重,气体检测值越低。

3) 地层压力的影响

地层压力和钻井液液柱压力之间的关系对于气测值的影响很大。在钻井过程中,储集层的油气通过破碎岩石、渗透和扩散三种方式进入井筒内的钻井液中;而钻井液通过自身的液柱压力,将自身携带的水侵入储集层。钻井液液柱压力和地层压力之间有三种不同的钻井状态:过平衡、欠平衡和近平衡。在这三种平衡状态下,最理想的状态是近平衡。

(1) 过平衡状态。

过平衡状态下,钻井液液柱压力大于地层压力,即 $p_{钻井液} > p_{地层}$。在此状态下,钻井液中的油气来源主要是破碎岩石的油气和已钻开地层侵入井眼的油气。在过平衡状态下,钻井液进入储集层较快,钻井液滤液进入储集层以后,很容易在井壁形成泥饼;滤液使储集层中的黏土膨胀,在井眼附近形成一个低渗滤带。两方面的作用都使得油气进入井眼难度增加。在此状态下,进入钻井液中的气体以破碎岩石得到的破碎气为主,气测值很低。

(2) 欠平衡状态。

欠平衡状态下,钻井液液柱压力小于地层压力,即 $p_{钻井液} < p_{地层}$。在此状态下,钻井液中的油气来源同样是破碎岩石的油气和已钻开地层侵入井眼的油气。由于储集层压力大于钻井液液柱压力,储集层内的油气在压差作用下容易进入井眼中的钻井液内。钻井过程中,油气的密度一般情况下小于钻井液密度,储集层附近混合油气的钻井液密度也会降低,导致钻井液液柱压力进一步降低,加快了油气侵入钻井液的速度,因此在此种状态下,气测值很高。欠平衡状态下很容易发生气侵,甚至发生井涌、井喷等工程事故。

(3) 近平衡状态。

近平衡状态下,钻井液液柱压力和地层压力的压差在合理控制范围内,即 $p_{钻井液} \approx p_{地层}$,符合钻井设计的要求。在此状态下,钻井液近平衡钻井状态介于过平衡和欠平衡之间,气测值比较接近于地层的真实情况。

2. 非地质影响因素

气测录井的非地质影响因素是客观存在的,我们无法改变。气测录井或大或小地受到相关钻井工程因素以及自身的气测设备性能等非地质因素影响。其中钻井工程影响因素有钻井液密度、钻井液黏度、钻井液处理剂、钻头尺寸、钻时、钻井液排量,以及钻井过程中起下钻、接单根、钻井取心等,这些因素都对气测录井有影响,其中大部分影响是可以校正的。

1) 钻井液性能的影响

一般来说,钻井液黏度越大,越不利于气体脱出,气测录井异常显示值会越低。同时由于气体较长时间地保留在钻井液中,循环气也会增加,气体的基值也将有所增大。柳成志等的实验结果表明,钻井液漏黏度(指漏斗黏度)变化对气测录井有较大影响:对于水基钻井液来说,黏度低于 60 s 时,随着黏度的升高全烃值升高,当钻井液黏度为 60 s 时,检测的全烃值最高,黏度高于 60 s 时,随着黏度的升高全烃值降低;油基钻井液随黏度升高,检测到的全烃值会逐渐升高。对于水基钻井液而言,钻井液黏度过高会影响气体的脱气效率,而黏度太低又不利于气体的保存(气体大部分在井口逸散)。

为了防止井喷和井壁垮塌,保证钻井工程正常进行,钻井液密度往往略大于地层压力系数,如果钻遇异常高压井段,钻井液的密度还需要进一步提高。钻井液密度以地层压力系数为平衡分界点:在欠平衡钻进状态下,钻井液液柱压力小,储集层中的流体(尤其钻遇油气层时)大量侵入钻井液中,将使压差气远远超过破碎气,气体显示值较高;随着钻井液密度的提高,当等于地层压力系数时,检测到的气体值急剧下降,当超过地层压力系数时,气体值降至最低并基本保持不变。

为了保证钻井施工顺利进行,往往要根据不同目的在钻井液中加入一定量的钻井液处理剂。一般来说,钻井液处理剂对气测录井都会产生不同程度的影响。钻井液处理剂和油基钻井液中都含有烃类物质,这些烃类物质可在一定条件下发生化学反应生成烃类气体,对全烃及气体组分值检测产生一定干扰。

可见,钻井液性能对气测组分的影响很大。对此,结合渤海地区探井实际情况,我们针对渤海油田常用的水基钻井液体系改进型 PEC 体系进行了实验分析。本次实验主要分析不同密度或黏度钻井液在一定地下温度和压力条件下储层流体中气测组分的脱气效率。具体流程如下:

(1) Reserval 数据分析。

按照需要配置 12 个钻井液样品,具体参数见表 2-2。取相同体积的钻井液样品倒入压力容器,本次实验每个样品取 20 L,注入甲烷含量(体积分数)为 10% 的混合气样(甲烷、乙烷、丙烷、异丁烷、正丁烷、异戊烷、正戊烷按一定比例组成),组分含量见表 2-3。压力保持在 350~400 psi(1 psi= 6 894.76 Pa),稳压 30 min;用氮气增压泵加压,使容器内压力达到 1 700~1 800 psi,稳压 60 min,同时伴热带一直在加热,模拟地底压力和温度条件;泄压后,对钻井液样品进行 VMS 分析和脱气检测。实验过程中压力容器容积固定,钻井液样品体积固定,注入气样压力稳定,氮气增压泵加压压力相同,憋压时间相同,因此我们认为所有实验样品是在相同条件下进行脱气检测,检测结果具有代表性。具体实验数据见表 2-4。

表 2-2　钻井液样品性能参数

序　号	密度/(g·cm^{-3})	黏度/s
1	1.15	47
2	1.15	52
3	1.15	55
4	1.20	47
5	1.20	50
6	1.20	57
7	1.25	47
8	1.25	50
9	1.25	58
10	1.30	47

续表

序　号	密度/(g·cm^{-3})	黏度/s
11	1.30	52
12	1.30	57

注:黏度指马氏漏斗黏度。

表2-3　实验气样组分

组　分	含量/%
C_1	9.964
C_2	2.564
C_3	2.539
i-C_4	2.645
n-C_4	2.502
i-C_5	0.504
n-C_5	0.510

　　通过对各组分检测值进行分析对比发现,钻井液黏度变化对全烃检测值会产生一定影响,如图2-2所示,在密度为1.20 g/cm³和1.25 g/cm³的条件下,全烃测量值呈平稳状态,而密度为1.15 g/cm³、1.30 g/cm³的条件下整体气体测量值都是随着黏度的增加而变大。

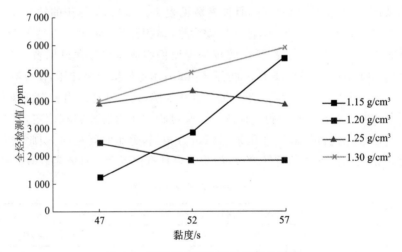

图2-2　不同黏度时全烃检测值曲线图

　　在分析钻井液密度变化对全烃检测值的影响时,通过对四种不同密度的钻井液样品气体组分检测值进行对比(图2-3),可以发现在钻井液密度为1.15 g/cm³时,样品其他组分检测值比较高;排除密度为1.15 g/cm³、黏度为47 s样品实验时注样压力偏低造成分析值低的影响,当密度为1.20 g/cm³时实验分析全烃检测值最小,当钻井液密度继续增加时,样品中的气测组分检测值也随之增加,说明在不同黏度条件下,密度小于1.20 g/cm³时,随着密度的增加,脱气效率降低,密度大于1.20 g/cm³时,随着密度的增加,脱气效率升高。可见,对于水基钻井液,密度的变化对烃类检测值的影响比较大,当密度为1.20 g/cm³时,检测值最小,脱气效率最低。

表 2-4　脱气效率实验数据

序号	钻井液性能		样气		氮气		Reserval 分析数据								VMS 数据分析							集气体积	日期
	密度/(g·cm^{-3})	黏度/s	压力/psi	憋压时间/min	压力/psi	憋压时间/min	T_g/ppm	C_1/ppm	C_2/ppm	C_3/ppm	$i\text{-}C_4$/ppm	$n\text{-}C_4$/ppm	$i\text{-}C_5$/ppm	$n\text{-}C_5$/ppm	C_1/ppm	C_2/ppm	C_3/ppm	$i\text{-}C_4$/ppm	$n\text{-}C_4$/ppm	$i\text{-}C_5$/ppm	$n\text{-}C_5$/ppm	mL	日期
1	1.15	60	300	60	1 700	60	5 530	1 267.5	292.7	226.3	174.8	240.2	77.0	55.2	13 948.2	3 167.6	1 945.9	1 590.4	1 930.4	86.0	76.8	15	2017-07-18
2	1.20	50	250	60	1 700	60	1 862	529.9	79.4	23.2	15.3	19.5	2.4	6.9	5 457.0	1 096.8	669.5	433.7	575.6	42.8	92.3	15	2017-07-19
3	1.25	60	300	60	1 700	60	3 888	1 038.2	221.9	147.5	73.0	108.6	7.7	8.4	13 187.1	2 684.5	1 886.5	1 224.5	1 754.2	65.8	76.2	15	2017-08-02
4	1.15	45	200	60	1 700	60	1 230	103.2	21.6	13.9	9.5	11.9	0.5	0.6	1 943.3	428.9	303.3	217.2	309.3	5.5	6.2	15	2017-08-03
5	1.15	50	250	60	1 700	60	2 866	648.1	141.7	57.6	20.7	26.9	8.6	4.0	10 274.7	2 462.2	1 405.5	794.8	1 091.1	240.5	108.2	15	2017-08-22
6	1.20	45	300	60	1 700	60	2 487	441.3	92.3	27.5	16.0	17.3	4.6	2.1	4 332.6	977.1	587.8	372.0	445.2	74.9	20.0	15	2017-08-24
7	1.2	60	250	40	1 700	60	1 881	331.8	62.7	19.3	10.9	13.1	3.9	1.9	3 781.8	835.2	473.8	276.6	374.3	68.5	20.4	15	2017-08-24
8	1.25	45	400	60	1 700	60	3 900	621.0	116.0	46.0	19.0	21.0	7.0	3.0	2 916.4	589.9	295.8	129.3	152.5	30.8	11.7	15	2017-09-15
9	1.25	50	350	60	1 700	60	4 353	747.6	188.7	134.5	86.5	95.0	12.8	3.9	6 091.7	1 562.7	1 119.9	737.0	867.0	80.0	26.0	15	2017-09-19
10	1.25	60	400	60	1 700	60	5 900	1 099.0	223.0	128.0	57.0	82.0	13.0	6.0	9258.6	1 942.2	1 246.5	754.2	948.3	126.3	39.9	15	2017-09-19
11	1.30	45	400	60	1 700	60	4 000	930.0	166.0	71.0	21.0	24.0	7.0	3.0	11 848.0	2 423.4	1406.5	739.0	970.2	183.4	72.8	15	2017-09-20
12	1.30	50	350	60	1 700	60	5 000	987.0	190.0	92.0	31.0	49.0	11.0	5.0	9 997.8	1 941.9	1055.2	555.2	757.1	161.9	64.2	15	2017-09-20

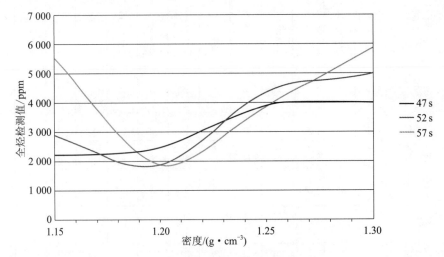

图 2-3 不同密度时检测全烃值曲线图

分析认为,水基钻井液主要通过添加重晶石来调整钻井液的密度,其主要成分为硫酸钡,硫酸钡在水中不能电离,因此对钻井液体系的电学性质及化学性质影响很小。在这种情况下,钻井液中微气泡的稳定性主要与其表面的吉布斯自由能和液膜强度有关。钻井液中加入重晶石的初期,由于加入量有限,所加入的重晶石固体颗粒将优先吸附于微气泡表面,降低了微气泡表面的吉布斯自由能,气泡趋于稳定而不易从钻井液中脱出。因此,检测到的脱出气体量随着钻井液密度的增加而降低,并最终出现一个最低值。此后,随着重晶石加入量增加,微气泡表面的固体吸附量达到饱和后,多余的重晶石固体颗粒开始进入液相,其表面开始吸附水,其结果是一方面使微气泡外的弹性水膜变薄、强度变小,另一方面拉近了微气泡之间的距离。综合作用的结果使微气泡之间的引力增加、斥力减小,微气泡开始聚并,稳定性变差,更容易从钻井液中逸出。因此,检测到的气体脱出量增加,即全烃的检测值增加。

(2) VMS全脱数据分析。

本次实验我们建立全脱值-气测值法,在钻井液进入脱气器之前取钻井液样品进行热真空定量全脱分析,用以检测钻井液内烃类气体(包括甲烷、乙烷、丙烷、异丁烷、正丁烷、异戊烷、正戊烷)的真实含量;同时利用综合录井色谱仪对气测值进行实时采集,该气测值反映的是脱气器脱出的气体的含量。脱气效率可由下式求得:

$$\eta = \frac{C_i V_b Q}{C_{ib} V_i q}$$

式中 η——脱气效率;

i——所检测气体的种类;

C_i——Reserval色谱分析仪的某烃组分的浓度,ppm;

V_b——热真空定量脱气器的钻井液罐体积,mL;

Q——Reserval色谱分析仪泵排量,mL;

C_{ib}——在脱气器前取钻井液做全脱分析所得气体浓度,ppm;

V_i——GZG定量脱气器钻井液灌体积,mL;

q——热真空定量全脱分析的钻井液体积,mL。

我们对 1.15 g/cm³(图 2-4)、1.20 g/cm³(图 2-5)、1.25 g/cm³(图 2-6)、1.30 g/cm³

（图 2-7）四种密度下的水基钻井液进行分组，将全脱分析的组分值和 GZG 定量脱气器分析的组分值进行对比分析，得到从 C_1 到 $n\text{-}C_5$ 脱气效率的变化。

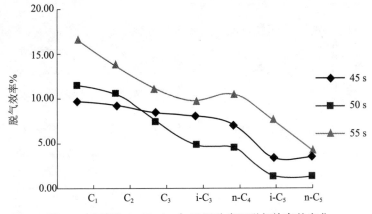

图 2-4　密度为 1. 15 g/cm³，不同黏度下脱气效率的变化

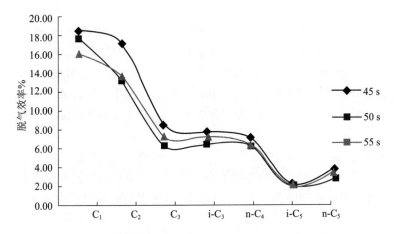

图 2-5　密度为 1. 20 g/cm³，不同黏度下脱气效率的变化

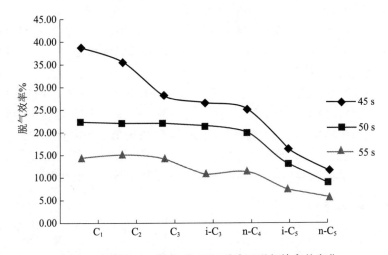

图 2-6　密度为 1. 25 g/cm³，不同黏度下脱气效率的变化

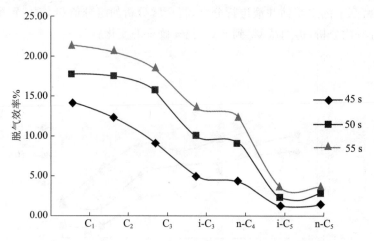

图 2-7 密度为 1. 30 g/cm³,不同黏度下脱气效率的变化

从实验数据中分析得到,C_1、C_2、C_3、i-C_4、n-C_4、i-C_5、n-C_5 脱气效率依次降低。

脱气效率有一个共同的规律,即随着碳原子数的增加,脱气效率逐渐降低,甲烷的脱气效率一般在 20% 左右,而异丁烷的脱气效率只有 7% 左右。由此说明,烃类气体的碳原子数越大,被钻井液吸附的力越强,从钻井液中脱出越困难,脱气效率越低。在密度为 1.25 g/cm³,黏度为 45 s 时,各组分脱气效率最高;在密度为 1. 20 g/cm³ 时,各组分脱气效率最低,在三种黏度条件下,各组分脱气效率变化幅度相对其他密度条件较小。进行油气层的定量评价解释时,要充分考虑各组分脱气效率的差别所带来的影响,尽可能降低误差,增强资料评价的准确性。

2)钻井工程对气测录井的影响

钻头类型、钻头直径和钻井参数等因素在钻井过程中也会对气测录井产生一定的影响。

钻头类型就常用的牙轮钻头和 PDC 钻头而言,气测值的检测不会有太大的差异,主要是对其他录井方法判断上有不同程度影响。但是对取心钻进,由于和正常钻进时所用钻头类型不同,采用钻井参数也不同,单位破碎岩石体积不同,进入钻井液的气体量不同,对气测录井造成很大影响。

就钻头直径影响来看,在同等条件下,钻头直径的大小决定了单位时间内破碎岩石体积的大小。因此,钻头直径越大,在单位时间内破碎岩石的体积越大,气体检测值就越高;直径越小,气体检测值就越低。

钻井参数主要包括钻头直径、机械钻速以及钻井液排量等参数。相同地质条件下,机械钻速越快,单位时间内破碎岩石体积越多,进入钻井液的油气含量越多,相应气测值越高;钻井取心时,由于机械钻速小,破碎岩石少,故气测值低。当其他条件一定时,排量越大,气体溶解在钻井液中的浓度越小;同时钻井液在井筒内停留时间也短,通过扩散和渗滤作用进入钻井液的油气含量相应减少,两方面的作用都使得气测值变低。

3. 其他影响因素

在实际的气测录井过程中,气测值的大小还受单根气、后效气、二次循环气、外源气、井眼不规则影响,这些气体都给气测资料应用带来干扰,面对这些影响因素,重在识别和排除,力求获得地层真实气体反应。井眼垮塌导致井径扩大的不规则井眼、狗腿度较大或者井斜度较大的定向井井眼,会使钻井液在井筒内的流速、流态发生变化,测得的气体值也相应地受到影响,同时,井眼不规则也会影响迟到时间,使气体数据在对应地层深度上产生一定的偏差。

三、气测录井数据标准化校正方法

1. 单位体积岩石含气校正

单位体积岩石含气校正公式的建立考虑钻头尺寸不同,破碎岩石体积不同,因此从地层中释放出的气体多少就不同,返出地面后,仪器测得的气体组分数据也有很大区别。单位岩石体积校正就是将气测数据归一到一个破碎岩石体积标准下,对数据进行校正分析,使数据具有一定的可比性。由于通常我们主要对甲烷数据进行校正,所以公式中数据为 $C_{1校}$,具体公式如下:

$$C_{1校} = \frac{k_1 \times k_2 \times ROP \times Q \times C_1}{D^2}$$

式中 $C_{1校}$——单位体积岩石甲烷含量;

      k_1——与脱气器相关的常量;

      k_2——不同钻井液体系中甲烷脱气效率的倒数;

      ROP——钻时,min/m;

      Q——钻井液排量,L/min;

      C_1——实测甲烷值,ppm;

      D——钻头直径,mm。

与其他气测校正方法相比,甲烷校正值的特点主要体现在:甲烷校正值基本把所有与气体校正有关的工程影响因素集成为一个简单公式,不只是对气体数据本身的标准化校正,因而能够更为客观地反映储集层流体中烃类物质含量的多少。对于某一沉积盆地的某个构造区块,通过甲烷校正值可以给出精确的油气水层解释判断区间值,即使在某一坳陷内,一般也能总结出一个较为准确的解释范围,在进行油气水识别时,能够提供更有参考价值的信息。

例如,BZ-X-P3 井在钻进至明下段 2 110.00 m 时,为了工程需要进行滑动钻进,造成气测资料前后差异较大(表 2-5),2 108.00~2 117.00 m 储层段气测全量 T_g 值明显降低,反映储层的含烃丰度明显降低,呈现水层或者干层的特征。然而,通过单位体积岩石含气校正后,单位体积岩石甲烷含量 $C_{1校}$ 为 22.51,和上下储层对比,本套储层校正之后的含烃丰度高,达到油层的标准,结合岩屑类资料特征,本层综合解释为油层,与测井解释结论吻合。

表 2-5   BZ-X-P3 井解释成果表

井段 /m	层 位	岩 性	T_g /%	C_1 /%	T_g 异常倍数	C_1 异常倍数	$C_{1校}$	录井解释	测井解释
2 101~2 104	明下段	粉砂岩	12.26	5.283 3	15.52	16.39	11.68	油层	油层
2 108~2 117	明下段	细砂岩	3.42	1.107 5	3.83	4.62	22.51	油层	油层
2 121~2 128	明下段	细砂岩	21.76	7.982 1	17.43	19.01	10.01	油层	油层

2. 地下单位体积岩石含气量校正

单位体积岩石含气校正公式是计算单位体积岩石在地表的含气量,不是气体在地下储层的真实情况反映,能否根据地表气测数据计算出地下储层的含气情况呢? 我们根据气态方程及录井参数对地表气测数据进行了地下储层归位,也就是地下单位体积岩石含气量。地下单位体积岩石含气校正气测值是基于气体在地表、地下不同温压条件下气体体积变化和其在钻井液中含量变化的思路提出的,根据气体状态方程计算公式,通过量化参数和理论推导,计算出地下单位体积岩石的含气饱和度(地下单位体积岩石的含气量),计算的结果可用于评价地层含烃类气体的饱和度情况。研究中,假设钻井液液柱压力与地层压力相同,即平衡条件下钻进,气测数据为破碎岩屑中包含的气体组分,反映了单位体积岩石中含有的所有可动组分,在同一地层之间有很好的对比性。我们将地表条件下气体在钻井液中含气状态定为 1,井底条件下单位岩石中含气状态定为 2,用一个混合气体偏差压缩系数代替单组分气体的单一偏差压缩系数,则

$$\frac{p_1 V_1}{Z_1 T_1} = \frac{p_2 V_2}{Z_2 T_2}$$

$$V_1 = C \times ROP \times Flow$$

$$C = \frac{3}{10} \sum (C_n \times E_n)$$

式中 p_1——地表条件下气体压力,MPa,$p_1 = 0.101\ 325$ MPa;

       T_1——地表温度,K,$T_1 =$ 钻井液出口温度 T_{out}(℃)$+273.15$;

       Z_1——地表条件下偏差压缩系数,$Z_1 = 1$;

       V_1——地表钻井液中含气体积,L;

       ROP——钻时,min/m;

       $Flow$——循环排量$+$增压泵排量,L;

       C——地表钻井液中含气量;

       C_n——各烃组分气测值,%;

       E_n——各组分的脱气效率系数;

       $\dfrac{3}{10}$——Reserval 气测设备分析气体的流量和脱气器排量的换算值;

       p_2——井底气体压力,MPa,$p_2 =$ 井眼垂深 H(m)$\times$钻井液密度 MW(g/cm^3)$\div 100$;

       V_2——地下单位体积岩石含气体积,L;

       T_2——井底气体温度,K,$T_2 =$ 井深 H(m)$\times$地温梯度 G_t(℃/m)$+273.15$;

       Z_2——井底液柱压力条件下气体的偏差压缩系数,其值可由对比温度、对比压力图版查得。

由已知参数 p_1、V_1、T_1、Z_1、p_2、T_2、Z_2 可求得未知参数 $V_2 = \dfrac{p_1 V_1 Z_2 T_2}{p_2 Z_1 T_1}$ 和地下单位体积岩石含气量 $S_g = \dfrac{V_2}{1\ 000 \times \pi \times \left(\dfrac{D}{2\ 000}\right)^2} \times 100\%$。

地下单位体积岩石含气量代表了地下单位体积岩石内含气量的大小,是直接评价储层含油气性的参数,从气体方程原理上看只适用于流体在地下、地表状态下均为气体的情况。

统计过程中发现,当地下流体为油或含油水时,其破碎岩石释放的流体在地表条件为气体时,应用该方法仍可粗略评价地下流体的含油性,因此本方法有一定的适应性。

例如:渤海油田某井的钻井井深 2 450.00 m,井眼尺寸 311.15 mm,钻井液密度 1.25 g/cm³,排量 2 930 L/min,钻时 2.36 min/m,环境温度 24 ℃,大气压力 0.101 3 MPa,地表气测组分分析数据 C_1:0.535 3%,C_2:0.089 8%,C_3:0.040 8%,$i\text{-}C_4$:0.006 7%,$n\text{-}C_4$:0.005 2%,$i\text{-}C_5$:0.001 4%,$n\text{-}C_5$:0.001 7%,计算该地层深度的单位岩石体积含气量。

地表钻井液含气体积 $V_1 = C \times Flow \times ROP = 2\ 930 \times 2.36 \times 0.3 \times (0.535\ 3\% \times 1.25 + 0.089\ 8\% \times 1.5 + 0.040\ 8\% \times 1.9 + 0.006\ 7\% \times 2.3 + 0.005\ 2\% \times 2.5 + 0.001\ 4\% \times 3.2 + 0.001\ 7\% \times 3.2) = 19.078\ 1$ L;

$T_1 = (50 + 273.15)$ K $= 320.15$ K;

$T_2 = (2\ 450 \times 0.030\ 8 + 24 + 273.15)$ K $= 372.61$ K;

$p_2 = 2\ 450 \times 1.25/100$ MPa $= 30.625$ MPa。

根据标准临界温度 T_c 和临界压力 p_c 分别为 236.4 K 和 4.577 MPa,地层的对比温度 T_f 和对比压力 p_f 为:

$$T_f = 372.61/236.4 = 1.58$$
$$p_f = 30.625/4.577 = 6.69$$

由气体压缩因子图版查到 $Z_2 = 0.977$,则该地层的单位岩石体积含气量为:

$$S_g = \frac{V_2}{1\ 000 \times \pi \times \left(\dfrac{D}{2\ 000}\right)^2} \times 100\% = 0.093\ 564\%$$

通过计算,对现场气测录井测得的气体值相对含量进行了定量化统一处理,为该井的油气水层快速解释提供了有效的依据。地层单位岩石体积含气量不仅是应用气测资料评价的一个重要参数,也是利用气测资料对油气层综合解释过程中非常重要的一个参考方法,对提高我们解释符合率有一定的帮助。

3. 钻井取心气体校正

由于钻井取心与正常钻进时的工程参数和钻头类型不同,单位厚度破碎的岩石体积不同,对气测显示有较大的影响。在正常钻进过程中单位厚度破碎的岩石体积为:

$$V_1 = \frac{3.14 \times D_1^2}{4}$$

钻井取心时,单位厚度破碎的岩石体积为:

$$V_2 = \frac{3.14 \times (D^2 - d^2)}{4}$$

式中　D_1——钻头直径,m;

　　　D——取心钻头的外径,m;

　　　d——取心钻头的内径,m。

钻井工程取心时钻井液中气体测量浓度为:

$$G = VC/Q$$

式中　G——钻井液中烃类气体的浓度,%;

　　　V——单位时间内破碎的岩石体积,m³;

C——单位体积岩石中烃类气体的浓度,%。

烃类气体浓度的校正系数为:

$$K = \frac{G_1}{G_2} = \frac{D_1^2 \times Q_2 \times t_2}{Q_1 \times t_1 \times (D^2 - d^2)}$$

式中　t_1、t_2——正常钻进和钻井取心时的钻时,min/m;

　　　Q_1、Q_2——正常钻进和钻井取心时的钻井液排量,L/min。

取心气测校正值 $C_校$ 为:

$$C_校 = K \times C$$

式中　C——取心实测气体值。

通过对JX-X-6井取心井段的全烃值的校正(表2-6),与实际对应的地层以及地层内流体状态进行对比,大部分校正值符合解释的标准,因此利用此方法的快速计算,可为现场地质录井人员对取心段的解释提供相对可靠的数据,使参数更接近实际情况。

表 2-6　JX-X-6井取心井段实测全烃和校正全烃对比

井深/m	钻时/(min·m⁻¹)	排量/L	校正系数	实测全烃/%	校正全烃/%
1 399	11.2	511	6.664 1	2.65	17.66
1 400	2.75	581	1.860 4	2.83	5.27
1 401	3.71	574	2.479 6	3.03	7.51
1 402	4.15	570	2.754 4	3.16	8.70
1 403	5.19	567	3.426 5	3.46	11.86
1 404	3.49	569	2.312 3	3.86	8.93
1 405	5.60	562	3.664 6	4.00	14.66
1 406	3.18	569	2.106 9	4.21	8.87
1 407	4.01	573	2.675 5	4.73	12.66
1 408	5.35	285	1.775 4	4.52	8.02
1 409	5.26	566	3.466 6	4.13	14.32

4. 参数归一法气体校正

参数归一法校正气测值是基于同一地层在不同钻速、井眼尺寸、钻井液排量情况下测得的气测值有差异的情况提出的。为了使同一地层的气测值在不同井间有更好的对比性,充分利用现有气测数据,提高解释准确率,选定某一标准参数,将其他井的工程参数与标准井参数进行对比后,将不同条件下的气测值换算到标准条件下的气测值,即根据影响因素对气测数据进行归一化处理,消除相应参数的影响。具体公式如下:

$$C_n = C \cdot \frac{ROP_m}{ROP_n} \cdot \frac{D_n^2}{D_m^2} \cdot \frac{Q_m}{Q_n}$$

式中　C_n——校正气测值,%;

　　　C——实测气测值,%;

ROP_n——标准条件下的钻时,min/m;

ROP_m——实际钻时,min/m;

D_n——标准条件下的钻头尺寸,mm;

D_m——实际钻头尺寸,mm;

Q_n——标准条件下钻井液流速,L/min;

Q_m——实际钻井液流速,L/min。

参数归一法校正考虑了钻时、井眼尺寸、排量对气测值的影响,是简单意义上的由参数变化量(比值变量)改变的气测值变化量,可消除因钻井参数变化使气测值表现出来的差异。根据层位不同确定不同的标准参数,适用性更加广泛,使气测解释方法得以在更大范围内应用。根据校正方法来看,本公式主要适用于区域地质研究,如同一区块的不同井间对比,由已知井的结论可以预测未钻井的地层流体情况,而不适用于随钻油气识别判断,所以使用本方法时需要注意。

如 LD-B 区块(辽中凹陷中央走滑带南构造带)的馆陶组标准钻井参数为 $ROP_n=$ 1.30 min/m,$D_n=311.15$ mm,$Q_n=3\ 560$ L/min;某邻井参数为 $ROP_m=0.65$ min/m,$D_m=311.15$ mm,$Q_m=3\ 413$ L/min,测得 $C=13.27\%$,则折算到标准钻井条件下其气测值应该为 $C_n=13.27\%\times(0.65/1.30)\times(311.15^2/311.15^2)\times(3\ 413/3\ 560)=13.27\%\times 0.5\times 1\times 0.96=6.37\%$。校正后的数据可以用于区域内多井间的对比分析,可以更好地了解和研究区域地质特征,为后续探井的部署和油气发现提供参考意见,甚至在后期生产过程中也可以为决策提供更多依据。

第二节　地化录井数据标准化处理技术

地球化学录井(简称地化录井)作为一种现场快速定量分析技术,在发现油气显示、评价油气水层等方面发挥了重要的作用,并在油气储量计算、产能估算及油田开发水淹状况评价等方面提供了重要科学依据,显示出了其他技术无法比拟的优势。但是在利用地球化学录井资料对储层油气水层进行评价时,如何准确地对烃类损失进行恢复校正是一个非常关键的问题,由于同时可引起烃类损失的因素众多,以及地化资料缺少标准化处理,导致恢复系数很难确定。本书旨在研究地化录井烃类损失的影响因素,并据此使用不同方法剔除数据中的异常点,对数据进行准确、完整的筛选,再使用不同回归分析的方法,确定回归模型,然后使用Matlab、SPSS 等专业软件,编程求取各个二级构造带不同油质不同层位的壁心热解参数(S_1 和 S_2)的校正公式,对比选出合理的校正公式,最后形成一套合理的数据标准化处理方法及流程。

一、地化录井数据影响因素

地化录井技术与其他依托岩样分析的技术一样,受到钻井液、工程技术、现场录井状态、储层地质条件等诸多方面主观和客观因素影响,从而造成岩石样品从地下到地表的烃类损失,不能很好地反映储层真实的含油气信息。分析了解各种影响因素并加以控制修正,可提高地化录井数据的应用效果。从周金堂等人的研究结果来看,烃类损失主要包括三个方面：一是钻头钻开油层后，由于温度和压力变化，导致原油膨胀造成烃类损失；二是井筒里钻井液冲刷造成的损失；三是在地表挥发造成的损失，但并不全面，因此本书分别从地质因素、工程因素以及人为因素详细探讨地化录井过程中烃类损失的原因。

1. 地质因素

1）储层原油性质的影响

原油性质不同，烃类损失程度也不同。轻质原油储层样品损失最大，中质原油次之，重质原油损失量最小。轻质油、凝析气和天然气，由于轻组分高，挥发严重，如果样品放置时间过长，可能会导致地化录井显示低或无显示。

2）储层物性的影响

储层物性越好，胶结越疏松，烃类损失程度越大；低孔低渗储层，由于油气向外扩散慢，受到影响反而较小。

3）特殊岩性的影响

碳酸盐岩、火山岩、变质岩等特殊储集岩，以裂缝、缝洞为油气储集空间，含油气的非均质性较强，油气沿裂缝面和孔洞面发育，给含油气岩样的挑选工作带来较大难度，也会出现分析结果显示偏低的现象。

2. 工程因素

1）钻井液冲刷的影响

钻井液在井眼里不断循环，岩屑被冲刷、磨损，破碎严重，使含油储集层中的原油不断被冲刷带走。井眼越深，井温越高，岩屑在井筒中运行时间就越长，受钻井液冲刷时间就越长，岩样所含油气损失也越大，同时钻井液对周围井壁的不同侵入程度也对井壁取心影响较大。

2）钻井液性能的影响

钻井液性能与参数决定了岩屑携带、沉降与滑脱，不规则井眼的流态变化等因素间接导致了岩屑的混杂、污染问题，也是影响地化录井样品采集的一个重要因素。钻井液密度、黏度高，则岩屑悬浮性较好，携砂能力强；反之携砂能力差。但密度和黏度高会对井壁取心含油性评价有一定的影响，钻井过程若发生井漏，加入堵漏材料根本挑选不出真实的岩屑。在这些情况下，可通过气测异常发现显示，分析钻井液来评价异常显示，或通过轻烃混样分析来评价异常显示。

3）钻头类型和钻井工艺的影响

钻头类型和新旧程度不同，破碎岩屑的形态也不同，片状岩屑上返速度快，粒状和块状岩屑上返速度较慢，岩屑上返速度不同直接影响岩屑迟到时间的准确性。为了缩短钻井周期、提高机械钻速，PDC 钻头、定向动力钻具等新工具的推广使用，导致返出至地面的岩屑十分细小混杂，增大了挑选真实样品的难度。由于岩屑颗粒小、表面积大，油气散失多，容易漏失油气层。

4）井眼不规则的影响

井眼不规则可导致钻井液上返速度不一致，在大井眼时，钻井液上返速度慢，携带岩屑能力差，甚至在"大肚子"处出现涡流，岩屑不容易上返，地化录井捞取不到真实岩屑。

5）样品类型的影响

岩心、岩屑、井壁取心三种类型的岩样，在同一层位、同一深度岩样热解分析参数值差别很大。因此，在应用样品热解分析参数评价储层含油性时，要充分考虑不同类型样品烃类损失的影响因素，这样才能获得较好且准确的评价效果。

岩心样品除岩心表面烃类在钻井液的冲洗作用下有损失外，其岩心内部的烃类在高于原始地层压力的钻井液围压保护作用下，烃类损失相对较小；井壁取心样品由于经历了钻井液长时间的浸泡，在略大于地层压力的钻井液液柱压力的作用下，钻井液滤液会在井壁形成一定侵入范围的冲洗带，在这个范围内，储层中的烃类部分被滤液排替挤压，造成井壁取心中烃类的损失；岩屑破碎程度高，比表面积大，具有较高温度的钻井液对岩屑表面的烃类清洗和冲刷作用强，烃类会有较大程度的损失，不同的破碎程度烃类损失也不同。

3. 人为因素

1）取样时间的影响

取样时间不同，烃类损失程度不同。地下的油气层被钻开后，再经过钻井液冲刷，岩屑返至地面，由于压力及温度变化，保存在岩石中的烃已经散失很多，测得的是残余烃含量。实验证明，岩样返出井筒后时间越长，其轻烃组分损失越多，尤其是在样品颗粒较小和油质偏轻的情况下，烃损失更加严重。油砂在空气中及阳光下晒几分钟，气态烃类及凝析油就可能全部挥发掉。因此，样品返出到地面后一定要及时取样。

2）取样密度的影响

取样密度不够，分析结果代表性就较差，会影响解释结果。对于一些非均质性储层，应特别关注取样密度，取样密度过低可能造成决定储层产液性质关键点样品的漏取，那么地化资料判别储层性质就很难得出正确的结论。

3）岩屑样品清洗的影响

清洗的目的是除去吸附在岩样表面的钻井液添加剂等污染物，岩屑清洗方法对地化录井分析结果影响非常大。岩屑清洗方法要因岩性而定，以不漏掉显示、不破坏岩屑为原则。洗样用水要保持清洁，严禁油污，严禁高温。正确方法是采取漂洗方法，严禁用水猛烈冲洗，洗至微显岩石的本色即可，防止含油砂岩、疏松砂岩、沥青块、煤屑、石膏、盐岩、造浆泥岩等易水解、易溶岩类被冲散流失。对于轻烃分析的岩样，简单清洗表面钻井液即可。

4）岩样挑选的影响

挑选有代表性的样品是地化分析的关键。碎屑岩岩性变化较大，储层物性变化也较大，因而油层的非均质性异常突出。同一块岩心，含油饱和度不仅纵向上不均一，横向上也有很大差异，地化录井数据可能相差几倍之多。同样，从井下由钻井液携带出来的岩屑，会受钻井液冲洗井壁、岩石脆裂粉碎掉块、机械震动掉块、钻具摆动致使井壁岩石掉落等影响，常见的还有受钻井液性能的影响造成垮塌和掉块；由于工程需要划眼和短起下、大斜度井等，造成真假岩屑混杂，同一包岩屑中挑出的油砂分析结果也有较大的差异。因此，地化录井人员首先要学会挑样，掌握挑样技术，并在实践中积累经验，提高挑样的准确性和代表性。

正确的样品挑选方法是：岩屑在分析前打开样品瓶挑样，要排除假岩屑，挑选无污染、未烘烤、未曝晒、有代表性的真实的岩石样品,岩心样品和壁心样品应当挑取中间部位;挑样应在明亮的光线下,有油气显示的在荧光灯下优先分析,颗粒的大小以坩埚能装进即可,不能碎成粉末状。

5)样品分析前放置时间及分析方法的影响

挑选后的样品不能长时间放置或在阳光下暴露,放置时间越长,烃类损失越严重。挑样前岩屑用清水洗掉污染物,用镊子将样品挑在滤纸上吸取其表面水分,样品处理速度要快,尽量减少轻烃的损失。砂岩样品称量后立即进行分析,防止烃类散失。含油样品禁止用滤纸包裹或吸附。在处理样品过程中,要及时快速,以减少岩样在空气中的暴露时间。当岩样分析跟不上钻井速度时,应将样品密闭于样品瓶中,在条件许可的情况下,最好在低温状态下保存。

6)仪器操作条件对热解分析结果的影响

样品质量及粒度大小影响热解分析结果。样品质量少于 20 mg,会导致响应信号与质量之间的线性关系变差,坩埚内载气易形成环流,使岩样被不同程度冷却,导致 T_{max} 值增大;烃源岩分析时如岩样未经研磨或研磨不均匀,岩样粒度大都会引起 T_{max} 值上升。

4. 烃类损失实验分析

1)钻井液添加剂实验分析

在石油钻探过程中加入有机添加剂、原油、磺化沥青等,这些有机质会污染岩屑、壁心样品,使现场样品岩石热解分析结果不准确,给储集层油气解释评价带来巨大的困难,针对上述问题选取渤海钻探中配制钻井液的每种添加剂进行热解分析和热蒸发烃分析,分析结果见表 2-7 和图 2-8。

表 2-7 各种添加剂热解分析结果

序 号	井 号	样品类型	$S_0/(mg \cdot g^{-1})$	$S_1/(mg \cdot g^{-1})$	$S_2/(mg \cdot g^{-1})$
1	PF-PAC-HV 聚阳离子纤维素	固 体	0.15	28.84	45.55
2	PF-PAC-LV 聚阳离子纤维素	固 体	0.10	23.93	36.39
3	PF-TEMP 钻井液用降滤失剂	固 体	0.06	0.66	23.69
4	PF-LPF-HW 钻井液用羟基成膜剂	固 体	0.06	27.28	63.48
5	PF-SMP-HT 抗高温抗盐滤失剂	固 体	0.03	0.08	5.56
6	PF-SPNH-HT 抗高温降滤失剂	固 体	0.10	0.27	7.63
7	PF-RS-1 钻井液用抗盐降滤失剂	固 体	0.11	29.94	109.05
8	PF-FLO-HT 抗温淀粉降滤失剂	固 体	0.10	40.60	35.56
9	PF-SMPC 高温抗盐降滤失剂	固 体	0.10	12.34	130.93
10	PF-STB-HT 抗高温稳定抑制剂	液 体	4.40	2 472.91	723.67
11	PF-DFL-HT 抗高温防塌剂	固 体	0.10	4.58	64.87
12	PF-COK 钻井液用甲酸钾	液 体	3.11	17.94	30.56

续表

序 号	井 号	样品类型	$S_0/(\mathrm{mg \cdot g^{-1}})$	$S_1/(\mathrm{mg \cdot g^{-1}})$	$S_2/(\mathrm{mg \cdot g^{-1}})$
13	PF-VIS 钻井液用增黏剂	固 体	0.11	62.13	43.05
14	PF-LVBE 钻井液用润滑剂	液 体	3.02	204.95	25.45
15	PF-JLX-C 钻井液用水基润滑剂	液 体	109.82	1 494.74	2 076.72
16	PF-SZDL 随钻堵漏剂	固 体	0.15	31.16	55.19
17	PF-LSF 水基沥青树脂防塌剂	固 体	0.11	30.19	62.94
18	PF-LVBE(GREEN)环保型润滑剂	液 体	1.98	4 001.50	2 906.39
19	PF-PLH 高分子页岩稳定剂	固 体	0.17	5.63	251.61
20	PF-XC-H 生物聚合物	固 体	0.10	49.87	43.97
21	PF-ZKS-1 油田专用杀菌剂	液 体	3.04	4.31	10.05
22	PF-ZP 低渗透添加剂	固 体	0.10	38.02	103.44
23	PIPE-STAR 解卡剂	液 体	5.34	3 180.11	4 314.92
24	RT-101 高效减磨剂	液 体	1.93	4 018.63	5 809.80
25	PF-EPF 乳化石蜡	固 体	0.11	156.57	358.04
26	PF-DEF-1 消泡剂	液 体	3.30	294.38	25.06
27	PF-GRA 固体石墨	固 体	0.10	13.87	108.14
28	HTC 逐级拟合填充剂	固 体	0.11	0.19	0.55
29	膨润土/BENT	固 体	0.09	0.20	0.65
30	重晶石	固 体	0.03	0.05	0.11

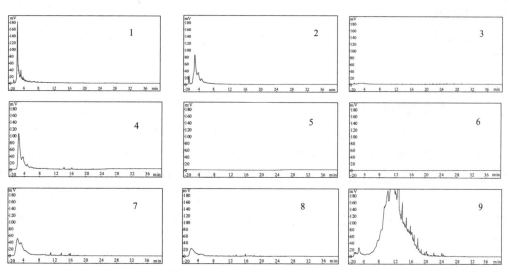

图 2-8   钻井液添加剂热蒸发烃谱图

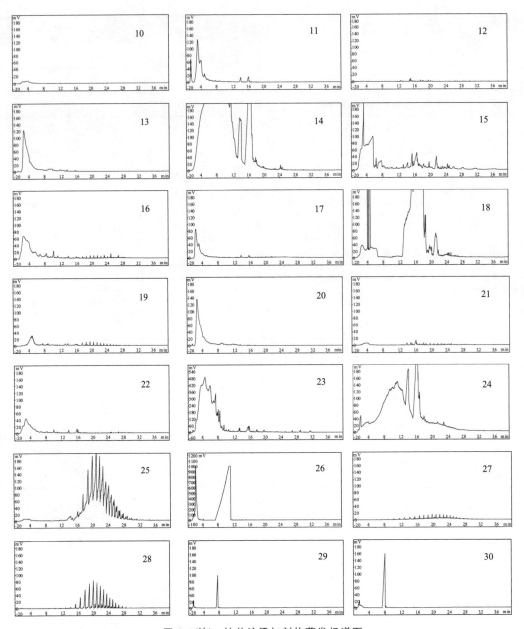

图 2-8(续)　钻井液添加剂热蒸发烃谱图

　　根据添加剂的热解分析数值,发现部分添加剂热解值比较高,如果在测试样品时不能有效剔除添加剂,会直接影响热解测试结果。同样,部分添加剂的热蒸发烃分析谱图也表现出一定特征,主要表现为峰型无规律,单峰呈尖锐锯齿状。样品和钻井液污染都会使测试数据不准确,都会给后期数据解释评价和数据分析工作带来一定的困难,针对上述现象,我们进行了岩屑清洗实验。

　　2) 岩屑清洗实验

　　岩屑污染后对地化录井测试结果有一定的影响,针对上面现象,在现场录井测试中选用两口井的岩屑样品进行清洗实验,寻找清洗程度与剔除的污染之间的关系。取同一深度岩屑放入清洗托盘中,分别用清水清洗1次、2次至多次,分别对不同清洗次数的岩屑进行岩石热解分析和热蒸发烃分析实验,热解分析结果见表2-8,清洗次数与热解烃含量关系如图2-9所示。

表 2-8 不同清洗次数岩屑热解分析结果

井 名	清洗次数	井深/m	样品类型	层 位	岩 性	S_0/(mg·g^{-1})	S_1/(mg·g^{-1})	S_2/(mg·g^{-1})
BZ-M-1	1	1 600	岩 屑	明化镇组	浅灰色荧光细砂岩	0.024 2	5.579 6	4.498 6
BZ-M-1	2	1 600	岩 屑	明化镇组	浅灰色荧光细砂岩	0.022 5	3.998 4	3.403 6
BZ-M-1	3	1 600	岩 屑	明化镇组	浅灰色荧光细砂岩	0.023 6	3.256 8	3.240 6
BZ-M-1	4	1 600	岩 屑	明化镇组	浅灰色荧光细砂岩	0.024 1	3.946 3	3.055 6
BZ-M-1	5	1 600	岩 屑	明化镇组	浅灰色荧光细砂岩	0.024 6	3.641 3	3.066 1
KL-M-2dSa	1	1 658	岩 屑	东营组	浅灰色荧光细砂岩	0.065 8	6.053 6	5.823 5
KL-M-2dSa	2	1 658	岩 屑	东营组	浅灰色荧光细砂岩	0.040 2	4.875 1	3.912 0
KL-M-2dSa	3	1 658	岩 屑	东营组	浅灰色荧光细砂岩	0.035 4	3.066 5	2.943 5
KL-M-2dSa	4	1 658	岩 屑	东营组	浅灰色荧光细砂岩	0.035 4	2.662 8	2.899 5

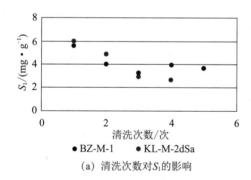

(a) 清洗次数对S_1的影响

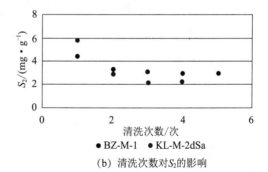

(b) 清洗次数对S_2的影响

图 2-9 清洗次数与热解烃含量关系图

通过清洗实验不难看出,清洗1次到3次,随清洗次数增多热解烃含量值降低,而在清洗3次后,岩屑热解烃含量值趋于平缓,说明经过三次清洗岩屑中烃类损失达到平衡。利用稳定后的热解烃含量数据和同深度壁心热解烃含量数据进行相关性分析,如果数据量足够多且能够代表该区块特征,则可以计算该区块的清洗补偿系数,本次只针对BZ-M-1井1 600.00 m岩屑和壁心热解烃含量进行分析。经过3次清洗后热解烃含量数据比较稳定,同时3次清洗岩屑后的热蒸发烃谱图也和该深度壁心谱图形态相近(图2-10),因此我们利用3次清洗后的岩屑烃含量数据和壁心烃含量数据进行比较,可以得到其补偿系数。上文提到岩屑热解分析储集层岩石的烃类含量要比地层状态下的烃类含量少,因此分析储集岩样品烃类损失补偿关系,寻找烃类损失规律,可以帮助我们恢复原始地层烃类含量,从而提高地化录井解释可信度。

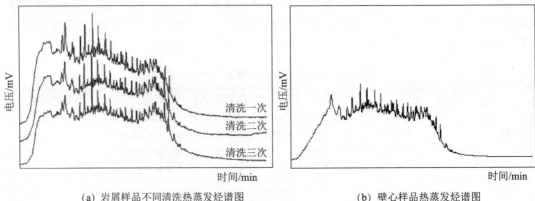

(a) 岩屑样品不同清洗热蒸发烃谱图　　　　　(b) 壁心样品热蒸发烃谱图

图 2-10　BZ-M-1 井 1 600.00 m 岩屑和壁心热蒸发烃谱图

3) 空置时间烃类损失实验

本次测试以地化分析岩石烃类含量值为恢复对象,实验仪器为 YQ-VIIA 油气显示评价仪,样品分别取自 BZ-M-1 井中 1 600.00 m 岩屑、1 605.00 m 井壁取心和 KL-M-2dSa 井 1 676.00 m 岩心,在室温条件下空置 0～50 h,钻井现场人员在不同放置时间点对样品进行热解分析,得到的图形如图 2-11 所示。可以看出样品空置时间对烃类损失影响较大,空置 0～3 h,烃类含量值变化很大,岩屑中烃类含量为先增大后趋于平衡。由于岩屑长时间浸泡在钻井液中,加之对其清洗,所以岩屑样品中存储了大量的水分,烃含量测量值迅速减少,一部分是因为烃类损失,另一部分是因为岩屑中的水分快速挥发,使单位质量中岩石样品量增加,空置 6 h 后,样品从湿样基本变干样,烃含量值基本保持稳定。壁心和岩心样品为重质油层储集岩,空置 0～3 h 烃类在自然环境下快速挥发,呈规律性降低,大约在空置 6 h 后烃类值趋于平缓。

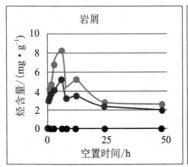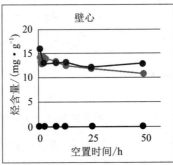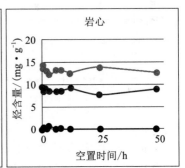

●—— S_0　　●—— S_1　　●—— S_2

图 2-11　不同类型样品烃含量与空置时间的关系曲线

选择 PL-A-6d 井的储集岩做岩石热解分析,每次分析称量 100 mg 样品,单独称量一个 100 mg 样品放在室温下自然晾干,并在不同空置时间称其质量,看其质量变化,称量时间和其他样品做样时间一致,使其当前质量能校正到初始湿样质量。以 1 525.00 m 样品为例,每次称量 100 mg 样品进行岩石热解分析,分析结果见表 2-9,每次做样时对室温晾晒样进行称量并记录,记录标为晒样质量。校正湿样质量等于测样质量 100 与系数之比,可以看出校正到湿样实际测量样品要比 100 mg 大,并且在初始时间样品质量变化很大,一部分是烃类的挥发,另一部分是储集岩粒间水的挥发,所以在测量中样品不能及时测量,需要对其进行校正到初始测量值。不同环境条件下样品挥发速度不同,我们只能把样品晒干稳定后进行校正。PL-A-6d井1 525.00 m样品在晾晒24 h后,热解烃含量测量值开始稳定,补偿系数在0.94～0.95之间波动,取其平均值0.94,利用补偿系数计算不同空置时间下S_0、S_1、S_2值。同理测量1 529.00 m,2 422.50 m,2 442.20 m储集岩样品,得到补偿系数分别为0.92、0.93、0.93,该样品随空置时间热解烃含量的变化趋势如图2-12所示。

表2-9 不同干湿度样品热解分析结果

晒样质量/mg	补偿系数	校正湿样质量/mg	时间/h	S_0/(mg·g⁻¹)	S_1/(mg·g⁻¹)	S_2/(mg·g⁻¹)	补偿S_0/(mg·g⁻¹)	补偿S_1/(mg·g⁻¹)	补偿S_2/(mg·g⁻¹)
100	1.00	100	0	0.024 0	19.875 8	30.527 2	0.024 0	19.875 8	30.527 2
97.6	0.98	102.46	3	0.017 5	20.654 7	30.412 8	0.017 1	20.159 0	29.682 9
97.1	0.97	102.99	15	0.018 3	19.706 6	31.685 8	0.017 8	19.135 1	30.766 9
93.7	0.94	106.72	24	0.040 6	22.268 7	33.853 7	0.038	20.865 8	31.720 9
94.7	0.95	105.60	48	0.003 9	22.119 7	32.429 4	0.003 7	20.947 4	30.710 6
93.9	0.94	106.50	120	0.012 4	21.600 4	32.106 7	0.011 6	20.282 8	30.148 2
94.4	0.94	105.93	144	0.011 4	20.900 0	31.955 9	0.010 8	19.729 6	30.166 4
94.2	0.94	106.16	168	0.009 2	19.472	32.538 6	0.008 7	18.342 6	30.651 4
94.6	0.95	105.71	216	0.006 8	20.913 5	32.633 6	0.006 4	19.784 2	30.871 4
94.0	0.94	106.38	288	0.007 4	18.982 1	33.947 6	0.007 0	17.843 2	31.910 7

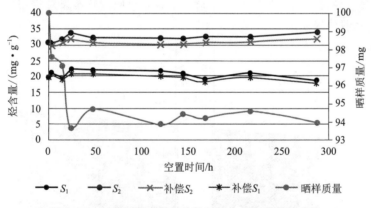

图2-12 不同干湿度样品的热解烃含量变化趋势曲线

本次实验选取个别初级样品,对整个渤海研究区不具有代表性,今后还需要针对不同二级构造带、层位及油质类型进行大量实验,统计其规律,为日后烃类损失校正提供有利依据。

二、地化录井烃类损失校正方法

我们已经在工程实践中采集大量的实验数据(x_i, y_i),$i=1,2,\cdots,n$,在这些数据中找出自变量x(岩屑)与因变量y(壁心)之间的函数关系,一般很难得到精确的解析函数关系,这时就要利用原始数据的基本特征,用特定的方法构建一个近似解析式,这种"拟合"出的函数曲线虽然不能保证通过所有的样本点(否则为插值法),但能很好地逼近它们,可以较好地反映已知数据内在的数量关系。在进行烃类损失恢复校正之前,我们需要将建模数据进行筛选,剔除无效的异常点,以保证数据的准确性。在此基础上,本文基于最小二乘法及梯度下降法来构建上述近似解析式,根据岩屑-壁心之间的不同关系,分别使用不同的回归分析模型,回归模型主要分为一元线性回归模型、多元线性回归模型和非线性回归模型。

1. 污染及异常数据分析与剔除

地化录井通过分析岩心、井壁取心和岩屑热解参数来检测储层的含油气信息,但分析结果易受储层类型、油气层类型、钻井复杂工况及其他因素的影响,必然会存在一些异常值,这将会对地化录井技术的解释评价和烃类损失的校正有很大影响,因此有必要分析和剔除离散异常点。基于上述对地化录井影响因素的分析,明确各因素对烃类损失影响程度,通过人工识别真假油气显示删除污染数据点,然后再利用数学方法剔除异常点。

在钻井过程中,受钻井液持续浸泡冲刷,岩屑表面及孔隙内部会受到浸染。同样,在钻井过程中为了防止井喷,往往使钻井液柱的压力大于地层孔隙流体压力,在此压差下,井眼周围储集层砂岩孔隙中往往遭受不同程度的钻井液侵入,并从井壁内向外形成泥饼、冲洗带、过渡带和未侵入带,如图 2-13 所示。冲洗带为靠近井壁的部分,岩石孔隙受到钻井液滤液的强烈冲洗,原有的地层中的流体几乎全部被钻井液滤液所替换,此部分对壁心取样影响最大。受污染的岩屑、壁心样品的热蒸发烃谱图都存在一定污染特征峰,总结历年渤海油田地化录井热蒸发烃谱图特征,发现受污染样品的谱图形态主要表现如图 2-14~图 2-16 所示,热解烃含量见表 2-10~表 2-12。不难看出应用热蒸发烃谱图可以直观判别污染情况和识别真假油气显示。

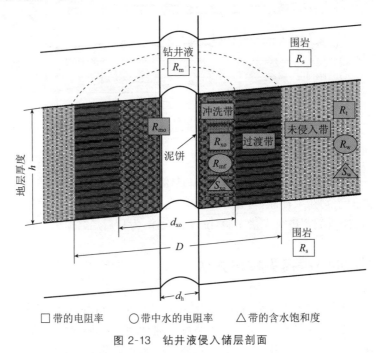

图 2-13 钻井液侵入储层剖面

表 2-10 LD-M-1 井岩屑热解烃含量值

井深/m	样品类型	层 位	岩 性	$S_0/$ (mg·g⁻¹)	$S_1/$ (mg·g⁻¹)	$S_2/$ (mg·g⁻¹)	$T_{max}/℃$	$P_g/$(mg·g⁻¹)
2 110	岩屑	东营组	浅灰色荧光细砂岩	0.011	9.666	18.977	426	28.654
2 115	岩屑	东营组	浅灰色荧光细砂岩	0.143	6.159	14.492	434	20.794

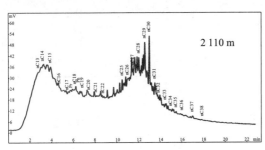 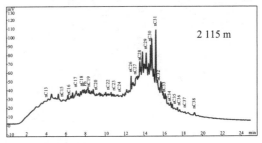

图 2-14 LD-M-1 井岩屑热蒸发烃谱图

表 2-11 CFD-B-1 井壁心热解烃含量值

井深/m	样品类型	岩 性	$S_0/$ (mg·g⁻¹)	$S_1/$ (mg·g⁻¹)	$S_2/$ (mg·g⁻¹)	$T_{max}/℃$	$P_g/$(mg·g⁻¹)
2 963	壁心	浅灰色荧光粉砂岩	0.004 2	9.279 0	3.393 9	427	12.677 1
2 965	壁心	浅灰色荧光粉砂岩	0.262 0	5.677 3	3.313 9	432	9.253 2

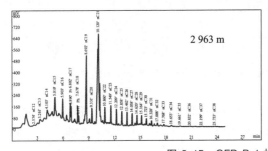 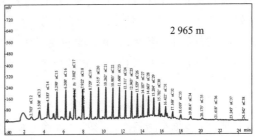

图 2-15 CFD-B-1 井壁心热蒸发烃谱图

表 2-12 PL-M-2 井壁心热解烃含量值

井深/m	层 位	样品类别	岩 性	$S_0/$ (mg·g⁻¹)	$S_1/$ (mg·g⁻¹)	$S_2/$ (mg·g⁻¹)	$T_{max}/℃$	$P_g/$(mg·g⁻¹)
1 082	明化镇组	壁心	褐灰色油浸细砂岩	0.074	14.923	17.122	427	32.118
1 084	明化镇组	壁心	褐灰色油浸细砂岩	0.053	7.414	7.695	426	15.161

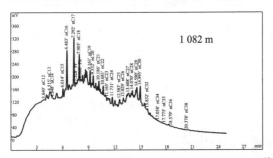 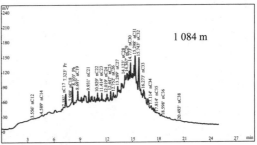

图 2-16 PL-M-2 井壁心热蒸发烃谱图

壁心孔隙中的油气被钻井液驱替,使得壁心热解分析数据结果偏小,小于岩屑热解分析数据结果,如 CFD-L-2 井,在 2 837.00 m 附近壁心由于受到钻井液侵入的影响,导致部分岩屑分析数据结果大于壁心(表 2-13、图 2-17)。

表 2-13　CFD-L-2 井岩屑和壁心热解烃含量值对比

井深 /m	样品类型	层 位	岩 性	S_0/ (mg·g^{-1})	S_1/ (mg·g^{-1})	S_2/ (mg·g^{-1})	T_{max}/ ℃	P_g/ (mg·g^{-1})	GPI	OPI	TPI
2 837	井壁取心	东营组	灰色油斑细砂岩	0.071 8	1.879 3	3.490 4	437	5.441 5	0.013 2	0.345 4	0.358 6
2 838	岩屑	东营组	浅灰色荧光细砂岩	0.106 2	4.027	2.609 8	431	6.743 0	0.015 7	0.597 2	0.612 9

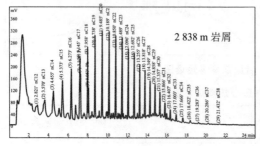 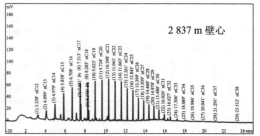

图 2-17　CFD-L-2 井岩屑和壁心热蒸发烃谱对比图

在人工识别真假油气显示的基础上,我们可以利用数学方法对初步筛选的样本集进行进一步的优化。但值得注意的是,在处理异常值时,若一个异常值是一个有效的观测值,不应轻易地将其从数据集中予以剔除;如果异常值是一个错误的数据,应该修正或删除该数据,保证数据的可靠性;在利用数学模型时,如果是由于模型的假定不合理,使得标准化残差偏大,应该考虑采用其他形式的模型;如果完全是由于随机因素而造成的异常值,则应该保留该数据。下面简单介绍异常处理的方法。

(1)利用绘制岩屑各参数与壁心各参数的散点图,整体观察数据的分布趋势和基本特征,往往出现一些数据点和整体数据的分布趋势相互背离,如图 2-18 所示。面对这些数据点,我们应该予以重视,查看这些点的原始数据,观察数据并与综合录井图综合分析后对该数据进行处理。这些数据通常为某一个或某一些观测值对回归的结果有强烈的影响[图 2-18(a)、(b)]。同时我们也可发现一些高杠杆率点,即自变量中的极端值,它未必是一个有影响的观测值[图 2-18(c)、(d)]。

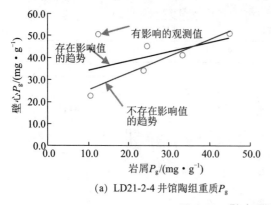 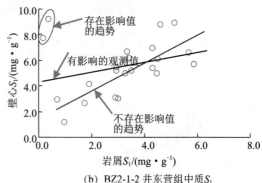

(a) LD21-2-4 井馆陶组重质 P_g　　　　(b) BZ2-1-2 井东营组中质 S_1

图 2-18　影响观测值与高杠杆率值

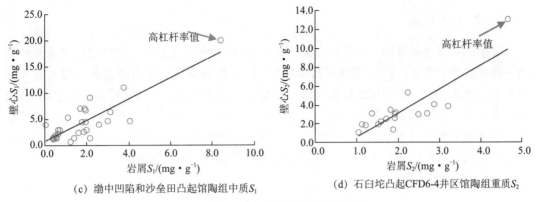

(c) 渤中凹陷和沙垒田凸起馆陶组中质S_1　　　　(d) 石臼坨凸起CFD6-4井区馆陶组重质S_2

图 2-18(续)　影响观测值与高杠杆率值

（2）利用数学模型进行异常点分析,在建立一元或多元的回归模型中,残差分析(又称回归诊断)对模型的假定在诊断时起着十分重要的作用,同时异常值也可以通过标准化残差来检测识别。利用 SPSS 软件中的回归分析功能,即可得到标准化残差直方图、标准 P-P 图以及散点图。标准化残差图一般属于正态分布,我们可以将落在正态分布之外的点看作异常点(图 2-19);P-P 图中,若某些点离直线太远同样需要注意;在散点图中,如果某一个观测值所对应的标准化残差的绝对值较大(一般情况下大于 3),就可以识别为异常值(图 2-20)。

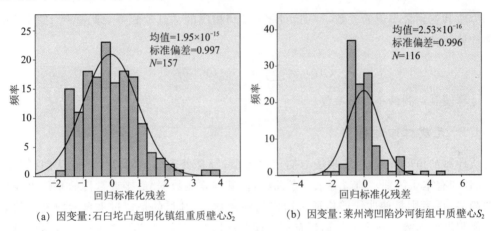

(a) 因变量:石臼坨凸起明化镇组重质壁心S_2　　　(b) 因变量:莱州湾凹陷沙河街组中质壁心S_2

图 2-19　标准化残差直方图

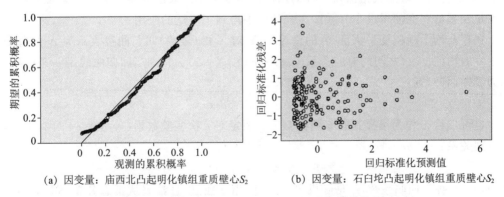

(a) 因变量:庙西北凸起明化镇组重质壁心S_2　　　(b) 因变量:石臼坨凸起明化镇组重质壁心S_2

图 2-20　标准化残差的标准 P-P 图(左)和标准化残差散点图(右)

2. 最小二乘法

最小二乘算法是以误差的平方和最小为准则,根据观测数据估计线性模型中未知参数的一种参数估计方法。1974 年德国数学家 C. F. 高斯在解决行星轨道猜测问题时首先提出最小二乘法,随后 1806 年法国数学家勒让德首次发表了最小二乘法理论。简单地说,最小二乘法的思想就是要使得观测点和估计点的距离的平方和达到最小。这里的"二乘"指的是用平方来度量观测点与估计点的远近(在古汉语中"平方"被称为"二乘"),"最小"指的是参数的估计值要保证各个观测点与估计点的距离的平方和达到最小。

例如,对于回归模型:

$$Y = f(x|\theta) + \varepsilon$$

若 $(x_1, Y_1), \cdots, (x_n, Y_n)$ 为收集到的观测数据,则应该用 Y' 来估计 Y_i,这里 x'_i 是 x_i 的估计值。

$$Y' = f(x'|\theta) + \varepsilon$$

这样点 (x_i, Y_i) 的估计就是 (x'_i, y'_i),它们之间距离的平方就是 $(x_i, x'_i)^2 + (Y_i, f(x'_i|\theta))^2$,进而最小二乘法估计量就是:

$$Q(\theta) = \sum_{i=1}^{n} (x_i - x'_i)^2 + \sum_{i=1}^{n} (Y_i - f(x'_i|\theta))^2$$

为使其达到最小值的参数,特别当各个 x_i 和相应的估计值相等,即 $x'_i = x_i$ 时,最小二乘估计量就是:

$$Q(\theta) = \sum_{i=1}^{n} (Y_i - f(x'_i|\theta))^2$$

计算使其达到最小值的参数。

3. 一元线性回归模型

从计算的角度看,最小二乘法与插值法类似,都是处理数据的算法。但从创设的思想看,二者却有本质区别。前者寻求一条曲线,使其与观测数据"最接近",目的是代表观测数据的趋势;后者则是使曲线严格通过给定的观测数据,其目的是通过来自函数模型的数据来近似刻画该函数。在观测数据带有测量误差的情况下,就会使得这些观测数据偏离函数曲线,结果使得与观测数据保持一致的插值法不如最小二乘法的曲线更符合客观实际。正是测量误差的存在使得最小二乘法在统计学中得到了广泛的应用。

在存在两个随机变量 X 和 Y 的情况下,Y 对 X 的(经验)回归曲线表示为 X 的每个值 x 与 Y 的均值 $y(x)$ 之间的对应关系 $y(x) = E(Y|X = x)$。特别当回归曲线是一条曲线时,称为线性回归,有:

$$y(x) = \beta_0 + \beta_1 x$$

也可以将 x 作为可控制的非随机变量。假定对 n 次实验数据 (x_i, y_i),$i = 1, 2, \cdots, n$,存在下列关系:

$$y_i = \beta_0 + \beta_1 x + \varepsilon_i, \quad i = 1, 2, \cdots, n$$

其中,β_0、β_1 称为回归系数,ε_i 是随机误差,它们相互独立,且都服从正态分布 $N(0, \sigma^2)$。下面做 β_0、β_1 的最小二乘估计:

$$\widehat{\beta}_1 = \frac{\sum\limits_{i=1}^{n} x_i y_i - \frac{1}{n} \sum\limits_{i=1}^{n} x_i \sum\limits_{i=1}^{n} y_i}{\sum\limits_{i=1}^{n} x_i^2 - \frac{1}{n} \left(\sum\limits_{i=1}^{n} x_i\right)^2} = \frac{l_{xy}}{l_{xx}}$$

$$\widehat{\beta}_0 = \overline{y} - \widehat{\beta}_1 \overline{x}$$

$$\widehat{\sigma}^2 = \frac{\sum\limits_{i=1}^{n} (y_i - \widehat{\beta}_0 - \widehat{\beta}_1 x_i)^2}{n-2}$$

其中

$$\overline{x} = \frac{1}{n} \sum_{i=1}^{n} x_i, \quad \overline{y} = \frac{1}{n} \sum_{i=1}^{n} y_i$$

$$l_{xx} = \sum_{i=1}^{n} (x_i - \overline{x})^2, \quad l_{yy} = \sum_{i=1}^{n} (y_i - \overline{y})^2, \quad l_{xy} = \sum_{i=1}^{n} (x_i - \overline{x})(y_i - \overline{y})$$

实际上,两个变量之间的回归关系大多数是非线性的。如果能够选择恰当类型的曲线,并通过某些简单的变量变换转化为线性回归模型,则可以用前面的方法解决。下面列举几类经适当变换转化为线性拟合求解的曲线拟合方程及变换关系(表 2-14)。

表 2-14 可转化为线性拟合方程的几类非线性拟合函数

曲线拟合函数	变换关系	变换后线性拟合方程
$y = ax^b$	$u = \ln y, \quad v = \ln x$	$u = A + bv (A = \ln a)$
$y = ax^b + c$	$v = x^b$	$y = av + c$
$y = \dfrac{x}{ax+b}$	$u = \dfrac{1}{y}, \quad v = \dfrac{1}{x}$	$u = a + bv$
$y = \dfrac{1}{ax+b}$	$u = \dfrac{1}{y}$	$u = ax + b$
$y = \dfrac{1}{ax^2+bx+c}$	$u = \dfrac{1}{y}$	$u = ax^2 + bx + c$
$y = \dfrac{x}{ax^2+bx+c}$	$u = \dfrac{x}{y}$	$u = ax^2 + bx + c$

可以通过 Matlab 自带的函数 polyfit 自动计算回归系数,具体用法如下:

$$a = \text{polyfit}(x, y, n)$$

其中,输入参数 x、y 为要拟合的数据,n 为拟合多项式的次数,输出参数 a 为拟合多项式的系数,$a = [a_1, a_2, \cdots, a_n, a_{n+1}]$,即回归系数的最小二乘估计。

$$y = a_1 x^n + a_2 x^{n-1} + \cdots + a_n x + a_{n+1}$$

4. 多元线性回归模型

多元线性回归模型是一元线性回归模型的推广,即假定随机变量 y 的取值依赖于自变量(这里作为可控制的非随机变量)$x_1, \cdots, x_p$,且有

$$y = \beta_0 + \beta_1 x_1 + \cdots + \beta_p x_p + \varepsilon$$

其中,$\beta_0, \beta_1, \cdots, \beta_p$ 称为回归系数,是未知参数;ε 是随机误差,假设都服从正态分布 $N(0, \sigma^2)$,σ^2 是未知的。

对 y 的 n 次独立观测,即在自变量取值为 $x_{i1}, \cdots, x_{ip}, i = 1, 2, \cdots, n$ 下,得到 y 的观测值

$y_1, \cdots, y_n$，它们可以表示为：

$$\begin{cases} y_i = \beta_0 + \beta_1 x_{i1} + \cdots + \beta_p x_{ip} + \varepsilon_i \\ \varepsilon_i \sim N(0, \sigma^2), i = 1, 2, \cdots, n, \text{相互独立} \end{cases}$$

$$X = \begin{pmatrix} 1 & x_{11} & \cdots & x_{1p} \\ \vdots & \vdots & & \vdots \\ 1 & x_{n1} & \cdots & x_{np} \end{pmatrix}, \quad Y = \begin{pmatrix} y_1 \\ \vdots \\ y_n \end{pmatrix}, \quad \boldsymbol{\beta} = \begin{pmatrix} \beta_1 \\ \vdots \\ \beta_n \end{pmatrix}, \quad \boldsymbol{\varepsilon} = \begin{pmatrix} \varepsilon_1 \\ \vdots \\ \varepsilon_n \end{pmatrix}$$

那么上式即

$$\begin{cases} Y = X\boldsymbol{\beta} + \boldsymbol{\varepsilon} \\ \boldsymbol{\varepsilon} \sim N_n(0, \sigma^2 I_n) \end{cases}$$

其中，$N_n(\boldsymbol{\mu}, \sum)$ 表示数学期望向量为 $\boldsymbol{\mu}$、协方差矩阵为 $\sum$ 的 n 元正态分布；I_n 表示 n 阶单位矩阵。类似一元线性回归模型，下面做参数的最小二乘估计：

$$\boldsymbol{\varepsilon} = Y - X\boldsymbol{\beta}$$

$$\boldsymbol{\varepsilon}'\boldsymbol{\varepsilon} = (Y - X\boldsymbol{\beta})'(Y - X\boldsymbol{\beta}) = Y'Y - Y'X\boldsymbol{\beta} + \boldsymbol{\beta}'X'Y + \boldsymbol{\beta}'X'X\boldsymbol{\beta}$$

然后对 $\boldsymbol{\beta}$ 求偏导

$$\frac{\partial(\boldsymbol{\varepsilon}'\boldsymbol{\varepsilon})}{\partial \boldsymbol{\beta}} = -2X'Y + 2X'X\boldsymbol{\beta} = 0$$

得到

$$\hat{\boldsymbol{\beta}} = (X'X)^{-1}X'Y$$

$$\hat{\sigma} = \frac{1}{n-p-1}\sum_{i=1}^{n}(y_i - \hat{y_i})^2$$

其中

$$\hat{y_i} = \hat{\beta_0} + \hat{\beta_1}x_{i1} + \cdots + \hat{\beta_p}x_{ip}$$

$\hat{y_i}$ 是 y_i 的估计值，$\hat{Y} = X\hat{\boldsymbol{\beta}} = X(X'X)^{-1}X'Y = HY = (\hat{y_1}, \cdots, \hat{y_n})'$ 是 Y 的估计值；X' 是 X 的转置矩阵；$H = X(X'X)^{-1}X'$ 是投影矩阵。$e = y - \hat{y}$，称为残差；$Q = \sum_{i=1}^{n}(y_i - \hat{y_i})^2$，称为残差平方和；$U = \sum_{i=1}^{n}(\hat{y_i} - \bar{y})^2$，称为回归平方和。

由于 Matlab 软件强大的数值计算和矩阵计算的功能，对上述回归系数快速求解。下面以辽中凹陷南部东营组中质油为研究对象，分别使用一元线性和多元线性进行回归分析，对比二者计算效果，见表 2-15。

表 2-15　辽中凹陷南部东营组中质油一元与多元线性回归对比表

热解参数	回归模型	校正公式	R^2	SSE
S_1	一元线性回归	$y = 2.663\ 3x + 0.411\ 7$	0.723 4	122.885 3
	多元线性回归	$y = -19.553\ 3S_1 - 27.701\ 3S_2 + 24.287\ 6P_g +$ $29.141\ 5OPI - 49.863\ 9TPI + 11.371\ 8$	0.878 8	53.872 4
S_2	一元线性回归	$y = 1.601\ 4x + 0.257\ 7$	0.624 6	14.762 9
	多元线性回归	$y = -10.608\ 7S_1 - 10.323\ 9S_2 + 10.963\ 3P_g +$ $32.208\ 1OPI - 33.113\ 6TPI + 1.351\ 2$	0.821 8	7.008 2

续表

热解参数	回归模型	校正公式	R^2	SSE
P_g	一元线性回归	$y=2.372\,7x+0.382\,8$	0.713 6	210.313 4
	多元线性回归	$y=-34.846\,5S_1-41.560\,1S_2+39.521\,8P_g+$ $69.694\,4OPI-89.879\,3TPI+11.912\,7$	0.859 2	103.390 3

从表中可以看出，多元线性回归的效果明显好于一元线性回归，说明岩屑的 S_1、S_2、P_g、OPI 及 TPI 这五个参数之间存在一定的联系。因此，若岩屑-壁心呈线性关系，均采用多元线性回归。

使用多元线性回归的方法对渤海地区的 23 个二级构造不同层位及油质的岩屑进行了烃类损失校正，如辽西低凸起—北倾末端及西部断裂带（北）沙河街组中质油，其岩屑 S_1 及 S_2 校正后的 R^2 为 0.871 4 及 0.894 9，再如渤中凹陷北部断裂带，石臼坨凸起西部陡坡带东营组中质油岩屑 S_1 及 S_2 校正后的 R^2 为 0.772 0 及 0.800 1，并且拟合值与实测值具有较好的匹配性（图 2-21、图 2-22），显示使用多元线性回归的方法对渤海油田的烃类损失具有较好的恢复效果。

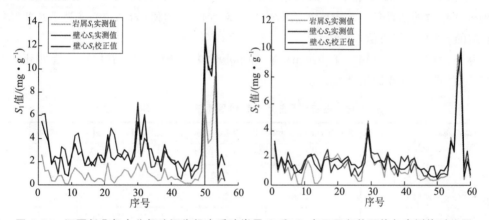

图 2-21　辽西低凸起中北部沙河街组中质油岩屑 S_1 和 S_2 多元回归校正值与实测值对比图

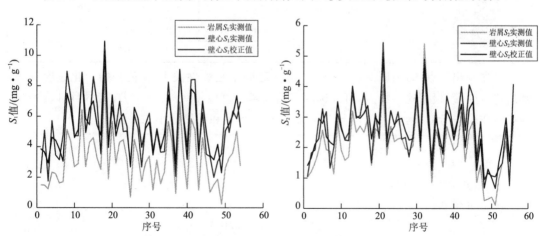

图 2-22　渤中凹陷北部断裂带，石臼坨凸起西部陡坡带东营组中质油岩屑
S_1 和 S_2 多元线性回归校正值与实测值对比图

5. 非线性回归分析

前面讨论了线性回归的计算问题,有时相依变量(或相应变量)y 明显地不是独立变量 x 的线性函数,通常有两种方法可以解决这个问题。

一是设法进行一些变换,将变换后的值用新变量表示,则此问题化成线性回归问题(表 2-15)。例如,在多项式回归问题中,$y=b_0+b_1x+b_2x^2$,我们可以令 $x_1=x,x_2=x^2$,这样就可以将问题化为 y 对于 x_1、x_2 的线性回归问题,这种办法是广泛应用的。

另外一种办法是直接使用非线性回归("非线性"针对的是参数,而不是自变量),非线性回归的计算通常是将多个未知参数作为一个待估计的向量,以实际数据与拟合数据之差的平方和作为目标,使用各种最优化方法使之达到最小,从而求出其估计值。可以使用 Matlab 实现 LMS 算法,或者直接使用 Matlab 函数 lsqcurvefit 和 nlinfit 来求取未知参数,lsqcurvefit 和 nlinfit 的使用格式如下:

$$\text{lsqcurvefit}(f,a,x,y), \quad \text{nlinfit}(x,y,f,a)$$

其中,f 为符号函数句柄,如果是以 m 文件的形式调用,需要加@,这里需要注意,f 函数的返回值是和 y 匹配的,即拟合参数的标准是 $(f-y)^2$ 取最小值;a 为最开始预估的值(预拟合的未知参数的估计值);x 为已经获知的与 y 对应的 x 的值(岩屑值);y 为已经获知的与 x 对应的 y 的值(壁心值)。

从下面的例子来探讨一下 lsqcurvefit 和 polyfit 精度的问题。石臼坨凸起明化镇组重质壁心-岩屑 S_2 值数据见表 2-16。

表 2-16 石臼坨凸起明化镇组重质壁心-岩屑 S_2 一览表

岩屑 S_2/(mg·g^{-1})	5.550 2	7.974 7	3.109 3	1.725 1	2.651 8	1.781 1	4.221 0	3.937 5	2.821 7
壁心 S_2/(mg·g^{-1})	25.119 0	21.148 0	18.743 8	12.822 8	16.752 7	12.121 1	24.129 2	16.396 6	20.734 4
岩屑 S_2/(mg·g^{-1})	1.468 6	3.427 2	1.808 7	7.052 4	13.343 6	0.709 0	5.606 5	1.776 0	3.015 8
壁心 S_2/(mg·g^{-1})	14.401 6	23.882	10.828 0	18.374 3	29.712 7	12.621 3	18.690 3	15.904 3	12.927 4
岩屑 S_2/(mg·g^{-1})	2.094 0	1.279 0	1.526 9	1.395 7	0.284 3	0.235 8	7.974 7	9.137 1	0.937 9
壁心 S_2/(mg·g^{-1})	11.113 3	8.253 2	13.605 2	10.261 3	5.268 2	6.230 4	25.262 1	23.444 9	7.269 7
岩屑 S_2/(mg·g^{-1})	4.174 5	4.773 0	0.515 8	3.610 1	5.313 9	1.779 7	2.660 5		
壁心 S_2/(mg·g^{-1})	17.082	25.057 6	3.573 8	24.047	24.921	12.377 2	16.461 1		

首先画出散点图,由图 2-23 可见,x 与 y 之间不是线性关系,y 值开始变化速度较快,然后速度变慢,根据这一特点,可以选取双曲线函数模型 $y=x/(ax+b)$。我们可以将双曲线模型按表进行变换,然后使用 polyfit 函数来求得 a 和 b 的最小二乘估计:

v=1./x;

u=1./y;

l1=polyfit(v,u,1);

由上可得到:

$$\hat{y}=x/(0.049\ 1x+0.042\ 3)$$

若不经过变换,直接使用 lsqcurvefit 对 a 和 b 进行最小二乘估计:

fun=@(a,x)x./(a(1)*x+a(2));

a0＝[0.1　0.02]；

l2＝lsqcurvefit(fun,a0,x,y)

由上式可得到：

$$\hat{y}=x/(0.031\ 8x+0.073\ 7)$$

两种方法的 R^2 分别为 0.719 8 和 0.787 1，残差平方和分别为 672.727 8 和 318.209 6，可知 lsqcurvefit 函数要优于 polyfit 函数。图 2-24 为使用上述两种函数绘制的壁心变化回归曲线。

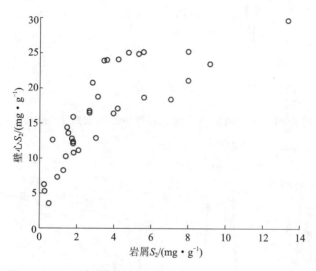

图 2-23　石臼坨凸起明化镇组重质壁心–岩屑 S_2 值散点图

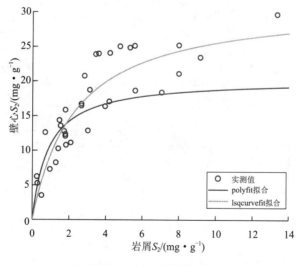

图 2-24　壁心变化回归曲线

同样按照此种非线性回归的方法，对渤海地区的 23 个二级构造带进行了非线性拟合，如石臼坨凸起—中央披覆带明化镇组重质油，使用双曲线回归模型 $y=x/(ax+b)$，分别对 S_1 和 S_2 值进行了比较校正，R^2 分别为 0.674 6 和 0.787 1，再如庙西北凸起馆陶组重质油，也使用非线性函数 $y=x/(ax+b)$ 对样本集进行回归分析，校正壁心岩石热解参数，R^2

分别为 0.752 7 及 0.767 7,从双曲线函数校正 S_1 和 S_2 的结果中可以看出,S_1 与 S_2 校正效果及匹配效果均好,曲线拟合图符合壁心变化特征(图 2-25~图 2-28)。

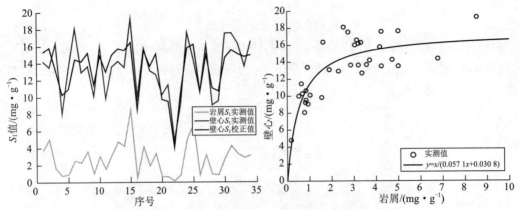

图 2-25　石臼坨凸起明化镇组重质油心 S_1 双曲线函数校正与
实测值对比图(左)和曲线拟合图(右)

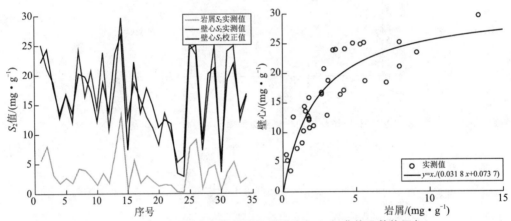

图 2-26　石臼坨凸起明化镇组重质油心 S_2 双曲线函数校正与
实测值对比图(左)和曲线拟合图(右)

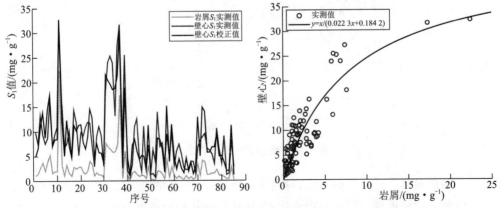

图 2-27　庙西南凸起南部陡坡带,渤东低凸起南倾末端,庙西北凸起馆陶组重质油壁心
S_1 校正值与实测值对比图(左)和曲线拟合图(右)

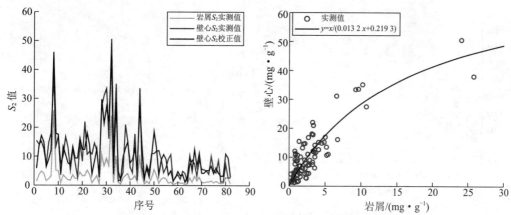

图 2-28　庙西南凸起南部陡坡带,渤东低凸起南倾末端,庙西北凸起馆陶组重质油
S_2 校正值与实测值对比图(左)和曲线拟合图(右)

6. 确定拟合曲线的函数模型

从上面使用多元线性回归及非线性回归的方法对渤海地区 23 个二级构造带的 81 次烃类损失校正的过程中可以发现,在了解了不同算法和不同回归模型的基础上,进行曲线拟合还需要确定合适的函数模型,在实际工程应用和科学实验中,有时候很难确定参数之间存在着什么样的关系,是线性还是非线性,若是非线性,那可以是多项式函数、双曲线函数、幂函数、指数函数等,甚至是它们的复合函数,有时候还需要分段分析。因此,想要确定一个合适的函数模型,在整个拟合过程中是比较困难但也是十分关键的。

对于模型的确定,主要有观察法、近似法和计算法。目前使用最多的是观察法,观察法是利用数学和专业知识对已知数据点的分布进行分析,初步确定其最可能的函数关系,该方法简单、直观。如从研究区各二级构造带不同层位中质油岩屑与壁心的散点图中可以观察到,岩屑与壁心一般呈线性关系,但各数据点比较分散,因此可以考虑使用多元回归对壁心-岩屑进行拟合(图 2-29);又如石臼坨凸起明化镇组重质油,从岩屑和壁心的散点图上看,其具有壁心值开始上升速度较快,然后速度减慢的特征。因此,可以考虑使用 $y=x/(ax+b)$, $y=a[1-\exp(-bx)]$, $y=a\exp(-b/x)$,以及 $y=a+b\lg x$ 等函数模型(图 2-30)。

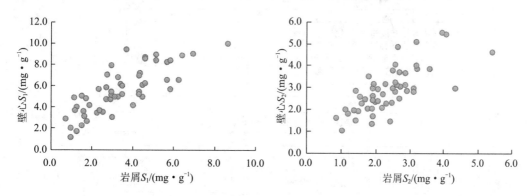

图 2-29　渤中凹陷西部东营组中质油岩屑-壁心 S_1、S_2 散点图

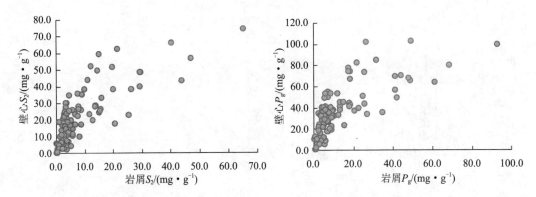

图 2-30　石臼坨凸起明化镇组重质油壁心-岩屑 S_2、P_g 散点图

当拟合曲线函数模型很难通过一般的方法确定时,往往需要通过分析若干可能的函数模型,经过实际计算才能选到较好的模型。一般来说,残差平方和越小说明曲线拟合越好,或者通过相关系数的平方 R^2 的值来判断拟合的好坏。

7. 地化录井数据标准化处理方法及流程

为了能更好地进行烃类损失恢复,本书基于烃类损失影响因素、实验室分析及数学方法剔除离散异常点等几方面,形成了一套数据标准化处理流程。首先对地化录井影响因素进行分析,然后剔除因钻井液侵入造成壁心热解参数小于岩屑的数据;剔除岩屑或壁心受到钻井液污染的数据;观察壁心-岩屑散点图,找出有影响的观测值及通过标准化残差来检测异常值四种方法来清洗数据,确定可用的新样本集,以供下一步烃类损失恢复使用。地化录井数据标准化流程如图 2-31 所示。

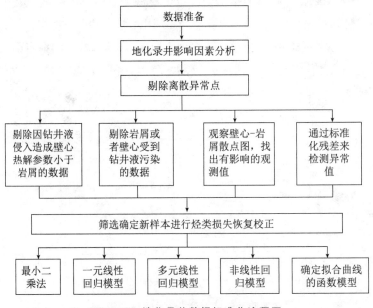

图 2-31　地化录井数据标准化流程图

8. 实例应用

1）PL-X-4d 井

该井位于渤东低凸起的南部，使用该区域的校正公式（表 2-17）对壁心的岩石热解参数进行恢复，从计算的结果（表 2-18）来看，明化镇组 1 927.5 m 和 2 566.5 m 的 S_1 及 1 529 m 的 S_2 校正效果稍差，计算的相对误差分别为 48.04%、108.46% 和 55.94%，同时也可以从校正值与实测值的柱状对比图中看出（图 2-32、图 2-33），这三个数据点之间差距较大，因此查看这些点的原始数据，发现它们并不是异常点，说明还需要修正公式，以提高精度。除此之外，该井其他数据点经公式计算得到的壁心校正值与实测值匹配效果较好。

表 2-17 渤东低凸起南倾末端明化镇组重质油校正公式

热解参数	回归模型	校正公式	R^2
S_1	多元线性回归	$y = 29.132\,6S_1 + 31.069\,9S_2 - 29.739\,2P_g +$ $16.629\,0OPI - 4.065\,6TPI - 0.708\,3$	0.674 6
S_2	多元线性回归	$y = 19.242\,7S_1 + 21.246\,6S2 - 19.590\,2P_g +$ $2.518\,5OPI + 2.184\,6TPI - 0.179\,98$	0.794 2

表 2-18 PL-X-4d 井壁心热解参数验证对比表

深度 /m	层位	岩性	实测 S_1 /(mg·g^{-1})	校正 S_1 /(mg·g^{-1})	实测 S_2 /(mg·g^{-1})	校正 S_2 /(mg·g^{-1})	实测 P_g /(mg·g^{-1})	校正 P_g /(mg·g^{-1})	原油性质
1 529.0	明化镇组	油斑细砂岩	12.104 5	12.877 3	17.048 8	7.512 4	29.338 2	18.581 7	重质
1 838.5	明化镇组	油斑细砂岩	8.304 3	9.606 9	7.303 6	5.065 1	15.835 1	12.333 9	重质
1 927.5	明化镇组	油斑细砂岩	7.091 2	10.497 8	4.643 9	5.719 3	12.203 4	13.936 8	重质
1 942.5	明化镇组	油斑细砂岩	10.490 4	10.214 5	8.488 1	5.381 3	19.116 5	13.231 5	重质
2 015.0	明化镇组	油斑细砂岩	5.531 6	6.636 8	2.435 8	2.649 6	8.300 1	7.345 1	重质
2 439.5	明化镇组	油斑细砂岩	4.005 6	5.415 4	3.962 3	3.463 3	8.072 2	7.090 4	重质
2 480.0	明化镇组	油迹细砂岩	6.166 7	7.112 7	4.791 9	5.251 1	11.106 8	10.431 2	重质
2 566.5	明化镇组	油斑细砂岩	3.776 5	7.872 6	3.767 3	3.686 5	7.611 2	9.302 9	重质

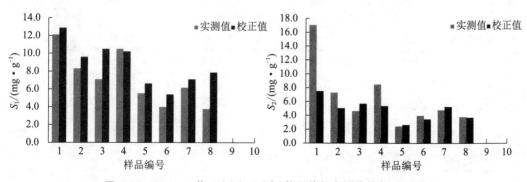

图 2-32 PL-X-4d 井 S_1（左）、S_2（右）校正值与实测值柱状对比图

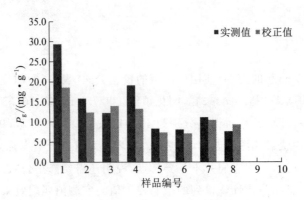

图 2-33 PL-X-4d 井 P_g 校正值与实测值柱状对比图

2）QHD-X-1d 井

该井位于渤中凹陷西部，运用该区域校正公式（表 2-19）对该井的明化镇组及馆陶组重质油的地化数据进行验证（表 2-20）。本井在明化镇组的 1 560 m 的整体相对误差较高，从柱状对比图（图 2-34、图 2-35）中也可以发现，该数据点的校正值与实测值相差较大，效果不好，通过查看壁心-岩屑原始散点图可以看出，该点为有影响的观测点，查看原始录井数据，判断其为异常点，应予以删除。

表 2-19 渤中凹陷西南斜坡带馆陶组重质油校正公式

热解参数	回归模型	校正公式	R^2
S_1	多元线性回归	$y=-87.610\ 6S_1-87.471\ 0S_2+87.941\ 3P_g+104.803\ 5OPI-110.273\ 1TPI+9.634\ 3$	0.834 4
S_2	多元线性回归	$y=-238.966\ 3S_1-230.870\ 9S_2+235.371\ 9P_g+327.358\ 0OPI-326.745\ 8TPI+7.104\ 0$	0.818 3

表 2-20 QHD-X-1d 井壁心热解参数验证对比表

井　名	深度/m	层位	岩性	实测 S_1/(mg·g⁻¹)	校正 S_1/(mg·g⁻¹)	实测 S_2/(mg·g⁻¹)	校正 S_2/(mg·g⁻¹)	实测 P_g/(mg·g⁻¹)	校正 P_g/(mg·g⁻¹)	原油性质
QHD-X-1d	1 533	明化镇组	油斑细砂岩	8.806 3	9.197 9	14.339 6	13.035 8	23.165 3	21.176 5	重质
QHD-X-1d	1 560	明化镇组	油侵细砂岩	18.615 6	7.641 7	33.853 0	12.912 1	52.485 9	19.471 3	重质
QHD-X-1d	1 582	明化镇组	油斑细砂岩	17.731 4	13.785 9	35.055 3	18.153 5	52.831 5	34.502 3	重质
QHD-X-1d	1 588	明化镇组	油侵细砂岩	15.491 2	19.226 6	24.669 9	20.796 4	40.191 3	46.291 5	重质
QHD-X-1d	1 635	馆陶组	油斑细砂岩	17.774 2	17.880 7	32.852 7	45.841 1	50.646 8	66.566 7	重质
QHD-X-1d	1 842	馆陶组	油斑中砂岩	13.620 3	11.344 6	15.682 8	19.081 1	29.365 4	29.743 2	重质
QHD-X-1d	1 851	馆陶组	油迹细砂岩	10.607 5	9.190 7	11.586 3	11.120 9	22.224 8	19.588 8	重质
QHD-X-1d	1 855	馆陶组	油斑细砂岩	16.960 9	10.245 7	17.088 4	15.856 0	34.095 5	25.200 0	重质

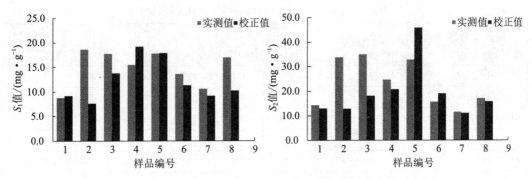

图 2-34 QHD-X-1d 井 S_1(左)、S_2(右)校正值与实测值柱状对比图

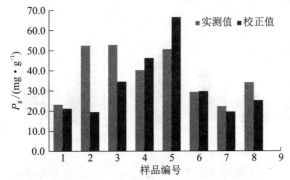

图 2-35 QHD-X-1d 井 P_g 校正值与实测值柱状对比图

3) KL-A-1、KL-M-2d 井

这两口井分布在莱州湾凹陷,KL-A-1 井为重质明化镇组,KL-M-2d 井为沙河街组中质油,分别使用莱州湾凹陷内的不同校正公式(表 2-21、表 2-22)对这两口井进行壁心的校正,从校正结果及校正值(表 2-23)与实测值柱状对比图(图 2-36、图 2-37)中可以看出,除 KL-M-2d 井在 2 626 m 处的 S_2 偏差较大之外,整体校正效果较好。

表 2-21 莱州湾凹陷中央断裂带明化镇组重质油校正公式

热解参数	回归模型	校正公式	R^2
S_1	多元线性回归	$y = 75.498\ 6S_1 + 76.186\ 4S_2 - 75.248\ 5P_g +$ $338.555\ 1OPI - 357.599\ 4TPI + 21.543\ 4$	0.797 3
S_2	多元线性回归	$y = 150.617\ 9S_1 + 158.894\ 9S_2 - 153.935\ 8P_g +$ $534.287\ 8OPI - 507.051\ 4TPI + 2.976\ 1$	0.822 2

表 2-22 莱州湾凹陷中央断裂带沙河街组中质油校正公式

热解参数	回归模型	校正公式	R^2
S_1	多元线性回归	$y = -1.856\ 2S_1 - 3.051\ 8S_2 + 3.410\ 6P_g -$ $0.578\ 2OPI - 0.359\ 6TPI + 3.062\ 7$	0.794 9
S_2	多元线性回归	$y = -2.947\ 1S_1 - 3.127S_2 + 4.140\ 7P_g -$ $5.917\ 8OPI - 0.517\ 4TPI + 3.117$	0.850 2

表 2-23   KL-A-1、KL-M-2d 井壁心热解参数验证对比表

井 名	深度 /m	层 位	岩 性	实测 S_1 /(mg·g^{-1})	校正 S_1 /(mg·g^{-1})	实测 S_2 /(mg·g^{-1})	校正 S_2 /(mg·g^{-1})	实测 P_g /(mg·g^{-1})	校正 P_g /(mg·g^{-1})	原油 性质
KL-A-1	1 523.0	明化镇组	油浸粉砂岩	8.806 3	9.197 9	14.339 6	13.035 8	23.165 3	21.176 5	重质
KL-A-1	1 534.0	明化镇组	油浸粉砂岩	18.615 6	7.641 7	33.853 0	12.912 1	52.485 9	19.471 3	重质
KL-M-2d	2 566.0	沙河街组	油斑细砂岩	17.731 4	13.785 9	35.055 3	18.153 5	52.831 5	34.502 3	重质
KL-M-2d	2 595.0	沙河街组	油斑含砾细砂岩	15.491 2	19.226 6	24.669 9	20.796 4	40.191 3	46.291 5	重质
KL-M-2d	2 626.0	沙河街组	油斑细砂岩	17.774 2	17.880 7	32.852 7	45.841 1	50.646 8	66.566 7	重质

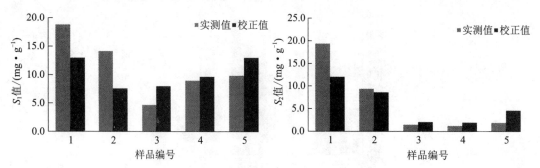

图 2-36   KL-A-1 与 KL-M-2d 井 S_1（左）、S_2（右）校正值与实测值柱状对比图

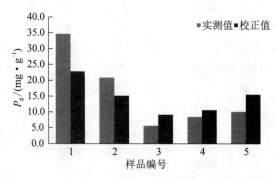

图 2-37   KL-A-1 与 KL-M-2d 井 P_g 校正值与实测值柱状对比图

第三章
烃组分分析储层流体性质技术

随着勘探研究思路的转变、地质认识的创新及作业技术的进步,渤海油田中深层勘探不断加强,所揭示的储层岩性特征及油气水在储层中的分布状态也日趋复杂,对储层流体性质评价提出了更高的要求。因此,利用现有的录井技术手段,探索建立新的储层流体性质解释模板,提高储层流体性质解释水平,有助于录井现场的快速决策,在油田生产中有着重要的现实意义。烃组分类型和含量与储层流体特征有直接的相关性,在钻井施工过程中,储集层中的烃类化合物随着岩屑和钻井液上返至地面,利用现有的录井技术手段可以获得丰富的储集层烃组分信息,对这些烃组分信息进行统计可以进一步评价储层流体性质。通过对渤海油田不同二级构造带 189 口探井的烃组分数据进行统计分析,确定了储层流体性质解释的关键参数,建立了一系列基于烃组分分析的录井储层流体性质解释模型,在实际应用中取得了较好的效果。

第一节　以钻井液为载体的烃组分储层流体性质识别技术

储集层破碎后,其中的烃类化合物一部分保存在岩屑中,另一部分则侵入钻井液中,以岩屑和钻井液为载体上返至地面。因此,通过现有的常规录井技术对岩屑和钻井液进行检测,可以得到储集层的烃组分信息。以钻井液为载体,气测录井采集的储层烃组分信息包括常规气测录井技术采集的烃组分信息与 FLAIR 实时流体录井技术采集的烃组分信息。其中,常规气测录井技术采集的烃组分信息包括甲烷(C_1)、乙烷(C_2)、丙烷(C_3)、异丁烷(i-C_4)、正丁烷(n-C_4)、异戊烷(i-C_5)及正戊烷(n-C_5)。FLAIR 流体录井是在常规气测录井技术上发展起来的,采集的烃组分信息除以上烃类组分以外,还包括己烷(C_6)、庚烷(C_7)、辛烷(C_8)、苯(C_6H_6)、甲苯(C_6H_7)、甲基环己烷(C_7H_{14})等,新增加的气体组分和常规录井检测到的气体组分组合在一起,更加准确地反映了储集层内油气水特征。

气体解释方法传统解释模板有皮克斯勒图版法、三角图版法、3H 比值法、气体比率法等。除了上面几种经典的解释方法以外,还有一些较为常用的方法,如特征参数法以及其他衍生参数法,各气体解释方法常用参数定义见表 3-1。解释过程中,曲线形态的变化具有重要参考意义。下面重点介绍渤海油田较为常用的一些方法。

表 3-1 以钻井液为载体的烃组分定义参数表

解释模板名称	定义的参数	参数计算方法
3H 比值	湿度比(WH)	$WH = (C_2 + C_3 + C_4 + C_5)/(C_1 + C_2 + C_3 + C_4 + C_5)$
	平衡比(BH)	$BH = (C_1 + C_2)/(C_3 + C_4 + C_5)$
	特征比(CH)	$CH = (C_4 + C_5)/C_3$
气体比率	轻重比(LH)	$LH = 100 \times (C_1 + C_2)/(C_4 + C_5)^2$
	轻中比(LM)	$LM = 10 \times C_1/(C_2 + C_3)^2$
	重中比(HM)	$HM = (C_4 + C_5)^2/C_3$
流体指数	油指数(I_o)	$I_o = 10 \times (n\text{-}C_5 + n\text{-}C_6 + n\text{-}C_7 + n\text{-}C_8 + C_7H_{14})^2/(C_1 + C_2 + C_3)$
	气指数(I_g)	$I_g = 100 \times C_1/(C_1 + C_2 + C_3 + C_4 + C_5 + C_6 + C_7 + C_8 + C_6H_6 + C_7H_8 + C_7H_{14})$
	水指数(I_w)	$I_w = (C_6H_6 + C_7H_8)/(a \times n\text{-}C_6 + n\text{-}C_7)$
	校正系数 a	$\sum_{i=1}^{n}[(C_6H_6)_i + (C_7H_8)_i]/\sum_{i=1}^{n}[a\,(mC_6)_i + (C_7)_i] = 1$
异常倍数	T_g	$T_g = C_1 + 2C_2 + 3C_3 + 4(i\text{-}C_4 + n\text{-}C_4) + 5(i\text{-}C_5 + n\text{-}C_5) + 6n\text{-}C_6 + 7n\text{-}C_7 + 8n\text{-}C_8$
	C_1 百分含量/%	$C_1 = C_1/[C_1 + 2C_2 + 3C_3 + 4(i\text{-}C_4 + n\text{-}C_4) + 5(i\text{-}C_5 + n\text{-}C_5) + 6n\text{-}C_6 + 7n\text{-}C_7 + 8n\text{-}C_8]$
	C_6^+ 百分含量/%	$C_6^+ = (n\text{-}C_6 + n\text{-}C_7 + n\text{-}C_8 + C_6H_6 + C_7H_8 + C_7H_{14})/(C_1 + C_2 + \cdots + C_7H_{14})$
新皮克斯勒	C_6 及以上组分(C_6^+)	$C_6^+ = n\text{-}C_6 + n\text{-}C_7 + n\text{-}C_8$
全烃-流体类型	计算全烃(T_g)	$T_g = C_1 + 2C_2 + 3C_3 + 4(i\text{-}C_4 + n\text{-}C_4) + 5(i\text{-}C_5 + n\text{-}C_5) + 6n\text{-}C_6 + 7n\text{-}C_7 + 8n\text{-}C_8$
	流体类型指数	$10 \times (n\text{-}C_6 + n\text{-}C_7 + 8n\text{-}C_8)/(C_4 + C_5)$

注:m 为针对某储层的常数,取值为该储层的有效厚度。

一、三角图版法

1. 解释方法和原则

三角图版法是建立三角形坐标系。三角形坐标系是由 $C_2/\sum C$、$C_3/\sum C$、$n\text{-}C_4/\sum C$ 三个参数构成,其中 $\sum C = C_1 + C_2 + C_3 + C_4$。把三个参数的零值作为一个正三角形的三个顶点($A$、$B$、$C$),然后做夹角为 $60°$ 的三组线,分别代表三个参数的不同比值,即建立了三角形的坐标系。

求得 $C_2/\sum C$、$C_3/\sum C$、$n\text{-}C_4/\sum C$ 三个比值,根据三个参数比值的大小,分别投点在相应的比例线上,然后通过三点位置做出相应参数值平行线,便可以得到另一个三角形 $\Delta A'B'C'$。两个三角形相应顶点连线交于中心点 M(图 3-1 中点 ○ 所示)。椭圆形区域是根据大量的统计资料而圈定的,它是有产能的划分界限,根据它可以对储集层产能进行评价。

所得出的三角形的大小、倒正、M 点的位置,其解释原则如下:

(1)三角形 $A'B'C'$ 的大小,以占三角形 ABC 的边长的百分数区分:大于 75% 为大三角形,25%~75%为中三角形,小于25%的为小三角形。三角形的倒正以外三角为准,与外三角形同向者为正;反向者为倒。

(2)正三角形解释为气层;倒三角形解释为油层;大三角形,表示气体来自干气层或低油气比油层;小三角形,表示气体来自湿气层或高油气比油层。

(3)M点落在椭圆形区域内,即认为有生产能力,否则无生产能力。

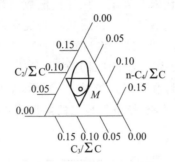

图 3-1　三角图版

图3-1中所示△$A'B'C'$为倒三角,M点落在产能区内,按照解释标准为油层。

三角图版适用于单点分析,不能连续成图,用于组分出至C_4以后的储层分析。对深层油气藏或原生油气藏解释效果较好,对次生改造后油气藏,特别是浅层严重生物降解油气藏,解释吻合率较差,且标准图版中的产能区,对轻-中质油解释效果较好,对于重质油往往解释为干层。

2. 应用实例

PL-H-1d井,2 670.00 m~2 677.00 m井段,荧光细砂岩,浅灰色,成分以石英为主,次为长石,少量暗色矿物,细粒为主,部分粉粒,次棱角—次圆状,分选中等,泥质胶结,疏松;荧光直照暗黄色,面积20%,D级,A/C反应慢,乳白色。

选择具有储层代表性的2 673.00 m的数据,气测全量T_g为17.23%,C_1为7.292 3%,C_2为1.100 2%,C_3为0.802 3%,i-C_4为0.206 1%,n-C_4为0.355 7%,i-C_5为0.133 6%,n-C_5为0.124 8%,气体组分齐全。

图3-2中,2 673.00 m数据在三角图版投点,得到的图形为倒三角,三角形大小为中三角,根据解释原则解释为油层。井段2 670.00~2 783.00 m测试,油产量为232.8~236.16 m³/d,气产量为43 383~48 752 m³/d,原油密度为0.812 4 g/cm³(20 ℃)。

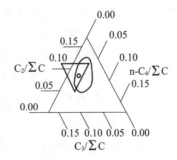

图 3-2　PL-H-1d井2 673.00 m三角图版

二、皮克斯勒法

1. 解释方法和原则

皮克斯勒在 20 世纪 60 年代末发表了使用烃比值数据判断储集层流体性质的研究成果,故称之为皮克斯勒图版,此图版研究工区是美国得克萨斯州的油田。皮克斯勒图版是根据已知性质的储集层的流体样品资料,将参数 C_1/C_2、C_1/C_3、C_1/C_4、C_1/C_5 四个比值绘制在单对数坐标纸上,解释过程中将四个比值连成一条线。图版一般划分为四个区域,上部、下部为无产能区,中部为油区和气区。如图 3-3 所示,根据线段所落区域按照表 3-2 给出的解释标准判断储集层流体性质,被解释地层的烃比值落在哪个区域,该层即属于哪种流体储集层。

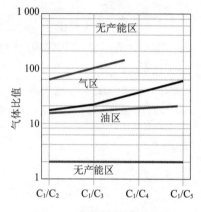

图 3-3 皮克斯勒解释图版

表 3-2 皮克斯勒图版区间划分数值表

气体比值	油 区	气 区	无产能区
C_1/C_2	2~15	15~65	<2 或>65
C_1/C_3	2~20	20~100	<2 或>100
C_1/C_4	2~21	21~200	<2 或>200

此方法的解释原则为:

(1) 被解释储集层的气体比值落在哪个区域,该层即属于该区域的流体性质的储集层。C_1/C_2 值越高,流体含气体越多或油的相对密度越小,C_1/C_2 小于 2 为干层。

(2) 只有单一组分 C_1,是干气的显示特征;但过高 C_1 往往是盐水层的特征。

(3) C_1/C_2 比值点落在油区底,C_1/C_4 落在气区顶部,该层可能为非生产层。

(4) 任一比值低于前一比值,则该层可能为非生产层(混油钻井液时 C_1/C_5 除外),例如 C_1/C_4 低于 C_1/C_3,该层可能为非生产层。

(5) 各比值点连线倾斜方向表明储集层是产烃还是产水,正倾斜表示是生产层,负倾斜表示是含水层。

(6) 此图版一般不适用于低渗透层(致密层),若比值点连线较陡,可表明该层为致密层。

该图版的优点是计算简单、评价快速、能反映多个参数,但是只适用于组分齐全的未改造油藏,并且要求各个参数的变化要有一致性。图 3-3 用灰色的斜线划分出不同的区块,黑实线为某储集层的各个组分的投点连线,此曲线全部落在气区内,可见此储集层为气层。

2. 皮克斯勒法适用性分析及图版的建立

因为标准皮克斯勒图版选择的样本分析油田是得克萨斯油田,所以在渤海油田使用过程中出现很多不符合的地方。以渤中凹陷为例,标准皮克斯勒图版中的几条解释原则在渤中凹陷不适用,且各个二级构造带特征不同,阈值的区间也不同,下面分析与标准解释不同之处:

(1)原解释原则中的第二条,"只有单一组分 C_1,是干气的显示特征,但 C_1 过高往往是盐水层的特征"。在渤中凹陷,浅层油藏极易受生物降解的影响,导致 C_2 以后的重组分缺失,C_1 组分值非常高,并且荧光显示较好。对于这样的储集层,油质一般都较重,为稠油层。

(2)原解释原则中的第四条,"任一比值低于前一比值,则该层可能为非生产层(混油钻井液时 C_1/C_5 除外),例如 C_1/C_4 低于 C_1/C_3,该层可能为非生产层"。在渤中凹陷,有一些次生油藏会出现 C_1/C_4 低于 C_1/C_3 的现象。

(3)原解释原则中的第五条,"各比值点连线倾斜方向表明储集层是产烃还是产水,正倾斜表示是生产层,负倾斜表示是含水层"。这在渤中凹陷不适用,倾斜的方向只是和储集层的烃类性质、油质的轻重有关,和含水无直接关系。

修正后的皮克斯勒图版在渤中凹陷的解释原则如下:

(1)被解释储集层的气体比值落在哪个区内,该层即属于该区流体性质的储集层。C_1/C_2 越低,说明流体含气越少或者油的密度越高,若 C_1/C_2 小于 2(或者 3,区域不同,阈值不同),为非产层。

(2)只有单一组分的 C_1 显示的层段是干气层的显示特征,较高的单一组分 C_1 显示层,荧光显示较好则是遭受改造油层(受生物降解油藏)的特征。

(3)C_1/C_2 比值落在油区内,而 C_1/C_5 落在气区内,该层可能为油气层。

(4)各比值点连线倾斜方向不表明储集层是产油还是产水,倾斜的方向只是和储集层的烃类性质、油质的轻重有关,和含水无直接关系。

(5)皮克斯勒图版不适用于低渗透层,若各烃类比值点连线较陡,表明该层为致密层。

以渤中凹陷为例,凹陷共建立 3 个二级构造带,分别是 BZ19-4 走滑带、北部断裂带、西南西坡带。根据数据统计的结果,由于油质的不同,各个二级构造带的阈值和标准图版出入较大,故建立新的解释阈值,解释原理参照上文提到的渤中凹陷解释原则。

1)BZ19-4 走滑带解释阈值和图版

BZ19-4 走滑带解释阈值和图版见表 3-3 和图 3-4。

表 3-3 BZ19-4 走滑带皮克斯勒解释阈值

气体比值	油 层	气 层	水干层
C_1/C_2	3~30	30~100	>100 或<3
C_1/C_3	3~55	55~282	>282 或<3
C_1/C_4	3~105	105~800	>800 或<3
C_1/C_5	3~200		

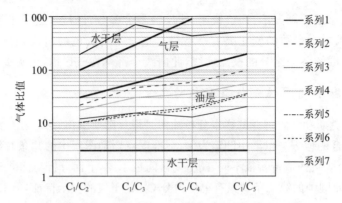

图 3-4　渤中凹陷 BZ19-4 走滑带皮克斯勒解释图版

2）西南斜坡带解释阈值和图版

渤中凹陷西南斜坡带解释阈值和图版见表 3-4 和图 3-5。

表 3-4　西南斜坡带解释阈值

气体比值	油 层	气 层	水干层
C_1/C_2	3～30	30～100	＞100 或＜3
C_1/C_3	3～55	55～282	＞282 或＜3
C_1/C_4	3～105	105～800	＞800 或＜3
C_1/C_5	3～200		

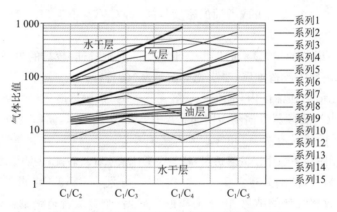

图 3-5　渤中凹陷西南斜坡带皮克斯勒解释图版

3）北部断裂带解释阈值和图版

渤中凹陷北部断裂带解释阈值见表 3-5 和图 3-6。

表 3-5　渤中凹陷北部断裂带解释阈值

气体比值	油 层	气 层	水干层
C_1/C_2	2～10	10～35	＞35 或＜2
C_1/C_3	2～14	14～82	＞82 或＜2
C_1/C_4	2～21	21～200	＞200 或＜2
C_1/C_5	2～70		

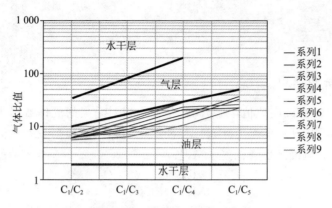

图 3-6 渤中凹陷北部断裂带皮克斯勒解释图版

由上可以看出,渤中凹陷各个二级构造带的油气特征不同,导致皮克斯勒图版相应参数的阈值也不同,需要根据各个二级构造带的特点建立适用于其油气特征的图版。

3. 应用实例

BZ-A-7 井属于西南斜坡带,井段 2 131.00~2 157.00 m,细砂岩,浅灰色,成分以石英为主,少量长石及暗色矿物,细粒为主,部分粉粒,次棱角—次圆状,分选中等,泥质胶结,疏松;荧光显示,直照暗黄色,面积 10%,D 级,A/C 反应慢,乳白色。

选择储层代表性的 2 138.00 m 数据,气测全量 T_g:4.17%,C_1:1.664 3%,C_2:0.228 8%,C_3:0.098 7%,i-C_4:0.138 0%,n-C_4:0.113 5%,i-C_5:0.089 8%,n-C_5:0.004 9%,气体组分齐全。

皮克斯勒解释参数值,C_1/C_2:7.27,C_1/C_3:16.86,C_1/C_4:6.62,C_1/C_5:17.57,把数值在西南斜坡带皮克斯勒图版上投点(图 3-7),曲线落在油层的区域,但是 C_1/C_4 比 C_1/C_3 数值要小,曲线出现了降低,按照新的解释标准,仍解释为油层。2 131.00~2 142.00 m 测试,油产量为 343.6 m³/d,气产量为 1 458 m³/d,原油密度为 0.850 5 g/cm³(20 ℃)。这个案例证实了皮克斯勒新图版标准建立的正确性。

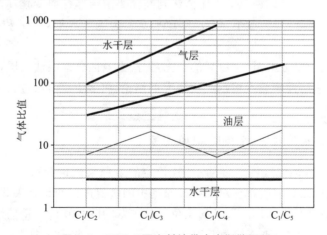

图 3-7 BZ-A-7 西南斜坡带皮克斯勒图版

三、3H 比值法

1. 解释方法和原则

3H 比值法也叫烃湿度比值法。3H 比值法可以对采集的气体数据进行实时分析,选择的参数为湿度比(WH)、平衡比(BH)、特征比(CH),然后根据三者比值的大小,以及数据的组合方式,综合判断地层含油气水情况。

$$WH = \frac{C_2 + C_3 + C_4 + C_5}{C_1 + C_2 + C_3 + C_4 + C_5}$$

$$BH = \frac{C_1 + C_2}{C_3 + C_4 + C_5}$$

$$CH = \frac{C_4 + C_5}{C_3}$$

3H 比值法的解释原则如下:

(1) $WH < 0.5$,为极轻的非伴生气,且产能低。

(2) $0.5 < WH < 17.5$,为可采气;$17.5 < WH < 40$,为可采油。

(3) $WH > 40$,为重油或残余油且产能低。

(4) $WH < 0.5$,$BH > 100$,为极轻的干气,几乎无开采价值。

(5) $0.5 < WH < 17.5$,$WH < BH < 100$,为可采气;$0.5 < WH < 17.5$,$BH < WH$,为可采高气油比的油。

(6) $17.5 < WH < 40$,$BH < WH$,为可采油;$17.5 < WH < 40$,$BH \ll WH$,为不可采的残余油。

(7) $0.5 < WH < 17.5$,$BH < WH$,$CH < 0.5$,为可采湿气或凝析油;$0.5 < WH < 17.5$,$BH < WH$,$CH > 0.5$,为可采高气油比的油。

3H 比值法的突出优点是可以绘制成连续曲线做直观分析,便于同钻时、全烃以及测井曲线做横向对比。录井可以根据 3H 比值法判断储集层流体性质变化和油、气、水界面,亦可以指导水平井钻进,一般情况下,WH 和 BH 交叉为油气界面,WH 和 BH 分离为油水界面。

此方法只适合于组分出至 C_3 以后的数据,无法有效区分地层油水层,且解释原则较复杂,在解释过程中适用性较差。根据此次研究的结论,将 3H 比值法进行了优化,将结论优化为气层、油层和干层。

2. 3H 比值法适用性分析及图版的建立

WH、BH 和 CH 因二级构造带的不同,相应的解释阈值也会有所变化。以莱北低凸起为例,针对莱北低凸起油质特征对原解释原则中的阈值进行调整。莱北低凸起的一个二级构造带南部陡坡带共 18 口井,涉及的层位比较丰富,其中 10 口井钻遇沙河街组,部分井深超过 3 000.00 m,比如 KL-N-2、KL-N-4 和 KL-N-8 井。将原来复杂的解释结论进行优化,保留气层、油层、干层三个结论,建立了莱北低凸起南部陡坡带 3H 比值法新解释标准,见表 3-6。将解释原则进行了简化并建立了新的解释原则如下:

(1) $WH<0.5$，$BH>100$，解释结论为干层。

(2) $0.5<WH<12.5$，$CH<0.6$，为可采气，且随着 WH 数值的变化，气体重组分占比越来越大，向着湿气变化。

(3) $12.5<WH<40$，$CH>0.6$，为可采油；$30<WH<40$，储层油质往往较轻。

(4) $WH>40$，解释结论为干层。

表 3-6　莱北低凸起南部陡坡带 3H 比值法解释标准

油气类别	解释结论	WH	BH	CH
非可采天然气	干　层	<0.5	>100	
可采天然气	气　层	0.5~5.0	$WH<BH<100$	
可采湿气		5.0~12.5	$BH<WH$	<0.6
可采轻质油	油　层	12.5~17.5	$BH<WH$	>0.6
可采石油		17.5~40		
非可采稠油或残余油	干　层	>40	$BH\ll WH$	

3. 应用实例

KL-N-1 井位于莱北低凸起南部陡坡带，井段 2 734.00~2 741.00 m，细砂岩，浅灰色，成分以石英为主，少量长石及暗色矿物，细粒为主，部分粉粒，次棱角—次圆状，分选中等，泥质胶结，部分灰质胶结，中等；荧光显示，直照暗黄色，面积 40%，C 级，A/C 反应慢，乳白色。气测全量 T_g:16.11%，C_1:4.784 8%，C_2:0.617 8%，C_3:0.893 4%，i-C_4:0.148 8%，n-C_4:0.534 7%，气体组分齐全。

计算结果 $WH=31.4$，$BH=3.4$，$CH=0.8$。根据新的解释原则，符合第 3 条，解释为轻质油层。此段测试，油产量为 32.3 m³/d，原油密度为 0.845 9(20 ℃)。这个案例证实了 3H 比值法根据不同二级构造带建立新的原则的合理性。

四、气体比率法

1. 解释方法和原则

气体比率法又叫作 Gadkari 气体比率模型，其核心是三个气体组分比值，即轻中比、轻重比和重中比，具体计算公式如下：

$$LH=\frac{100(C_1+C_2)}{(C_4+C_5)^2}$$

$$LM=\frac{10C_1}{(C_2+C_3)^2}$$

$$HM=\frac{(C_4+C_5)^2}{C_3}$$

解释原则如下：

(1) 当无重组分时，$HM=0$，LH 无意义，此时的气体异常为干气。

(2) HM 小幅上升，LH、LM 快速下降，LM 较 LH 幅度明显大，是湿气特征。

（3）HM 大幅上升，LH、LM 快速下降，且 LM、LH 幅度接近，是油层特征。

（4）在储集层里，HM 下降，LH、LM 上升，是水层特征，并且可据此确定油水界面。

2. 气体比率法参数范围的确定

气体比率模型的特点是可连续成图（图 3-8），能非常直观地显示油气层的特征，但是很多储层数值变化范围较大，深浅层位选用的比例尺范围差异较大。用气体比率法解释评价油气水层，主要判断标准是曲线形态的变化情况及曲线是否交汇。实际操作中坐标刻度的变动直接决定曲线交汇与否。为减少人为因素影响，需要统一判别标准，以及实现曲线的计算机识别。

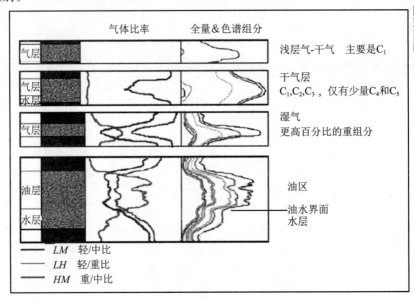

图 3-8 气体比率解释图版

通过对各个二级构造的储层数据样本的统计与比对，发现 HM、LH、LM 曲线变化范围具有明显的差异性，针对这种差异分别总结了不同二级构造带的曲线形态特征以及曲线交汇的刻度范围。通过对辽中凹陷西斜坡带 8 口井气体比率交汇情况统计，建立参数 HM、LM 和 LH 的基本固定比例尺，见表 3-7。

表 3-7 辽中凹陷西斜坡带气体比率法参数范围

参数	HM	LM	LH
比值范围	0.1～100 000	0.000 1～100	0.000 1～100

3. 应用实例

LD-N-1 井属于辽中凹陷西斜坡带上的一口井。2 921.00～2 923.00 m 为荧光泥质粉砂岩，灰色，泥质分布不均，疏松；荧光湿照暗黄色，面积 5%，D 级，A/C 反应慢，乳白色。2 924.00～2 929.00 m 为荧光细砂岩，浅灰色，成分以石英为主，次为长石，少量暗色矿物，细粒为主，部分粉粒，次棱角—次圆状，分选中等，泥质胶结，疏松；荧光湿照暗黄色，面积

5％～10％，D级，A/C反应慢，乳白色。气体比率参数 HM 大幅上升，LM 快速下降，LH 也出现快速降低（LH 由于数值低，曲线显示差，代表性差），气体比率解释原则为油层（图3-9）。测试结论：用15.88 mmPC求产，油产量为50.26 m^3/d，油层。解释结论与测试结论相符。

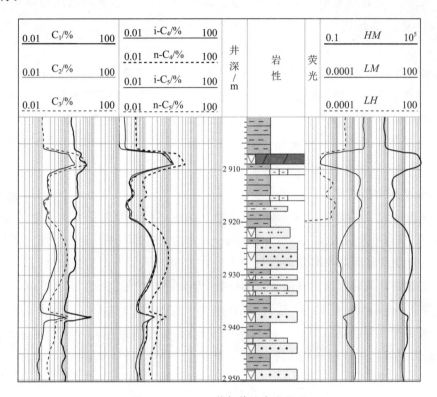

图 3-9　LD-N-1井气体比率应用图

五、FLAIR 流体指数法

1. 解释方法和原则

根据 FLAIR 流体录井参数特点，选择对油气水敏感的参数进行组合分类，重新定义参数，这些参数对应储层内油气水的特征。气全烃和色谱组分分析主要用于发现油气显示层段，然而用来区分油气水层较为困难。原始的数据曲线显然不能直接反映储层的流体类型，但是当组分重新组合后，以油气水指数的形式用图形来分析时，判断储层流体性质就变得有律可循。流体指数法从全井的气体变化趋势上来综合评价解释油气层，考虑到上覆地层和储层烃类变化情况，反映的是盖层的好坏和储层内烃类的丰度。

由此引入能够敏感反映油气丰度变化的油指数（I_o）、气指数（I_g）和水指数（I_w）等三个衍生参数。

（1）油指数（I_o）：常温状态下，因为 C_5 以后的组分为液态，所以这些组分指示储集层内的含油情况,C_{5+} 占气体组分的比重越大,储集层内含油越丰富。选择气体组分中对指示含油比较敏感的参数($n-C_5$、$n-C_6$、$n-C_7$、$n-C_8$、C_7H_{14})和轻组分(C_1、C_2、C_3)的比值作为含油的指数——油指数。

(2)气指数(I_g):一般情况下,天然气组分以甲烷为主,乙烷和丙烷最为常见,丁烷以后组分较少见。因此选择 C_1 占整个气体组分的百分比作为反映含气的指数——气指数。

(3)水指数(I_w):储集层内含水分为两种情况。第一种情况是储集层本身为纯水层。若储集层本身就是纯水层,油气运移未经过此储集层,那么在储集层内的油指数很低,同时苯类的组分也会很低,具体在曲线上最明显的特征就是 I_o 无明显变化。第二种情况是储集层遭受彻底改造。当储集层受到彻底改造,原来储存在孔隙中的油气被水替换掉,此时孔隙中主要为水和少量烃类溶解气。苯(C_6H_6)在水中的溶解度为 1 780 mg/L,甲苯(C_7H_8)在水中的溶解度为 538 mg/L,正己烷($n-C_6$)在水中的溶解度为 9.5 mg/L,正庚烷($n-C_7$)在水中的溶解度为 2.93 mg/L。当油气的运移经过储集层或者储集层受到水洗的作用,由于苯和甲苯这两种气体组分相对于正己烷、正庚烷和甲基环己烷组分更加亲水,所以改造后的储集层苯和甲苯这两种气体占气体组分比例会相对于油藏期的比例发生变化。选用它们的比值可以作为反映含水的指数,即水指数。在实际运用过程中,由于 $n-C_6$ 组分绝对值相对于 $n-C_7$、C_6H_6 和 C_7H_8 要高出很多,所以需要给其一个校正系数,以便进行比较。选择邻井测试储集层的流体录井气体数据,累加有效储层厚度中各单米气体数据,根据公式求得校正系数 a,然后将系数 a 代入需要分析的储集层内,得到水指数计算公式。

油指数(I_o)、气指数(I_g)和水指数(I_w)三个衍生参数及校正系数(a)的计算公式如下:

$$I_o = 10 \times (n-C_5 + n-C_6 + n-C_7 + n-C_8 + C_7H_{14})^2 / (C_1 + C_2 + C_3)$$

$$I_g = 100 \times C_1 / (C_1 + C_2 + C_3 + C_4 + C_5 + C_6 + C_7 + C_8 + C_6H_6 + C_7H_8 + C_7H_{14})$$

$$I_w = (C_6H_6 + C_7H_8) / (a \times n-C_6 + n-C_7)$$

$$\sum_{i=1}^{n} [(C_6H_6)_i + (C_7H_8)_i] / \sum_{i=1}^{n} [a(n-C_6)_i + (n-C_7)_i] = 1$$

根据这三个衍生参数曲线在剖面上的变化趋势和范围,参考地质录井的岩性及含油性(荧光显示),结合已知测试结论及数据统计分析结果,建立了流体指数模板(图 3-10),使用过程中通过对比解释层与上部地层的变化趋势及其他录井显示特征来判断储层流体性质。

此模板是将计算后的三个参数绘制在一个区间内。根据三条曲线在井深上的变化趋势来判断油气水,一般情况下 I_o 和 I_g 发生交汇,则储集层解释为油层。按照此解释标准将储集层内流体类型分为 4 类:气层、油层、含油水层、水(干)层。由于系数 a 受到区块、油气层组、生油层的影响较大,在一个区块内很难给出一个确定的值,这个值需要由邻井或者本井测试资料来确定,下面给出一般情况下的解释原则。

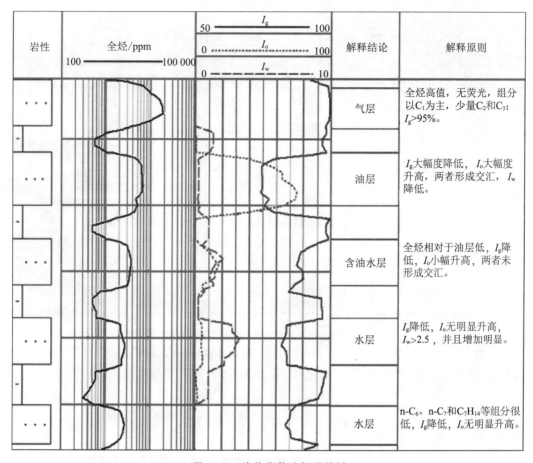

图 3-10　流体指数法解释模板

流体指数法解释原则如下：

（1）全烃很高，无荧光，气体组分以 C_1 为主，少量 C_2、C_3，$I_g>95\%$，储层为干气层。

（2）I_g 大幅度降低，I_o 大幅度升高，两者形成交汇，I_w 也降低，储集层为油层。当 $I_g<50\%$，$I_o>100\%$ 时，储集层可能为气油比很低的油层，或者干层。

（3）全烃值相对于油层低，I_g 降低，I_o 小幅升高，两者未形成交汇，一般情况下 $I_w<2.0$；若 I_g 和 I_o 未形成交汇，I_w 升高不明显，$I_o>20$，储集层多为油水同层。

（4）n-C_6、n-C_7 和 C_7H_{14} 等组分很低，I_g 降低，I_o 无明显升高，储集层为纯水层。

（5）I_g 降低，I_o 无明显升高，$I_w>2.5$，并且增加明显，储集层为水层。

2. 应用实例

图 3-11 中，KL-H-1 井自井深 2 156.00 m 以后，1、2、3 号储集层的所有组分增加较为明显，在图右侧的油气水指数栏中，气指数 I_g 降低，油指数 I_o 明显升高，两者形成交汇。I_w 按照邻井数据计算系数 $a=0.35$，可以看出 I_w 相对于上部有小幅度下降，故对图中的 1、2、3 号储集层的解释都是油层。对 3 号储集层进行测试，17.46 mm 油嘴，产油 398.9 m³/d，产气 3 972 m³/d，测试结论为油层。

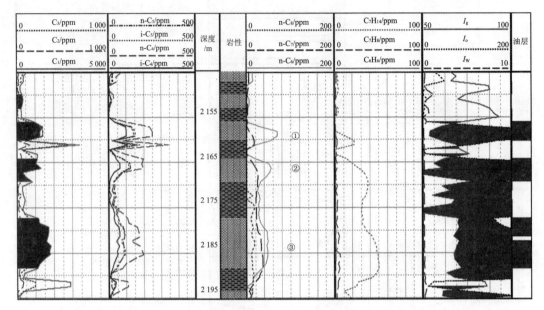

图 3-11 莱州湾凹陷 KL-H-1 井 FLAIR 流体指数法应用图

又如 CFD-A-2 井,该井 2 449.00～2 460.00 m 储层,n-C_6、n-C_7 和 C_7H_{14} 等组分绝对值较低,计算的气指数 I_g 无明显变化,油指数 I_o 较小且无明显变化,水指数 I_w 大幅升高,含水特征明显,利用 FLAIR 流体指数法解释该层为水层。本井 2 448.00～2 460.00 m 测试,产水 24.90 m^3/d,测试结论为水层,证实利用 FLAIR 流体指数法解释的可靠性(图 3-12)。

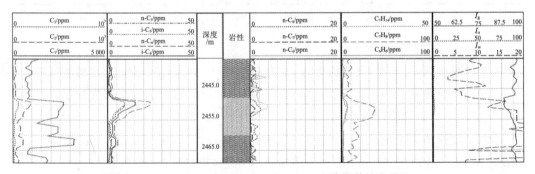

图 3-12 南堡凹陷 CFD-A-2 井 FLAIR 流体指数法应用图

六、特征参数异常倍数法

三角图版法、皮克斯勒图版法、3H 比值法和气体比率法等气体解释图版法在实际工作中取得了一些成果,但是这几种方法在实际的使用过程中存在一些不足。第一,这些图版解释结论相对单一,比如三角图版法仅有油层、气层两种结论,皮克斯勒和气体比率法有油层、气层、干层三个结论;第二,都是选取储集层内具有代表性的数值进行投点,没有考虑到气体在整口井纵向上的变化,这在一定程度上限制了解释的符合率。在解释过程中,需要对含油水层、含气水层进行解释分析,为提高解释精度和符合率,应用数学统计的方法,提出了特征参数异常倍数法。

长期实践表明,如果储层中含有油气,揭开储层时所检测的气体组分比上部盖层明显升高,储层含油气越多,气体组分升高幅度越明显。也就是说,气体组分的某些特征参数与储层流体类型存在密切的内在联系。在实际的解释过程中,现场也会遇到全烃值小于3%,但是实际测试结论为油层,还会在馆陶组遇到全烃值大于3%,但测试或者取样为水层的现象。异常倍数作为相对量,反映的是全烃和组分与背景值相比较异常幅度的大小,异常幅度越大,说明异常越明显,储层内含油气的可能性越高。因此,用异常倍数作为判断油气水的一个指标,可以弥补单纯使用储层内参数的不足。在使用的统计过程中发现,一般情况下油层全烃异常倍数大于5倍,水层异常倍数小于3倍,所以对于含油水层(油水同层)阈值的确定也有了标准,弥补了其他录井解释方法对于含油水层(油水同层)解释的空白,更符合实际的现场作业需求。

1. 特征参数定义及优选

1)特征参数定义

特征参数异常倍数通过计算储集层内气体组分和其对应背景值(也叫基值)的变化来综合评价解释油气层,考虑到上覆地层和储集层烃类变化情况,它反映的是盖层的好坏和储集层内烃类的丰度。

背景值(B_g,%):取离异常显示储集层上部最近的一段厚度大于5 m的非储集层(一般为泥岩),其各气测组分的平均值作为基准背景值,并对非零但低于0.000 1%的值赋值为0.000 1%,进行标准化归一处理。

储集层代表值(F_g,%):储集层深度范围内,选取$C_1 \sim C_5$中轻组分C_1最大值的一组数据,作为异常显示层的代表气测数据。

$$各组分异常倍数 = F_g / B_g$$

2)特征参数优选

通过对375口井的测、录井资料进行对比,对7 576层储层进行了统计分析,并对收集到的参数进行优化选择。收集到的参数包括储层层位、井深、厚度、岩性、含油产状、荧光面积、荧光级别、全烃、组分(甲烷、乙烷、丙烷、异丁烷、正丁烷、异戊烷、正戊烷)以及各个气体全烃和组分的基值等数据,对此数据进行优选,优化出荧光面积、C_1%、T_g(全烃)、C_1(甲烷)、i-C_4(异丁烷)、n-C_4(正丁烷)、i-C_5(异戊烷)、n-C_5(正戊烷)、T_g(全烃)异常倍数、C_1(甲烷)异常倍数、i-C_4(异丁烷)异常倍数、n-C_4(正丁烷)异常倍数、i-C_5(异戊烷)异常倍数、n-C_5(正戊烷)异常倍数作为解释评价的参数。研究这些特征参数,对我们解释评价油气水层有着重要意义。

2. 解释方法与流程

根据图3-13,异常倍数解释流程如下:

(1)选取异常储集层,选择储集层代表值和背景值。

(2)参考岩屑录井资料看储层是否有荧光,如果没有荧光,进入气层判别方法。

(3)如果储层有荧光,需要进行生物降解油层的判断,井深是否小于2 000.00 m,组分是否齐全,荧光面积是否大于5%。

(4)如果满足生物降解油层的条件,则选择生物降解模型,依据解释图版中的组分不全的解释标准进行生物降解油层的解释评价。

(5)如果不满足生物降解油层的条件,则进入组分齐全的常规油层解释模型,中间仍需要对衍生计算参数 $C_1\%$ 进行计算,如果大于80%,则进入气层的识别。

(6)依据组分齐全的解释模型所给出的参数进行常规油层解释评价,油层解释参数较多,解释过程中采用最大隶属原则,如果一个参数不符合,仍判断为符合条件。

(7)对于油层和气层模型,采用顺序判断方法。以油层模型举例,先区分油层和气层模型,进入判断油层模型后,如果符合条件则解释结论为油层;如果不符合,则进入含油水层的判断;如果两者都不符合,则判断为水层。

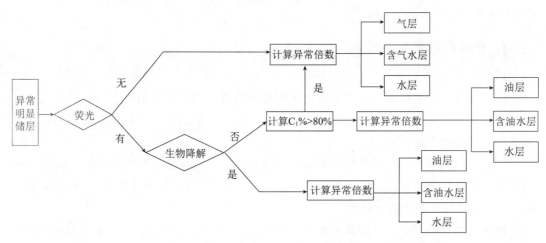

图 3-13　特征参数异常倍数法解释流程图

利用特征参数异常倍数法解释流程图,结合解释图版将渤海油田遇到的气层、油层和生物降解油层作为一个解释整体来研究,此方法不仅考虑了全烃的绝对值,也考虑到了组分的齐全和荧光面积,属于多参数的综合解释。

3. 解释标准的建立

以黄河口为例,研究统计了黄河口凹陷 KL9-5 断裂带、东部走滑带、西南斜坡带、中部走滑带 4 个二级构造带的 86 口井 1 669 层油气显示数据。根据油气层特点,分别建立气层、油层和组分不全的油层 3 个油气显示层的解释标准。其中组分不全的油层,一般埋深都小于 2 000.00 m,荧光显示较好,气测表现为组分不齐全,目前普遍认为是受到生物降解的影响。经过分析,4 个二级构造带的油气特征存在不同,比如 KL9-5 断裂带馆陶组和东营组所钻井井深小于 2 000.00 m,为受生物降解影响很严重的油层,使用特征参数异常倍数法中组分不齐全模型评价效果较好。以下各表(表 3-8～表 3-15)为黄河口凹陷 4 个二级构造带特征参数异常倍数法的解释标准。

1) KL9-5 断裂带特征参数异常倍数解释标准

表 3-8　KL9-5 断裂带特征油层参数异常倍数解释标准

流体类型		气体参数								备　注
		T_g/%	T_g异常倍数	C_1异常倍数	i-C_4异常倍数	n-C_4异常倍数	i-C_5异常倍数	n-C_5异常倍数	荧光面积	
组分不齐全（井深<2 000 m）	油　层	>2.0	>5	>5	—	—	—	—	≥5%	
	含油水层	>0.8	>2	>3	—	—	—	—	≥5%	
	水干层	>0.3	>1	>1.5	—	—	—	—	≥5%	
组分齐全	油　层	>2.0	>4	>5	>5	>5	>4	>4	≥5%	组分齐全，要求各组分大于 25 ppm
	含油水层	>0.5	>2	>3	>2	>2	>2	>2	≥5%	
	水干层	>0.3	>1	>1.5	—	—	—	—	≥5%	

表 3-9　KL9-5 断裂带特征气层参数异常倍数解释标准

流体类型	气体参数					备　注
	T_g/%	T_g异常倍数	C_1异常倍数	C_1%/%	荧光面积	
气　层	>5.0	>6	>7	>80	—	
含气水层	>3.0	>3	>5	—	—	无标志层，取标准值
水干层	>0.3	>2	>2	—	—	

2) 东部走滑带特征参数异常倍数解释标准

表 3-10　东部走滑带特征油层参数异常倍数解释标准

流体类型		气体参数								备　注
		T_g/%	T_g异常倍数	C_1异常倍数	i-C_4异常倍数	n-C_4异常倍数	i-C_5异常倍数	n-C_5异常倍数	荧光面积	
组分不齐全（井深<2 000 m）	油　层	>2.0	>5	>5	—	—	—	—	≥5%	
	含油水层	>0.8	>2	>2	—	—	—	—	≥5%	
	水干层	>0.3	>1	>1.5	—	—	—	—	≥5%	
组分齐全	油　层	>2.0	>4	>5	>5	>5	>4	>4	≥5%	组分齐全，要求各组分大于 25 ppm
	含油水层	>0.5	>2	>2	>2	>2	>2	>2	≥5%	
	水干层	>0.3	>1	>1.5	—	—	—	—	≥5%	

表 3-11　东部走滑带特征气层参数异常倍数解释标准

流体类型	气体参数					备　注
	T_g/%	T_g异常倍数	C_1异常倍数	C_1%/%	荧光面积	
气　层	>5.0	>6	>7	>80	—	
含气水层	>3.0	>3	>5	—	—	无标志层，取标准值
水干层	>0.3	>2	>2	—	—	

3）西南斜坡带特征参数异常倍数解释标准

表 3-12　西南斜坡带特征油层参数异常倍数解释标准

流体类型		气体参数								备　注
		T_g /%	T_g 异常倍数	C_1 异常倍数	i-C_4 异常倍数	n-C_4 异常倍数	i-C_5 异常倍数	n-C_5 异常倍数	荧光面积	
组分不齐全（井深<2 000 m）	油　层	>2.0	>5	>5	—	—	—	—	≥5%	
	含油水层	>0.8	>3	>3	—	—	—	—	≥5%	
	水干层	>0.3	>1	>1.5	—	—	—	—	≥5%	
组分齐全	油　层	>2.5	>3.5	>5	>5	>5	>3	>3	≥5%	组分齐全，要求各组分大于 25 ppm
	含油水层	>0.5	>2	>3	>2	>2	>2	>2	≥5%	
	水干层	>0.3	>1	>1.5	—	—	—	—	≥5%	

表 3-13　西南斜坡带特征气层参数异常倍数解释标准

流体类型	气体参数					备　注
	T_g /%	T_g 异常倍数	C_1 异常倍数	C_1%/%	荧光面积	
气　层	>5.0	>6	>7	>80	—	
含气水层	>3.0	>3	>5	—	—	无标志层，取标准值
水干层	>0.3	>2	>2	—	—	

4）中部走滑带特征参数异常倍数解释标准

表 3-14　黄河口凹陷中部走滑带油层特征参数异常倍数解释标准

流体类型		气体参数								备　注
		T_g /%	T_g 异常倍数	C_1 异常倍数	i-C_4 异常倍数	n-C_4 异常倍数	i-C_5 异常倍数	n-C_5 异常倍数	荧光面积	
组分不齐全（井深<2 000 m）	油　层	>2.0	>5	>5	—	—	—	—	≥5%	
	含油水层	>0.8	>2	>3	—	—	—	—	≥5%	
	水干层	>0.3	>1	>1.5	—	—	—	—	≥5%	
组分齐全	油　层	>3.0	>4	>5	>5	>5	>4	>4	≥5%	组分齐全要求各组分大于 25 ppm
	含油水层	>0.5	>2	>3	>2	>2	>2	>2	≥5%	
	水干层	>0.3	>1	>1.5	—	—	—	—	≥5%	

表 3-15　黄河口凹陷中部走滑带气层特征参数异常倍数解释方法

流体类型	气体参数					备　注
	T_g /%	T_g 异常倍数	C_1 异常倍数	C_1%/%	荧光面积	
气　层	>5.0	>6	>7	>80	—	
含气水层	>3.0	>3	>5	—	—	无标志层，取标准值
水干层	>0.3	>2	>2	—	—	

综上所述,根据特征参数异常倍数对储层内的流体特征进行了精细的划分,使用的数据不局限于储层的气体数据,还考虑了上覆盖层的气体数据。结合荧光和生物降解的影响,对气体的组分是否齐全进行了精细的划分,经过参数优选和流程分析进行储层流体性质的评价,可以较准确地分析渤海油田复杂的油气水特征。因此,利用此方法和标准在对各二级构造带的油气水评价的过程中,解释的符合率与测井、测试的符合率较高,符合率达85%以上(表3-16)。

表 3-16　特征参数异常倍数符合率统计

二级构造	二级构造带	符合率	备　注
辽西凹陷	中部断裂带	94.0%	
	南部断裂带	88.0%	
辽西凸起	北倾没端	86.6%	数据少,图版未建立
	南部断裂带		
辽中凹陷	西斜坡带	85.4%	
	中央走滑带(北)	89.0%	
	中央走滑带(中)	86.6%	
	中央走滑带(南)	85.8%	
辽东凸起	西部断裂带(北)	93.6%	
石臼坨凸起	中央披覆带	87.7%	
	东部斜坡带	87.7%	
	西部陡坡带	88.7%	
沙垒田凸起	东部披覆带	85.4%	
歧口凹陷	歧南断阶带	88.4%	
沙南凹陷	沙中断裂带	86.7%	
渤中凹陷	北部断裂带	85.5%	
	BZ19-4 走滑带	88.4%	
	西南斜坡带	85.5%	
渤东凹陷	斜坡带	90.2%	
庙西北凸起	斜坡带	90.6%	
	陡坡带	91.2%	
渤南凸起	中部披覆带	93.1%	
黄河口凹陷	西南斜坡带	86.4%	
	中部走滑带	87.5%	
	东部走滑带	86.7%	
	KL9-5 断裂带	85.3%	
莱北低凸起	南部陡坡带	86.7%	
莱州湾凹陷	中央断裂带	90.0%	
	东部走滑带	85.7%	
青东凹陷	中央断裂带	93.1%	

4. 应用实例

BZ-F-1 井位于黄河口凹陷中部走滑带。本井在馆陶组测试 5.2 m/3 层,明下段测试 9.7 m/1 层。

测试井段 1:馆陶组 1 681.10~1 683.10 m、1 686.70~1 687.90 m、1 691.60~1 693.60 m,岩屑岩性为细砂岩,浅灰色,成分以石英为主,次为长石及暗色矿物,细粒为主,部分粉粒,次棱角—次圆状,分选差,泥质胶结,疏松;荧光湿照暗黄色,面积 35％,C 级,A/C 反应中速,乳白色(图 3-14)。

馆陶组 1 679.00~1 683.00 m:细砂岩,气测全量 T_g 为 5.84％,C_1 为 3.892 6％,C_2 为 0.137 7％,C_3 为 0.016 9％,i-C_4 为 0.003 2％,n-C_4 为 0.005 6％,i-C_5 为 0.001 8％,n-C_5 为 0.001 7％。全烃异常倍数为 9.01,C_1 异常倍数为 17.57。

馆陶组 1 686.00~1 689.00 m:细砂岩,气测全量 T_g 为 3.89％,C_1 为 2.379 4％,C_2 为 0.081 5％,C_3 为 0.011 2％,i-C_4 为 0.002 5％,n-C_4 为 0.003 6％,i-C_5 为 0.001 6％,n-C_5 为 0.000 8％。全烃异常倍数为 6.01,C_1 异常倍数为 10.49。

馆陶组 1 691.00~1 694.00 m:细砂岩,气测全量 T_g 为 6.26％,C_1 为 4.229 1％,C_2 为 0.150 2％,C_3 为 0.019 6％,i-C_4 为 0.003 9％,n-C_4 为 0.004 7％,i-C_5 为 0.001 9％,n-C_5 为 0.001 2％。全烃异常倍数为 9.66,C_1 异常倍数为 19.09。

测试井段 1 共计 3 层油气显示,气体组分均不齐全(C_5 小于 25 ppm),按异常倍数解释模板 3~11,解释为油层。测试井段 1 681.10~1 683.10 m、1 686.70~1 687.90 m、1 691.60~1 693.60 m,厚度 5.20 m/3 层,日产油 59.04 m³,原油相对密度 0.970 6,测试结论为油层。特征参数异常倍数结论与测试结论相符。

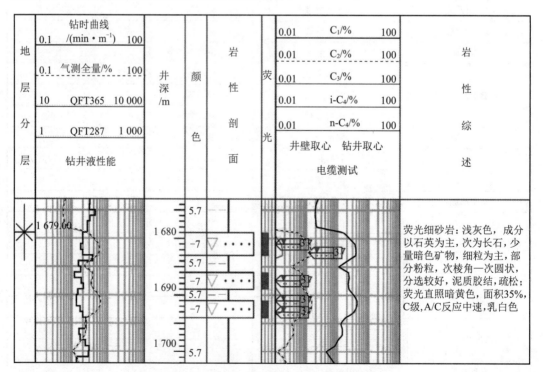

图 3-14　BZ-F-1 井测试井段 1 综合录井图

测试井段 2：明下段 1 461.30～1 471.00 m，岩屑岩性为细砂岩，浅灰色，成分以石英为主，次为长石，少量暗色矿物，细粒为主，部分粉粒，次棱角—次圆状，分选较好，泥质胶结，疏松；荧光直照浅黄色，面积 20％，D 级，A/C 反应慢，乳白色（图 3-15）。

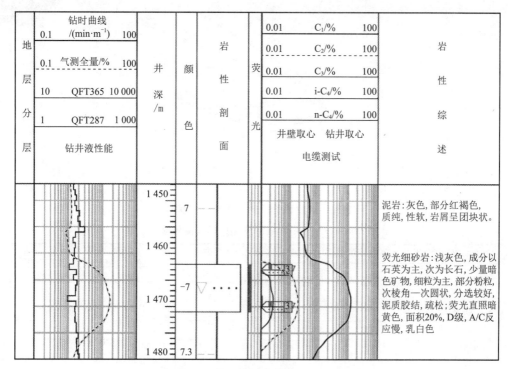

图 3-15　BZ-F-1 井测试井段 2 综合录井图

明下段 1 461.30～1 471.00 m，气测全量 T_g 为 16.48％，C_1 为 12.402 6％，C_2 为 0.185 7％，C_3 为 0.026 4％，i-C_4 为 0.005 6％，n-C_4 为 0.010 9％，i-C_5 为 0.004 9％，n-C_5 为 0.004 3％。T_g 异常倍数为 20.33，C_1 异常倍数为 55.94，i-C_4 异常倍数为 4.95，n-C_4 异常倍数为 4.75，i-C_5 异常倍数为 3.77，n-C_5 异常倍数为 3.13。气体组分齐全，按异常倍数解释模板（表 3-13）组分齐全模型，解释为油层。测试井段：1 461.30 m～1 471.00 m，厚度 9.70 m/1 层，日产油 86.04 m³，日产气 2 326 m³，原油相对密度 0.966 8，测试结论为油层。特征参数异常倍数结论与测试结论相符。

七、其他衍生参数法

1. 新皮克斯勒法

1）解释方法和原则

皮克斯勒图版最初使用 C_1/C_2、C_1/C_3、C_1/C_4 这 3 个烃比值建立解释图版，后来将 C_1/C_5 也加入解释图版中。对于 FLAIR 气体数据而言，已经为出口减掉入口的校正数据，并且气体数据的取得为恒温恒压的数据，这就保证了 C_5 和 C_{6^+} 组分能从钻井液中最大限度地脱取出来。因此将图版再次扩展至 C_{6^+}，即 C_1/C_{6^+}，将标准皮克斯勒法内的非产区定义为水、干层区，得到新皮克斯勒图版。通过数据统计分析，确定了渤海油田各凹陷储层流体性质解释图版阈值。以渤中凹陷为例,建立了此凹陷新皮克斯勒解释图版及阈值范围(图 3-16、表 3-17)。

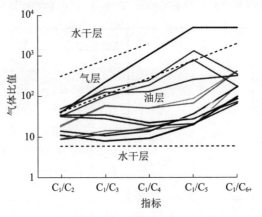

图 3-16　渤中凹陷新皮克斯勒法解释图版

表 3-17　渤中凹陷新皮克斯勒法阈值表

气体比值	油层	天然气层	水干层
C_1/C_2	5～40	40～300	＜5 或＞300
C_1/C_3	5～101	101～790	＜5 或＞790
C_1/C_4	5～290	290～2 000	＜5 或＞2 000
C_1/C_5	5～800	—	—
C_1/C_6^+	5～2 000	—	—

新皮克斯勒法的解释原则为:

(1) 被解释储集层的气体比值落在哪个区域,该层即属于该区域的流体性质的储集层,C_1/C_2 值越低,说明流体含气越少或者油的密度越高,若 C_1/C_2 小于 5 为水干层。

(2) 只有单一组分 C_1 显示的层段是干气层的显示特征,过高的单一组分 C_1 显示层如果荧光较好则是遭受改造油层的特征。

(3) C_1/C_2 比值落在油区内,而 C_1/C_5 或者 C_1/C_6^+ 落在气区内,该层可能为油气层。

(4) 新皮克斯勒图版不适用于低渗透层,若各烃类比值点连线较陡,表明该层为致密层。

2) 应用实例

KL-H-1 井位于莱州湾凹陷。该井 2 113.00～2 115.00 m、2 118.00～2 122.00 m 岩性均为荧光细砂岩,荧光湿照亮黄色,面积 5%,D 级,A/C 反应慢,乳白色。2 113.00～2 115.00 m FLAIR 的气测数据:C_1 为 1 283.6 ppm,C_2 为 43.8 ppm,C_3 为 114.1 ppm,$i-C_4$ 为26.3 ppm,$n-C_4$ 为 124.3 ppm,$i-C_5$ 为 60.5 ppm,$n-C_5$ 为 47.9 ppm,C_6 为 19.3 ppm,C_7 为 5.2 ppm,C_8 为 0.0 ppm,C_6H_6 为 0.3 ppm,C_7H_8 为 0.0 ppm,C_7H_{14} 为 4.6 ppm。2 118.00～2 122.00 m FLAIR 的气测数据:C_1 为 1 944.9 ppm,C_2 为 92.5 ppm,C_3 为 290.9 ppm,$i-C_4$ 为 52.9 ppm,$n-C_4$ 为213.0 ppm,$i-C_5$ 为100.3 ppm,$n-C_5$ 为 104.0 ppm,C_6 为 33.7 ppm,C_7 为 12.0 ppm,C_8 为 0.0 ppm,C_6H_6 为 0.3 ppm,C_7H_8 为 0.8 ppm,C_7H_{14} 为 18.3 ppm(FLAIR 通常使用单位 ppm)。可以看出气体组分较为齐全,重组分绝对值含量较高。

利用莱州湾的新皮克斯勒解释图版(图 3-17),对这两层的数据进行投点,其结果如图所示,从图中可以看出曲线均落在油区,解释为油层。两层进行联合测试,产油 46.59 m³/d,产气 733 m³/d,测试结论为油层,此方法判断的解释结论和测试结论相符合。

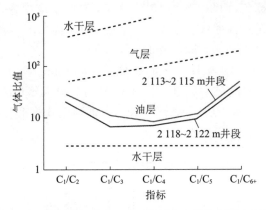

图 3-17 莱州湾凹陷 KL-H-1 井新皮克斯勒解释应用图

2. 全烃-流体类型指数法

1) 解释方法和原则

全烃-流体类型指数图版是根据 FLAIR 流体录井的组分特点所建立的一个图版。图版的纵坐标为计算全烃值,图版的横坐标为流体类型指数值。其计算公式如下:

$$计算全烃 = C_1 + 2C_2 + 3C_3 + 4(i\text{-}C_4 + n\text{-}C_4) + 5(i\text{-}C_5 + n\text{-}C_5) + 6n\text{-}C_6 + 7n\text{-}C_7 + 8n\text{-}C_8$$

$$流体类型指数 = 10 \times (n\text{-}C_6 + n\text{-}C_7 + n\text{-}C_8)/(C_4 + C_5)$$

计算全烃反映的是储层孔隙内烃类物质的丰度,流体类型指数表示常温常压下储层孔隙中液态烃与气态烃的相对变化比值。纵坐标的计算全烃值越高,说明储层孔隙内的烃类物质越丰富。横坐标流体类型指数值越大,说明储层孔隙内油所占比例越高,反之,则说明孔隙内气体所占比例越高,利用横坐标的流体类型指数将油气分开。通过大量的数据统计分析,建立了各凹陷的全烃-流体类型指数法解释图版。以渤中凹陷为例,建立了此凹陷全烃-流体类型指数法解释图版(图 3-18)。

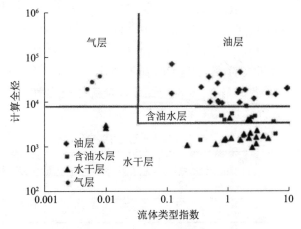

图 3-18 渤中凹陷全烃-流体类型指数法解释图版

2）应用实例

JZ-X-3 井位于辽中凹陷。井深 3 125.00～3 144.00 m 岩性为荧光高岭土质细砂岩，灰白色，成分以石英为主，次为长石，少量暗色矿物，次棱角—次圆状，分选中等，高岭土质-泥质胶结；荧光湿照亮黄色，面积 5％～15％，D 级，A/C 反应中速，乳白色。3 125.00～3 144.00 m FLAIR 的气测数据：C_1 为 1 450.6 ppm，C_2 为 128.4 ppm，C_3 为 60.5 ppm，$i\text{-}C_4$ 为4.8 ppm，$n\text{-}C_4$ 为 14.2 ppm，$i\text{-}C_5$ 为 3.8 ppm，$n\text{-}C_5$ 为 4.2 ppm，C_6 为 0.9 ppm，C_7 为 0.2 ppm，C_8 为2.0 ppm，C_6H_6 为 1.0 ppm，C_7H_8 为 5.0 ppm，C_7H_{14} 为 4.3 ppm。可以看出，组分以 C_1～C_3 为主，少量 C_4～C_5、C_7H_8 和 C_7H_{14}，其他组分非常低。在辽中全烃-流体类型图版行进行投点，落入水干层区域(图 3-19)，考虑到组分的原因，解释为干层。此层测试无地层流体产出，测试结论为干层。

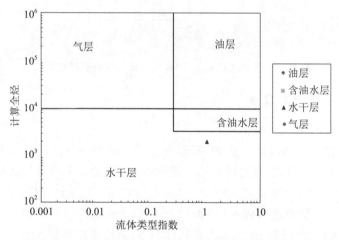

图 3-19　辽中凹陷 JZ-X-3 井全烃-流体类型指数图版应用图

3. C_1 与 C_{6^+} 百分含量法

1）解释方法和原则

为便于识别储层中的流体类型特征，在使用 FLAIR 实时流体录井技术的条件下，定义了 C_1 百分含量（C_1％）、C_{6^+} 百分含量（C_{6^+}％）两个衍生参数。其中：

$$C_1\% = C_1/(C_1 + C_2 + C_3 + \cdots + n\text{-}C_8 + C_7H_8 + C_6H_6 + C_7H_{14})$$
$$C_{6^+}\% = (n\text{-}C_6 + nC_7 + n\text{-}C_8 + C_6H_6 + C_7H_8 + C_7H_{14})/$$
$$(C_1 + C_2 + C_3 + \cdots + n\text{-}C_8 + C_7H_8 + C_6H_6 + C_7H_{14})$$

对各凹陷数据统计分析表明，流体类型特征不同，C_1％、C_{6^+}％两个衍生参数具有明显的差异性。基于此，建立了各凹陷 C_1 与 C_{6^+} 百分含量流体类型解释图版。以黄河口凹陷为例，建立了 C_1 与 C_{6^+} 百分含量气层、油层解释标准(表 3-18)。

表 3-18　黄河口凹陷气层、油层解释阈值

流体类型	C_1％	C_{6^+}％
气　层	>80％	<0.8％
油　层	<80％	>0.8％

2）应用实例

BZ-Q-5 井位于渤海油田黄河口凹陷，3 080.00～3 084.00 m、3 094.00 m～3 100.00 m 均为荧光细砂岩，浅灰色，成分以石英为主，少量长石及暗色矿物，细粒为主，部分粉粒，次棱角—次圆状，分选好，泥质胶结，疏松；荧光湿照暗黄色，面积 5%，D 级，A/C 反应中速，滴照乳白色。

3 080.00～3 084.00 m FLAIR 的气测数据：C_1 为 8 033.1 ppm，C_2 为 2 296.0 ppm，C_3 为1 557.9 ppm，$i\text{-}C_4$ 为 230.5 ppm，$n\text{-}C_4$ 为 450.3 ppm，$i\text{-}C_5$ 为 240.6 ppm，$n\text{-}C_5$ 为 299.3 ppm，C_6 为 187.58 ppm，C_7 为 40.34 ppm，C_8 为 0.0 ppm，C_6H_6 为 16.52 ppm，C_7H_8 为 5.15 ppm，C_7H_{14} 为 42.64 ppm，计算得 C_1% 为 59.95%，C_{6+}% 为 2.21%。

3 094.00～3 100.00 m FLAIR 的气测数据：C_1 为 7 314.8 ppm，C_2 为 2 225.0 ppm，C_3 为1 362.0 ppm，$i\text{-}C_4$ 为 184.6 ppm，$n\text{-}C_4$ 为 400.4 ppm，$i\text{-}C_5$ 为 192.2 ppm，$n\text{-}C_5$ 为 257.7 ppm，C_6 为 183.95 ppm，C_7 为 49.6 ppm，C_8 为 0.0 ppm，C_6H_6 为 18.75 ppm，C_7H_8 为 15.8 ppm，C_7H_{14} 为 55.64 ppm，计算得 C_1% 为 59.66%，C_{6+}% 为 2.66%。

据表 3-17，这两层流体性质均解释为油层。测试井段 3 081.50～3 099.00 m，厚度 6.5 m/2层，日产油 95.8 m^3，日产气 17 208 m^3，气油比 180，原油相对密度 0.841，气相对密度 0.838，测试结论油层，如图 3-20 所示。此方法解释结论与测试结论一致。

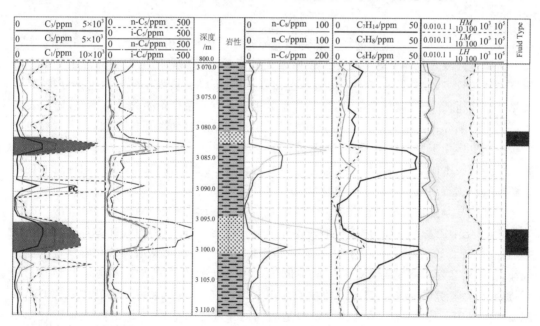

图 3-20　BZ-Q-5 井测试井段 3 081.50～3 099.00 m 流体相录井图

应用以上各个解释方法进行油气水解释评价工作，其解释成果与已有的结论进行分析和对比，发现传统储层流体性质解释图版具有一定的适用范围和局限性，见表 3-19。常规气测录井或大或小地受相关钻井工程参数的影响，所获得的烃组分值代表性差，导致部分常规气测录井技术解释图版解释结论与实际差别较大。

表 3-19　传统的基于烃组分储层流体性质解释图版适用性分析表

解释图版名称	适用范围	局限性
三角图版法	(1) 适合于组分出至 n-C₄ 以后的数据； (2) 对深层油气藏、原生油气藏解释效果好	(1) 不适合气体组分不全数据； (2) 对次生改造油气藏，解释吻合率较差； (3) 单点分析，不能连续成图
皮克斯勒法	适合常规油气解释	(1) 不适合气体组分不全数据； (2) 不适用于低渗透层
3H 比值法	适合于组分出至 C₃ 以后的数据	解释结果多为气层，油水层区分较差
气体比率法	通过 HM、LH、LM 曲线变化范围的差异性判断常规油气	坐标刻度的变动对曲线交汇影响大
特征参数法	(1) 通过含油指数、异常倍数、C_1 百分含量特征参数对储层流体类型进行解释与评价； (2) 适用于绝大多数常规油气储层	(1) 高气油比储层适用性稍差； (2) 只适用于孔隙型储层流体性质的判断

第二节　以岩屑为载体的烃组分储层流体性质识别技术

　　储集层破碎后，储集层中的烃类化合物一部分保存在岩屑中，一部分侵入钻井液中，并以岩屑和钻井液为载体上返至地面。按照采集技术的不同以岩屑为载体的烃组分信息分析技术种类较多，最常见的三项采集技术包括岩石热解分析、热蒸发烃气相色谱分析、轻烃气相色谱分析，除直接测量参数外，各类烃组分信息还有一系列衍生的计算参数，详见表 3-20。岩石热解分析技术成果更多用于油气显示识别和储层含油性评价；热蒸发烃气相色谱分析技术更多用于原油性质评价（包括原油改造程度评价）、储层流体性质评价等；轻烃气相色谱分析技术成果资料更多用于储层原油性质评价、含水性评价以及储层内油气水的精细解释等。这三项技术均属于油气地球化学录井范畴。

　　地球化学录井常简称为地化录井。从学科定义的层面上来看，地球化学录井应该是以地质-地球化学的基本原理为基础，采用各种化学分析测试方法，检测钻井过程中所钻遇物质的化学属性（如元素组成、分子组成、矿物成分和结构等），揭示钻遇物质化学属性的变化规律，从微观角度来解决各类地质问题。地化录井将地质、化学的理论和方法与钻井工程有机融合，逐渐发展成为一门重要的技术应用学科，在矿产资源勘探与开发中发挥着越来越重要的作用。其中，油气地球化学录井是油气钻井过程的重要地质工作，是地球化学录井非常重要的一个方面。

　　油气地球化学录井技术的发展，主要源于 20 世纪 70 年代法国石油研究院岩石热解仪研制的成功，主要用于评价烃源岩的成熟度、有机质类型和有机质丰度等，进行油气资源评价（邬立言，1986）。随着该仪器的成功应用和技术的升级，换代产品（油显示分析仪）成功扩展到油气显示分析和评价，这极大拓展了该仪器的应用空间（邬立言，2000）。我国最早于 1978 年开始引进此类仪器，并在 80 年代末开始国产此类分析仪（岩石热解仪、油显示分析仪）。随着此类仪器的国产化，岩石热解分析技术广泛应用于石油钻井的录井现场中；随着热解分析资料的丰富和相关研究的不断深入（李玉桓等,1993;严继新等,1997;严继新等,1997;杨光照等,2004），业内已形成了一套完整的针对烃源岩、储油岩定性、定量评价方法（《地球化学录井技术》编委会,2016）。随着色谱技术的发展及气相色谱仪的普及,岩石热蒸发气相色谱及轻烃气相色谱分析也广泛应用于地球化学录井之中（郎东升等,1999;林壬子,1992;陈东敬,2002;张居和等,2002;杨光照等,2004）。气相色谱分析技术的应用大大提高了对钻遇油气分子组成的认识深度,为深入认识钻遇油气的成因类型、油气性质、油气的次生蚀变,乃至油气的成藏富集特征提供了丰富的地球化学资料。因此,热解分析、热蒸发气相色谱、轻烃分析业已成为地球化学录井的三项关键技术,并广泛地应用于油气勘探开发的现场录井工作之中（邬立言等,2011;《地球化学录井技术》编委会,2016）。

根据对各类以岩屑为载体的烃组分信息进行分析,确定了其成果数据应用的基本思路:应用热蒸发烃气相色谱分析参数和轻烃气相色谱分析参数确定储层流体类型,应用岩石热解分析参数评价储层含油气量,再结合其他录井技术综合评价储层产液性质。围绕这一思路,建立以岩屑为载体烃组分信息储层流体性质解释图版。以岩屑为载体的烃组分信息统计见表 3-20。

表 3-20　以岩屑为载体的烃组分信息统计表

采集技术	烃组分类型	计算参数	
岩石热解分析	气态烃(S_0) 液态烃(S_1) 裂解烃(S_2)	含油气总量 ST 油产率指数 OPI 原油轻重组分指数 P_s 原油中重质烃类和沥青质含量 HPI	气产率指数 GPI 总产率指数 TPI 产烃潜量 P_g
热蒸发烃气相色谱分析	正构烷烃($C_8 \sim C_{37}$) 姥鲛烷(Pr) 植烷(Ph)	主峰碳 碳奇偶优势指数 CPI $(n\text{-}C_{21} + n\text{-}C_{22})/(n\text{-}C_{28} + n\text{-}C_2)$ Pr/n-C_{17}	奇偶优势 OEP $\sum n\text{-}C_{21}^- / \sum n\text{-}C_{22}^+$ Pr/Ph Ph/n-C_{18}
轻烃气相色谱分析	$C_1 \sim C_9$ 正构烷烃 异构烷烃 环烷烃和芳香烃	轻烃组分个数 i-C_4/n-C_4 $\sum(C_6 \sim C_9)$, $\sum(C_6 \sim C_9)/\sum(C_1 \sim C_5)$ $\sum(C_1 \sim C_5)$, $\sum(C_1 \sim C_5)/\sum(C_1 \sim C_9)$ 苯及芳香烃与其他化合物的比值 $(2MC_6 + 2,3DMC_5)/(3MC_6 + 2,4DMC_5)$ $\sum(n\text{-}C_4 \sim n\text{-}C_8)/\sum(i\text{-}C_4 \sim i\text{-}C_8)$ 单支链庚烷/多支链庚烷	

一、岩石热解分析

岩石热解分析是在程控升温的热解炉中对生、储油岩样品进行加热,使岩石中的烃类热蒸发成气体,并使高聚合的有机质（干酪根、沥青质、胶质）热裂解成挥发性的烃类。这些经过热蒸发或热裂解得到的气态烃类在载气的携带下直接用氢火焰检测器（FID）进行检测。将其浓度的变化转换成相应的电信号,经计算机处理,得到各组分峰的含量及最高热解温度。将热解分析后的残余样品送入氧化炉中氧化燃烧 7 min,使样品中的剩余有机碳转化为二氧化碳及少量一氧化碳,一氧化碳经过 CuO 阱催化后也转化为二氧化碳被捕集阱收集,捕集阱在 260 ℃高温状态将全部释放已吸附的二氧化碳,由热导池检测;或将样品中残余的有机碳转化为 CO_2 及少量的 CO 后,由红外检测器(或 TCD 检测器)检测 CO 及 CO_2 的含量,得到残余碳的含量。最后经微处理器处理打印输出分析结果。具体分析分为三峰分析程序和五峰分析程序。

1. 三峰分析程序

用于评价烃源岩的岩石热解分析方法是由法国石油研究院在 20 世纪 70 年代末研究成功的。热解评价烃源岩的机理是在热解炉中把岩样恒温 300 ℃以定量分析烃源岩中游离烃含量 S_1(mg/g),从 300 ℃程序升温至 600 ℃,定量分析烃源岩中的干酪根热裂解生成的热解烃含量 S_2(mg/g)。法国石油研究院以此分析方法为基础研制了 Rock-Eval Ⅰ 型和 Rock-Eval Ⅱ 型岩石热解仪,此仪器推向国际市场后取得巨大成功,成为烃源岩评价分析必备仪器。

1982 年,法国石油研究院推出了用于评价储油岩的油显示分析仪(OIL SHOW ANALYSER),此仪器除仍沿用 300 ℃恒温测定 S_1 和 300~600 ℃测定 S_2 的老分析方法外,还增加了在 90 ℃恒温 2 min 测定储油岩中的气态烃(C_1~C_7),以及用氧化法在 600 ℃恒温 7 min 测定热解后岩样中的残余碳,以残余碳量加有效碳量计算总有机碳。三峰分析程序是把岩样在温度 90 ℃的气流(氦气)中吹扫 3 min,吹出的 C_1~C_7 气态烃被氢焰检测器检测,出天然气峰(S_0 峰)。然后岩样被顶进热解炉,在温度 300 ℃恒温 3 min,岩样中的液态烃(C_7~C_{32})热蒸发成气态被氢焰检测器检测,出油峰(S_1 峰)。以 300 ℃开始以 50 ℃/min 程序升温至 600 ℃,恒温 1 min,岩石中重质烃类(>C_{32})热蒸发成气态,同时石油中的胶质、沥青质热裂解出气态烃类,一并被氢焰检测器检测检,出热解烃峰(S_2 峰),在测 S_2 值的同时,检测到 S_2 峰最高点的峰顶温度 T_{max},与有机质热演化程度相关(图 3-21)。

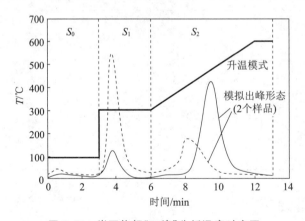

图 3-21　岩石热解"三峰"分析温度时序图

热解完毕的样品被转入氧化炉内,通入空气,在 600 ℃温度下恒温 5 min,把岩样中的残余碳燃烧成二氧化碳,由热导检测器测出 S_4 峰。

对储油岩,由于岩样中的原油性质的差异,各峰的大小比例也不同。一般而言,储气岩只能检出 S_0 峰,凝析油可检出 S_0 峰和 S_1 峰。轻—中—重质油均可检出 S_1 峰和 S_2 峰,但两峰的丰度有异:轻质油 S_1 峰大于 S_2 峰,中质油 S_1 峰与 S_2 峰相当,重质油 S_1 峰小于 S_2 峰。因

此,我们可以根据各峰的相对丰度预测原油的性质。三峰程序所得热解参数总结如下:

(1) 储集岩热解分析参数意义。

S_0:90 ℃检测的单位质量储集岩中的烃含量,mg/g;

S_1:300 ℃检测的单位质量储集岩中的烃含量,mg/g;

S_2:300~600 ℃检测的单位质量储集岩中的烃含量,mg/g;

T_{max}:S_2峰的最高点相对应的热解温度,℃;

P_g:储层单位质量岩石热解总烃量,$P_g = S_0 + S_1 + S_2$,mg/g;

GPI:气产率指数,$GPI = S_0/(S_0 + S_1 + S_2)$;

OPI:油产率指数,$OPI = S_1/(S_0 + S_1 + S_2)$;

TPI:油气总产率指数,$TPI = (S_0 + S_1)/(S_0 + S_1 + S_2)$;

HPI:残余烃指数,$HPI = S_2/(S_0 + S_1 + S_2)$;

PS:原油轻重比,$PS = S_1/S_2$。

(2) 烃源岩热解分析参数意义。

S_0:90 ℃检测的单位质量烃源岩中的烃含量,mg/g;

S_1:300 ℃检测的单位质量烃源岩中的烃含量,mg/g;

S_2:300~600 ℃检测的单位质量烃源岩中的烃含量,mg/g;

S_4:单位质量烃源岩热解后的残余有机碳含量,mg/g;

RC:单位质量烃源岩热解后的残余有机碳占岩石质量的百分比,%;

T_{max}:S_2峰的最高点相对应的热解温度,℃;

P_g:烃源岩生烃潜量,$P_g = S_1 + S_2$,mg/g;

C_p:有效碳含量,$C_p = 0.083 \times P_g$;

TOC:烃源岩有机碳含量,$TOC = C_p + RC$,%;

HI:氢指数,$HI = 100 \times S_2/TOC$;

D:降解潜率,$D = 100 \times C_p/TOC$。

2. 五峰分析程序

实践证明,法国石油研究院热解分析方法对烃源岩分析评价是有效的并取得很大成功,但对于储集岩评价显示出其不足之处。众所周知,油气主要为具有不同碳数的烃类和非烃类的混合物,所谓干气、湿气、凝析油、轻质油、中质油、重质油,主要是所含的不同碳数的烃类(亦含杂原子化合物)的组成不同。一般而言,低相对分子质量组成的烃较轻,较高相对分子质量组成的烃较重,碳数不同的烃类从液态热蒸发为气态所需的温度不同,碳数越少的烃热蒸发温度越低,反之越高。热解评价储集岩的实质是分析测定岩石中的原油各馏分的相对含量,因此,三峰分析程序用于评价储集岩就显得不够精细。

中国石油勘探开发研究院经多年研究开发成功"储集岩油气组分的定量分析方法",把储集岩中的油气按不同温度范围热蒸发为天然气馏分 S_0 峰、汽油馏分 S_1 峰、煤油及柴油馏分 S_{21} 峰、蜡及重油馏分 S_{22} 峰、胶质及沥青质热解烃 S_{23} 峰等 5 个峰(图 3-22),并测定其含量(mg/g)。该方法通过模拟石油蒸馏,把储集岩中的原油在热解炉中按汽油、煤油、柴油、蜡、重油的馏分范围温度热蒸发这些馏分,通过惰性气体将其蒸气携带进氢焰检测器进行定量测定,从而测得储集岩原油的天然气、汽油、煤油及柴油、蜡及重油、胶质及沥青质热解烃的含量

(mg/g)。非烃化合物胶质和沥青质在温度大于 450 ℃后受热裂解生成一部分烃类,裂解后的残碳通过氧化测定其含量 S_4(mg/g),除以 0.9 换算为残余油(胶质及沥青质)量。

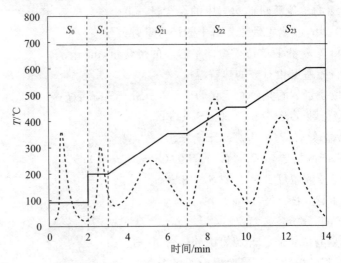

图 3-22　五峰分析程序热解图

五峰程序所得热解参数总结如下:

S_0:90 ℃ 时检测到的单位质量岩石中烃类含量,mg/g;

S_1:90~200 ℃时检测到的单位质量岩石中烃类含量,mg/g;

S_{21}:200~350 ℃时检测到的单位质量岩石中烃类含量,mg/g;

S_{22}:350~450 ℃时检测到的单位质量岩石中烃类含量,mg/g;

S_{23}:450~600 ℃时检测到的单位质量岩石中烃类含量,mg/g;

S_4:恒温 600℃,经 6 min 氧化检测到的单位质量岩石中热解后残余有机碳含量,mg/g。

在实际地球化学录井研究中,我们可以基于原始的热解参数,根据需要组合各种地球化学参数,以期预示油气的地质-地球化学特征。如:

$$ST = S_0 + S_{11} + S_{21} + S_{22} + S_{23} + 10RC/0.9$$

$$P_1 = \frac{S_0 + S_{11}}{S_0 + S_{11} + S_{21} + S_{22}}$$

$$P_2 = \frac{S_0 + S_{11} + S_{21}}{S_0 + S_{11} + S_{21} + S_{22}}$$

$$P_3 = \frac{S_{21} + S_{22}}{S_0 + S_{11} + S_{21} + S_{22}}$$

$$P_4 = \frac{S_{22} + S_{23}}{S_0 + S_{11} + S_{21} + S_{22} + S_{23}}$$

$$PS = \frac{S_{11} + S_{21}}{S_{22} + S_{23}}$$

3. 岩石热解分析应用方法

目前岩石热解分析解释方法和模型较为丰富,以渤中、黄河口、莱州湾、辽西、辽中、秦南 6 个凹陷内 108 口探井 4 110 组以岩屑为载体的烃组分信息为研究对象,对数据进行统计分析后发现:不同凹陷的地化解释结果存在差异,随油质轻重的变化也表现出不同的参数特征。因此,解释图版的建立按不同生油凹陷、不同油质类型分别进行归纳整理。将数据处理好后利用 Excel 软件,建立散点图进行投点,投点后总结出 90 余个解释图版,优选出其中 17 个符合率高的解释图版进行数据对比分析。通过数据对比分析,发现其中产烃潜量与液态烃图版、产烃潜量与油产率指数图版、裂解烃与总产率指数图版的应用效果最好(图 3-23、图 3-24、图 3-25)。

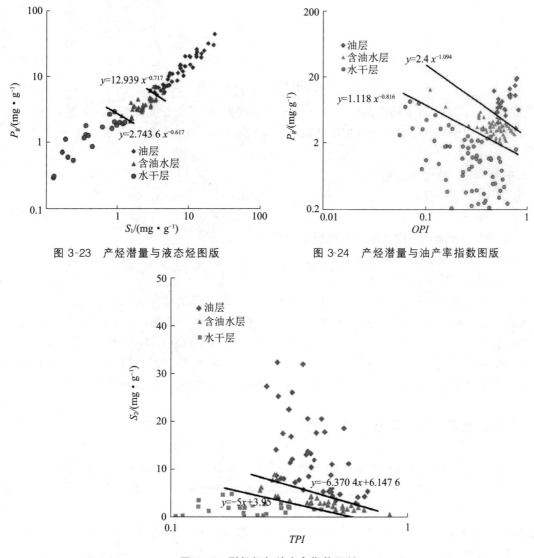

图 3-23 产烃潜量与液态烃图版   图 3-24 产烃潜量与油产率指数图版

图 3-25 裂解烃与总产率指数图版

渤中凹陷 BZX 井,3 030~3 039 m 井段岩屑为荧光细砂岩,根据衍生参数 $(S_0+S_1)/S_2$、主峰碳数、$\sum C_{21^-}/\sum C_{22^+}$ 利用油质判断图版判断原油性质为中质油,且未遭受明显生物降解。选用渤中凹陷以岩屑为载体的三个解释图版,用岩石热解分析数据 S_0、S_1、S_2 计算得出 P_g、OPI 和 TPI,在以岩屑为载体的三个解释图版中投点,落点在图版的油层区域(图 3-26),

解释结论为油层。本层以 $\phi 11.91$ mm 油嘴测试,产油 202.6 m^3/d,产气 10 278 m^3/d,测试结论为油层,与解释结论吻合。

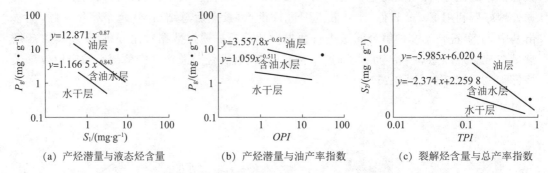

(a) 产烃潜量与液态烃含量　　　(b) 产烃潜量与油产率指数　　　(c) 裂解烃含量与总产率指数

图 3-26　渤中凹陷 BZX 井 3 035 m 数据投点图

除图版法外,可采用含油气总烃量及原油密度值,通过岩石孔隙度及岩石密度来计算单位体积储油岩孔隙中油所占据的体积分数及岩石含油饱和度,定量判断油气,公式如下:

$$S_0 = (D_r \cdot P_g \cdot K)/(1\,000d_o \times \varphi_c) \times 100\%$$

式中　S_0——地化含油饱和度,%;

　　　D_r——储层岩石密度(砂岩的相对密度为 2.3);

　　　K——烃类恢复系数;

　　　P_g——储层单位质量岩石热解总烃量,mg/g;

　　　d_o——原油相对密度;

　　　φ_c——储层有效孔隙度,%。

本方法基于地化热解参数与钻井工程参数,引入智能算法建立含油饱和度计算模型,并根据研究区块已钻井总结出的该区域各类储层含油饱和度与孔隙度关系,从而确定储层类型。如 PL-X-8d 井,该井 1 825.60~1 835.30 m 储层通过定量计算得到含油饱和度为 6.8%,孔隙度为 16.4%,根据已钻井统计的 PL-X 区块水层孔隙度范围为 12.0~34.7%,含油饱和度范围为 0~27.6%,该层属于此范围内,因此判断为水层,最终测试为水层。

二、热蒸发烃气相色谱分析

热解分析对于揭示钻遇地层烃源岩特征和钻遇储油岩油气特征发挥了重要的作用。然而,由于这一分析技术本身有局限,尚不能对油气组成分子级层面获取清晰的认识。气相色谱分析是一种有效的地球化学评价技术,该项技术具有把混合物分离成单个组分的能力,因而得到广泛应用。随着气相色谱分析技术的进步及色谱仪的广泛应用,已成功地将气相色谱分析技术应用于地球化学录井之中,其中岩石热蒸发色谱分析在油气地球化学录井中的应用即成功案例之一。

气相色谱法(gas chromatography,简称 GC)是色谱法的一种。色谱法中有两个相,一个相是流动相,另一个相是固定相。用气体作流动相,就叫气相色谱。气相色谱法的分离原理是利用要分离的诸组分在流动相(载气)和固定相间的分配特征的差异(即有不同的分配系数),当两相做相对运动时,这些组分在两相间的分配反复进行,达数百万次;即使组分的分配系数只有微小的差异,随着流动相的移动也可以产生明显的分异,最后使这些组分达到分离的目的。由气相色谱的分离原理可知,实现气相色谱分离的基本条件是被分离的物质有不同的分配系数,而组成油气的烃类化合物大多具有不同的分配系数。简言之,色谱分析是使混合物中各组分在两相间进行分配,其中一相是不动的(固定相),另一相(流动相)携带混合物流过固定相,与固定相发生作用,在同一推动力下,不同组分在固定相中滞留的时间不同,依次从固定相中流出,以达到分离的效果。

岩石热蒸发烃气相色谱分析,直接将岩石样品中的烃类物质通过加热蒸发出来,然后进行气相色谱分析;加热的温度一般在 300 ℃ 或 350 ℃ 以下,温度过高易引起重质组分的化学变化,从而影响原始烃类组成特征。显然,这一方法很好利用了热解仪对样品的快速处理,以及气相色谱仪对分子组成的分离鉴定的优点,既能满足现场地球化学录井快速分析的要求,同时对油气的分子组成具有一定的鉴别能力,为深入的地球化学研究奠定了基础。因此,这一技术业已广泛应用于油气地球化学录井工作之中,极大地提升了对所钻遇油气特征的认识深度和广度:在油气成因类型、油气次生蚀变、油气品质的预测等方面提供了丰富的地球化学证据。

1. 分析原理及方法

岩石样品经过冷溶或热蒸发后进样分析,样品中的烃类在载气的携带下进入色谱柱,组分就在流动相和固定相两相间进行反复多次的分配,由于固定相对各组分的吸附或溶解能力不同,因此,各组分在色谱柱中的运行速度就不同,经过一定的柱长后,便彼此分离,顺序离开色谱柱进入检测器,产生的离子流信号经放大后,由计算机自动记录各组分的色谱峰及其相对含量。利用气相色谱分析技术能够将石油分离成其各单个组分,并能检测各组分相对含量。

样品经分析后可以得到 $C_8 \sim C_{40}$ 的正构烷烃、姥鲛烷(Pr)、植烷(Ph)色谱峰及各组分的相对含量(图 3-27),姥鲛烷、植烷分别与正碳十七烷、正碳十八烷比邻其后,以类异戊二烯烃中姥鲛烷、植烷为标志峰,定性判别各组分名称。

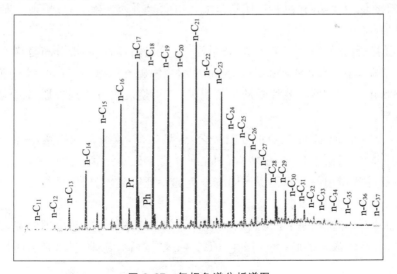

图 3-27 气相色谱分析谱图

2. 分析参数及公式

目前热蒸发烃气相色谱(图 3-27)主要可提供以下地球化学信息。

(1) 主峰碳:一组色谱峰中质量分数最大的正构烷烃碳数。

(2) 奇偶优势 OEP:

$$OEP = \left(\frac{C_{K-2}+6C_K+C_{K+2}}{4C_{K-1}+4C_{K+1}}\right)^{(-1)^{K+1}}$$

式中,K 为主峰碳数;C_K 为主峰碳组分质量分数,其余类推。

(3) 碳奇偶优势指数 CPI:

$$CPI = \frac{1}{2} \times \left(\frac{C_{25}+C_{27}+\cdots+C_{33}}{C_{24}+C_{26}+\cdots+C_{32}} + \frac{C_{25}+C_{27}+\cdots+C_{33}}{C_{26}+C_{28}+\cdots+C_{34}}\right)$$

式中,C_{25} 为组分的质量分数,其余类推。

(4) $\sum n\text{-}C_{21^-} / \sum n\text{-}C_{22^+}$:$n\text{-}C_{21}$ 以前的组分质量分数总和与 $n\text{-}C_{22}$ 以后组分质量分数总和的比值。

(5) $(n\text{-}C_{21}+n\text{-}C_{22})/(n\text{-}C_{28}+n\text{-}C_{29})$:$n\text{-}C_{21}$、$n\text{-}C_{22}$ 组分质量分数和与 $n\text{-}C_{28}$、$n\text{-}C_{29}$ 组分质量分数和的比值。

(6) Pr/Ph:姥鲛烷峰面积与植烷峰面积比值。

(7) $Pr/n\text{-}C_{17}$:姥鲛烷峰面积与正十七烷峰面积比值。

(8) $Ph/n\text{-}C_{18}$:植烷峰面积与正十八烷峰面积比值。

3. 热蒸发烃气相色谱应用方法

热蒸发烃气相色谱主要采用谱图识别法和图版法来判别油气。谱图识别法主要依据主峰碳、碳数分布范围、基线偏移位置、正构烷烃梳状结构等确定储集层的产液性质。

渤海油田应用热蒸发烃气相色谱判别油气水特征如下(图 3-28、图 3-29)。

(1) 凝析油气层:正构烷烃碳数范围分布窄,主要分布在 $n\text{-}C_1 \sim n\text{-}C_{20}$,主碳峰 $n\text{-}C_8 \sim n\text{-}C_{10}$,色谱峰表现为前端高峰型,峰坡度极陡。由于分析条件限制,色谱前部基线隆起,可见一个未分离开的凝析油气混合峰。

(2) 油层特征:正构烷烃组分齐全,含量高,碳数范围较宽,一般分布范围在 $C_{13} \sim C_{35}$,组分峰分布基本对称,不可分辨烃类化合物较少,主峰碳 $n\text{-}C_{15} \sim n\text{-}C_{19}$,基线平直;遭受氧化或生物降解作用的油层谱图基线隆起特征明显,正构烷烃组分遭到破坏;轻质油层的碳数分布范围较窄。

(3) 油水同层特征:正构烷烃组分较齐全,含量较高,碳数范围较宽,一般分布范围在 $C_{13} \sim C_{33}$,组分峰分布基本对称,主峰碳 $n\text{-}C_{15} \sim n\text{-}C_{20}$,不可分辨烃类较多,基线略微隆;遭受氧化或生物降解作用的油水同层谱图基线隆起特征明显,正构烷烃组分遭到破坏,整体丰度较油层下降明显。

(4) 含油水层、水层特征:正构烷烃不齐全,整体丰度降低,碳数范围较窄,一般分布范围在 $C_{13} \sim C_{29}$,峰分布不规则,主碳峰在 $n\text{-}C_{16} \sim n\text{-}C_{19}$ 左右,基线上倾,隆起明显,不可分辨烃类增多。

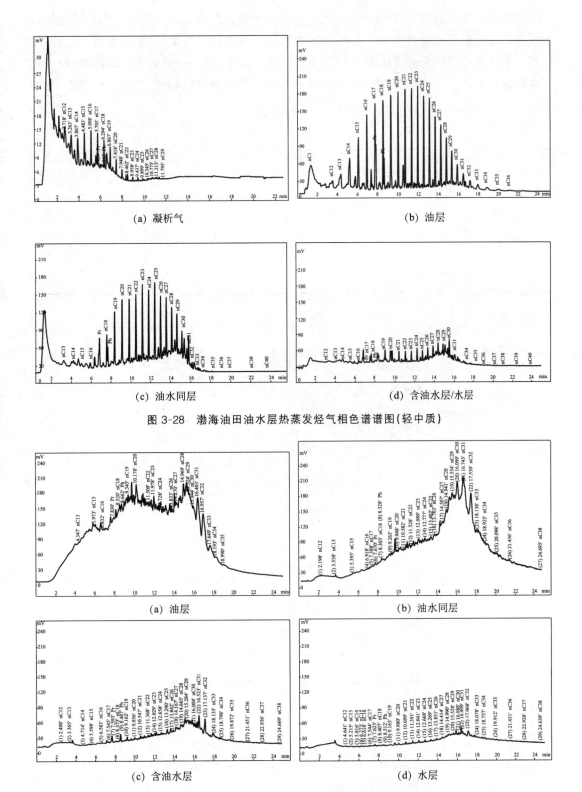

(a) 凝析气　　　　　　　　　(b) 油层

(c) 油水同层　　　　　　　　(d) 含油水层/水层

图 3-28　渤海油田油水层热蒸发烃气相色谱谱图(轻中质)

(a) 油层　　　　　　　　　　(b) 油水同层

(c) 含油水层　　　　　　　　(d) 水层

图 3-29　渤海油田油水层热蒸发烃气相色谱谱图(重质)

　　除谱图直接识别外,各油田也采用各种图版判断流体性质。热蒸发烃气相色谱分析参数校正归一总峰面积反映了岩石样品中正构烷烃类物质的总含量,峰面积越大,含油丰度越高。未分辨峰面积的含量反映了岩石样品中含水的变化量,一般未分辨峰面积/校正归一总峰面积值越大,反映储层遭受水洗或生物降解作用越强,储层含水的可能性越大,如渤海油田不同储集层典型特征参数范围(表3-21、图3-30)。

表 3-21　渤海油田不同储集层典型特征参数

储集层性质	校正归一总峰面积	未分辨峰面积/校正归一总峰面积
油　层	>1 700 000	0.1～1.2
油水同层	300 000～1 700 000	0.1～1.2
含油水层	190 000～300 000	0.1～1.2
干　层	10 000～190 000	0.1～1.2
水　层	10 000～300 000	1.2～10

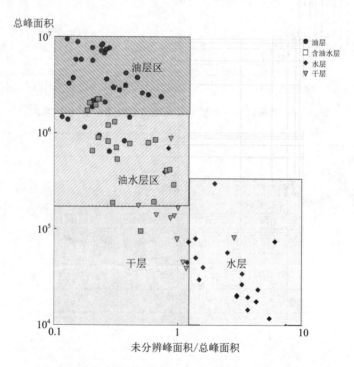

图 3-30　总峰面积与未分辨峰面积/总峰面积图版

　　渤海西部海域沙垒田凸起 CFD-X-2 井,3 378～3 386 m 岩屑为荧光白云质灰岩,地化岩石热蒸发烃气相色谱分析数据校正归一总峰面积 5 154 652,未分辨峰面积/校正归一总峰面积 0.156 1,在相应图版中投点(图3-31),落点在图版的油层区域,解释结论为油层。本井在 3 367.56～3 440.00 m 井段测试,以 ϕ9.53 mm 油嘴测试,日产油 294.72 m³,日产气 32 948 m³,测试结论为油层,与解释结论吻合。

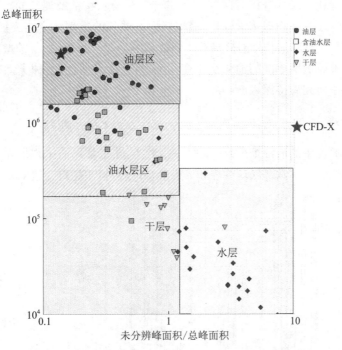

图 3-31　沙垒田凸起 CFD-X-2 井热蒸发烃气相色谱数据投点图

三、轻烃气相色谱分析

岩石热蒸发烃气相色谱分析对于认识原油中质烃类分子组成特征具有明显的优势,但对油气组成中轻烃部分似乎少有检出。然而,轻烃往往是油气的重要组成部分,具有十分丰富的地球化学信息。轻烃一般指烃源岩或石油天然气中碳数小于 15 的烃类化合物,由正构烷烃、异构烷烃、环烷烃、芳香烃四部分组成,是石油和天然气的重要组成部分。在地下岩层中,轻烃主要以游离态、溶解态或吸附态存在于石油、吸附水或岩层孔隙中。对于轻质油、凝析油来说,$C_5 \sim C_{13}$ 的轻馏分几乎占据油质量的 90% 以上,具有无可置疑的重要地位,因其包含的地化信息日益受到重视。

轻烃分析是油气地球化学录井的一项重要分析内容:将岩屑、岩心、井壁取心等样品加热到 80 ℃,使样品中轻质烃类($C_1 \sim C_9$)释放出来,随后进行色谱检测,可获得十分丰富的轻烃组成信息。严格来说,油气地球化学录井中的轻烃分析,也应属于热蒸发气相色谱范畴,只不过是色谱分析技术针对轻烃的分析条件有别于常规原油中质烃类组成的分析条件。随着岩石样品预处理方法的改进和色谱分析技术的提升,有望在实现一次热蒸发色谱分析同时获得轻烃和中质烃组成的信息。

在轻烃分析过程中,由于轻烃的易挥发性,需要严格按操作规程,减少样品取样和分析过程中的损失。轻烃组分分析结果与储集层原始轻烃组分相比,其相对丰度会有所减少,但具有相似分子结构特征的轻烃类之间相对丰度的变化不大,特别是对于结构和性质相似、沸点相近的烃类组分,由于它们的挥发速度是相近的,所以它们之间的相对丰度基本保持不变。这一特征为轻烃分析认识原始储层轻烃组成奠定理论基础。

现场轻烃地球化学录井分析,目前主要聚焦于油气显示特征及油气的次生蚀变作用。由于轻烃分子结构特征及其物理化学性质,使得轻烃对油气的次生蚀变相当敏感,油气运移分馏作用、水洗作用、生物降解作用对轻烃分子组成影响明显。目前,关于油藏次生变化的研究大多是应用轻烃参数识别单一的油藏次生变化,而对于受多期次、多种类型次生作用改造原油的轻烃识别方法研究尚待深入。

1. 基本原理

"轻烃"泛指原油中的汽油馏分,亦即 $C_1 \sim C_9$ 烃类,在正常原油中约占 50%～60%。轻烃的组成包含正构烷烃、异构烷烃、环烷烃和芳香烃,可分析检测烃组分达 103 个(图 3-32)。

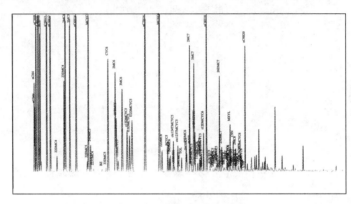

图 3-32　轻烃色谱分析图

对于同一地区同一层位的原油,由于有着相同或者相近的来源,油气生成后的原始组分结构基本上是一定的,当其自生自储或就近成藏时组分结构不会发生大的变化。在岩性及物性相近的相邻储层中,可以简单地认为其遭受热演化程度和次生演化强度也是一致的。如果轻烃参数出现较大的变化,可以认为是由于储层的非均质性、运移、水洗作用、生物降解等导致的原油轻烃组分改变,间接说明流体性质发生了变化,并与储层含油水性相关。如果参数发生突变,可能存在有流体界面(比如说油水、气油或气水界面)。

轻烃录井是以轻烃丰度为前提,以轻烃组成做参考,通过轻烃化合物的浓度和分布、稳定性及在水中的溶解度等物理化学性质差异,找出不同环境、不同储层性质条件下这些轻烃参数的变化规律,利用轻烃参数变化规律进行层内、层间可动流体分析,最终达到油气水层判识的目的。

2. 轻烃资料评价油气水层主要参数及优选

轻烃分析技术是基于石油、天然气中轻烃化合物的浓度和分布、稳定性及在水中的溶解度等物理化学性质差异,找出石油、天然气的成因类型和遭受的热演化程度及次生演化强度的规律,进而对油气水进行识别和评价。根据水体对油藏改造的特点,选取、优化相关参数,实现油藏含水的有效评价是实现轻烃储层评价的基本思路。

1) 评价油气水层主要参数

(1) 反映轻烃丰度及物性变化的参数。

轻烃丰度及反映物性变化的参数包括:C_5/C_6、C_6/C_7、$\sum(C_1-C_5)/\sum(C_1-C_9)$、$\sum(C_6-$

C_9)/$\sum$(C_1-C_9)、(n-C_6+n-C_7+n-C_8)/$\sum$(C_6-C_8)、$C_1\sim C_9$ 中不同碳数中各碳数烃的总含量以及不同碳数中直链烷烃(n-P)、支链烷烃(i-P)、环烷烃(N)和芳香烃(A)的总含量等。

（2）反映成熟度的参数。

异庚烷指数 PI_1（%）：

$$PI_1=(2MC_6+3MC_6)/(11DMCYC_5+c13DMCYC_5+t13DMCYC_5+t12DMCYC_5)$$

正庚烷指数 PI_2（%）：

$$PI_2=C_7H_{16}/(CYC_6+2MC_6+23DMC_5+11DMCYC_5+3MC_6+c13DMCYC_5+$$
$$t13DMCYC_5+t12DMCYC_5+224TMC_5+C_7H_{16}+MCYC_6)$$

甲基环己烷指数 PI_3（%）：

$$PI_3=MCYC_5/(n-C_7H_{14}+11DMCYC_5+c13DMCYC_5+t13DMCYC_5+$$
$$t12DMCYC_5+ECYC_5+MCYC_6)$$

（3）反映水洗及生物降解作用的参数。

水洗及生物降解作用参数包括：n-C_5/(CYC_5 + $MCYC_5$)、n-C_6/(CYC_6 + $MCYC_6$)、n-C_7/($DMCYC_5$ + $11DMCYC_5$)、n-C_4^+/$\sum CYC$、BZ/n-C_6、BZ/CYC_6、i-C_6/CYC_6、$2MC_5$/$3MC_5$、$2MC_6$/$3MC_6$、TOL/$11DMCYC_5$、TOL/$MCYC_6$、$\sum$(n-$C_4\sim$n-C_8)/$\sum$(i-$C_4\sim$i-C_8)、$\sum$($CYC_4\sim CYC_8$)/$\sum$(i-$C_4\sim$i-C_8)、(BZ + TOL)/$\sum$($CYC_5\sim CYC_6$)、环烷烃比值 $\sum$($CYC_5\sim CYC_6$)/$\sum$(n-$C_5\sim$n-C_8)、K_1、K_2、正构烷含量值(n-C_6+n-C_7+n-C_8)/$\sum$(C_6-C_8)等。

（4）星状图对比参数。

Halpem 研究了 17 种 C_7 轻烃化合物群的地球化学行为，它们各具有不同的沸点、水溶性及对于微生物吞噬的敏感性，以此编制原油变异星状图用于辨别水洗、微生物降解或热蒸发蚀变作用。星状图对比参数包括 $3MC_6$/$11DMCYC_5$、$2MC_6$/$11DMCYC_5$、($2MC_6+3MC_6$)/$11DMCYC_5$、$t12DMCYC_5$/$11DMCYC_5$、$t13DMCYC_5$/$11DMCYC_5$、($2MC_6+3MC_6$)/($22DMC_5$ + $23DMC_5$ + $24DMC_5+33DMC_5$)、$22DMC_5$/($22DMC_5+23DMC_5+24DMC_5+33DMC_5$)等。

2）参数优选

轻烃参数选择是轻烃资料应用的关键，根据轻烃组分的物理化学性质并结合轻烃参数应用于井场油气水评价的目的，确定下述轻烃参数优选思路：

（1）$C_1\sim C_4$ 在常温下为气体，容易散失，难以准确定量，因而不作为优选参数。C_9 相关组分由于化学性质过于稳定，受水洗作用影响较小，也应排除。由于 $C_5\sim C_8$ 烃类含量高、可准确定性定量、相互间物理化学性质差异大，所以 $C_5\sim C_8$ 间参数是首选参数。

（2）轻烃原始参数反映的是各组分浓度，易受原油性质、温度、烃损、进样量等影响，而轻烃比值参数只与原油组分相关，应优先选择。

（3）由于生物降解作用对轻烃组分损耗较大，影响轻烃资料的应用，结合井场轻烃资料服务于油气水解释的目的，优选的参数应能辨识是否遭受生物降解或判别流体类型。

（4）尽量在应用广泛的成熟参数中选取。

3. 轻烃组分分析评价储层流体性质应用实例

采用轻烃组分分析资料对储层流体性质进行精细评价，首先需要对分析的参数进行综合分析,优选出能反映流体类型的评价参数,有效区分油层和气层;其次是对油气层是否含水进行精细评价,通过研究代表性轻烃组分的变化特征,进行综合评价。对石臼坨凸起轻烃数据进行分析,按照轻烃参数优选思路探索有效参数,最终优选出正庚烷指数、异庚烷指数、正构烷含量值、环烷烃比值、BZ/n-C$_6$、TOL/MCYC$_6$等参数,分析该凸起以上各轻烃参数分布特征,并对储层流体性质进行评价。

1) 石臼坨凸起轻烃参数分布特征

(1) 正庚烷指数、异庚烷指数。

使用经测试证实为油层的 56 个样品数据进行正庚烷指数与异庚烷指数关系研究(图 3-33)发现,遭受生物降解作用的样品点落在正庚烷指数为 0~18、异庚烷指数在 0~80 的区域(A 区),与 Thompson 的研究结果相符。正庚烷值大于 18、异庚烷指数大于 80 的区域为非生物降解区域,根据样品点聚类情况,可细化为 B-Ⅰ、B-Ⅱ、B-Ⅲ三个区域,正庚烷指数范围分别为 18~23、23~33 和 33~60,异庚烷指数范围分别为 80~120、120~140、140~700。

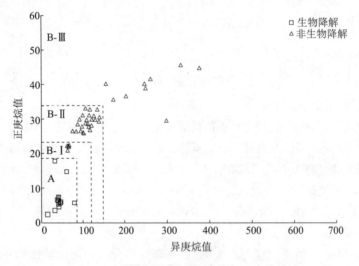

图 3-33 石臼坨凸起油层正庚烷与异庚烷关系

(2) 环烷烃比值、正构烷烃含量。

一般来说,原油遭受水洗或生物降解作用时,由于正构烷烃首先受到破坏,使得环烷烃相对富集,环烷烃比值会增大,正构烷烃含量随水洗或生物降解作用程度增加而减小。环烷烃比值和正构烷烃含量可识别经水洗或生物降解作用造成的细微化学差异。

使用经测试证实为油层的 56 个样品数据研究环烷烃比值与正构烷烃含量关系(图 3-34)发现,遭受生物降解作用的样品点落在趋势线(公式为 $y=56\,693x^{-4.357}$)的左侧区域(A 区),且正构烷烃含量参数值均小于 24.5%。趋势线右侧区域为非生物降解区域,与正庚烷值与异庚烷值关系类似,同样可细化为 B-Ⅰ、B-Ⅱ、B-Ⅲ三个区域,且样品来源相同,正构烷烃含量范围分别为 24.5%~27.7%、27.7%~36.2% 和 36.2%~45%。

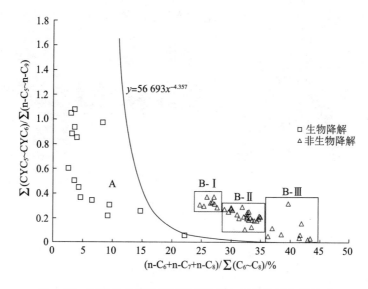

图 3-34 石臼坨凸起油层环烷烃比值与正构烷烃含量关系

由于东营组遭受生物降解作用较小,使用曹妃甸-L 区块东营组的井壁取心或岩心样品数据进行图版分析。在进行图版分析后发现,曹妃甸-L 区块东营组油层环烷烃比值和正构烷烃含量分别聚集于 $26\%\sim37\%$ 和 $24.5\%\sim27.7\%$,聚集于 B-I 区域,含油水层仅少量点(6%)处于该区间。相对含油水层和水层,油层参数更容易聚集,而含油水层和水层的样品数据会偏离对应区域(图 3-35)。

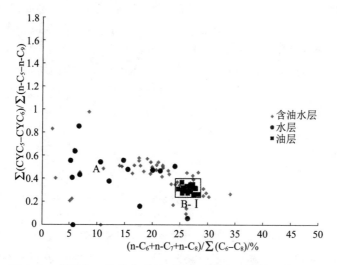

图 3-35 曹妃甸-L 区块东营组环烷烃比值与正构烷烃含量关系

(3) $BZ/n\text{-}C_6$、$TOL/MCYC_6$。

对于生物降解相对较弱且含水的储层,由于受水洗作用影响,芳香烃含量降低,环烷烃含量升高,因此,$BZ/n\text{-}C_6$、$TOL/MCYC_6$ 常用于识别储层含水。与环烷烃比值和正构烷烃含量参数研究相似,使用曹妃甸-L 区块东营组的井壁取心或岩心样品数据进行 $BZ/n\text{-}C_6$、$TOL/MCYC_6$ 与流体类型间规律研究。在进行图版分析后发现,$BZ/n\text{-}C_6$ 和 $TOL/MCYC_6$ 可较好地区分油层和含水层,曹妃甸-L 区块东营组油层样品,均处于 $BZ/n\text{-}C_6>$

0.027、TOL/MCYC$_6$>0.1 的范围内,而含油水层、水层混杂在油层区域外(图 3-36)。

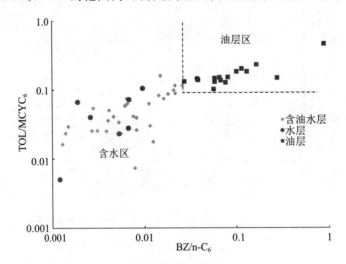

图 3-36 曹妃甸–L 区块东营组 BZ/n-C$_6$ 和 TOL/MCYC$_6$ 关系

由于埋深较浅,明化镇组、馆陶组油藏多为稠油,对渤海油田而言,生物降解作用是原油稠化的主要原因。生物降解导致正构烷烃、异构烷烃和环烷烃逐渐缺失,正庚烷指数、异庚烷指数、正构烷烃含量参数变小,正庚烷指数小于 18%、异庚烷指数小于 80%、正构烷烃含量值小于 24.5%为生物降解层。

对于非生物降解油层,参数值在石臼坨凸起不同位置存在差异,又可分细分Ⅰ、Ⅱ、Ⅲ类型,其差异可能主要由油源不同造成。由于渤中凹陷、秦南凹陷都能提供油源,凸起整体上表现出混源油特征,但不同区块油气来源贡献大小不同,凸起西段油源主要来自渤中西次凹,凸起中段油源来自渤中东次凹和秦南凹陷的混原油,凸起东段以及东倾末端油源则主要来自秦南凹陷。对于相同区块且均未遭受生物降解作用的储层,由于储层含水导致次生变化作用加强,与相对稳定的油层轻烃参数相比,含油水层或水层会表现出一定差异,同时,由于芳烃溶解度高,BZ/n-C$_6$、TOL/MCYC$_6$ 值变小。

2)储层流体性质评价

(1)流体性质判别。

QHD-M-2 井 2 754.00~2 760.00 m,岩性为细砂岩、含砾细砂岩,荧光面积 5%~50%,气测全量 T_g 为 1.343%~3.702%,C$_1$ 为 0.814%~2.137%,C$_2$ 为 0.056%~0.139%,C$_3$ 为 0.005 2%~0.024 0%,i-C$_4$ 为 0.011%~0.037%,n-C$_4$ 为 0.005%~0.010 5%。2 758.00 m 井壁取心样品 S_0 为 0.007 7 mg/g,S_1 为 2.146 mg/g,S_2 为 3.801 mg/g,P_g 为 5.955 mg/g,正构烷含量为 22.88%,环烷烃比值为 0.098 5,BZ/n-C$_6$ 为 0.006 5,TOL/MCYC$_6$ 为 0。气测和热解分析总体表现为含油水层特征,结合轻烃分析数据分析,正构烷烃含量小于 24.5%,环烷烃比值小于 0.26,BZ/n-C$_6$ 小于 0.027,TOL/MCYC$_6$ 小于 0.1,轻烃各参数均不处于油层标准区间,最终确定为含油水层。经过后期测试验证,产油 4.2 m³/d,产水 37.6 m³/d,结论相符。

(2)生物降解辨识。

BZ-A-7 井 1 627.00~1 630.00 m 井段钻遇油层,在 1 629.00 m 采集热蒸发气相色谱分析井壁取心样品和轻烃分析井壁取心样品各 1 块。1 629.00 m 热蒸发气相色谱谱图(图

3-37b)与上部邻近油层谱图(图 3-37a)存在明显差异,而与下部邻近油层谱图(图 3-37c)接近,但碳数范围较窄,基线相对隆起,但幅度较小,初步定性为轻微生物降解。为进一步确定是否为生物降解,对轻烃参数进行比较,1 629.00 m 井壁取心轻烃分析样品对应的正庚烷指数为 3.15,异庚烷指数为 38.29,正构烷烃含量值为 9.44%,符合生物降解判别标准,最终确认为轻微生物降解。另外,1 794.00 m 井壁取心轻烃分析样品对应的正庚烷值为 22.03、异庚烷值为 110.87、正构烷烃含量值为 25.08%,结合气相色谱谱图分析可以得出,1 794.00 m 样品未遭受生物降解,BZ-A-7 井生物降解深度应在 1 794.00 m以上。

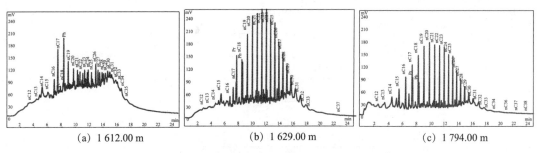

| (a) 1 612.00 m | (b) 1 629.00 m | (c) 1 794.00 m |

图 3-37　BZ-A-7 井热蒸发气相色谱谱图

四、以岩屑为载体的烃组分信息储层流体性质解释思路

利用地化资料做评价解释工作,首先要清楚地化录井三项技术资料的作用和优缺点,这样才能有针对性地在评价解释中合理应用地化录井资料。根据地化各项技术资料特点确定出地化录井技术应用的基本思路,即利用轻烃及热解气相色谱技术精细解释储层中流体性质(有什么),应用热解技术定量评价储层中的含油气量(有多少),再结合其他录井技术(储层物性)综合评价储层产液性质。因此,我们在建立模板及标准时也是围绕这一思路来应用地化资料的。

1. 地化单项各模板及标准权重分配

标准、图版的优选及权重分配方法为:

(1)步骤 1:在选取的显示层中统计每一种图版及标准给出的解释结论与综合解释结论(地化原始解释结论、测井解释结论、测试结论综合对比后的解释结论,即优选、处理后的解释结论)相对比的符合情况,统计出此图版、标准的相符层数。例如选取 5 层油层数据,利用 P_g 与 S_1 关系图版投点后给出的结论为 4 层油、1 层含油水层,利用 P_g 与 OPI 关系图版投点后给出的结论为 3 层油、2 层干层,那么 P_g 与 S_1 关系图版的符合层数为 4 层,P_g 与 OPI 关系模板的符合层数为 3 层。

(2)步骤 2:按照各图版、标准的符合层数由高到低依次排序,选取 3~4 种符合层数高的图版、标准来作为地化单项评价解释方法。

统计结果显示:在非生物降解油质显示层统计中,符合率由高到低的前 5 种方法依次为 P_g 与 OPI 关系图版、S_2 与 TPI 关系图版、P_g 与 S_1 关系图版、P_g 与 PS 关系图版、$P_g(S_0+S_1)/S_2$ 与 $(S_0+S_1)/S_2$ 关系图版。

（3）步骤 3：将步骤 2 中选取的图版及标准的符合层数相加求和，然后算出各图版、标准占总和的百分数。例如在步骤 1 中 P_g 与 S_1 关系图版的权重占比为 $4/(4+3)=57\%$，同理 P_g 与 OPI 关系图版的权重占比为 43%，详见表 3-21。

表 3-21　符合率最高的 4 种模板、标准权重表

区块	样品类别	油质（层）	符合层数				权重占比/%			
			P_g/OPI	TPI/S_2	P_g/S_1	色谱标准	P_g/OPI	TPI/S_2	P_g/S_1	色谱标准
渤中凹陷	壁心	轻质 6	5	5	4		36	36	29	
		中质 11	9	9	9		33	33	33	
		重质 9	7	8	8		30	35	35	
	岩屑	轻质 6	6	6	6		33	33	33	
		中质 20	17	15	16		35	31	33	
		重质 18	16	17	17		32	34	34	
黄河口凹陷	壁心	轻质 7	7	6	7		35	30	35	
		中质 18	14	13	14		34	32	34	
		重质 17	16	16	16		33	33	33	
	岩屑	轻质 8	7	7	6		35	35	30	
		中质 20	15	16	16		32	34	34	
		重质 16	14	12	13		36	31	33	
莱州湾凹陷	壁心	轻质 14	13	13	12		34	34	32	
		中质 18	16	15	16		34	32	34	
		重质 18	17	16	16		35	33	33	
	岩屑	轻质 10	8	8	8		33	33	33	
		中质 24	20	19	20		34	32	34	
		重质 16	13	14	14		32	34	34	
辽西凹陷	壁心	轻质 14	11	11	12		32	32	35	
		中质 10	8	8	8		33	33	33	
		重质 19	18	18	18		33	33	33	
	岩屑	轻质 10	8	8	8		33	33	33	
		中质 16	13	12	13		34	32	34	
		重质 24	22	22	21		34	34	32	
辽中凹陷	壁心	轻质 15	14	14	14		33	33	33	
		中质 19	17	16	17		34	32	34	
		重质 20	18	18	18		33	33	33	
	岩屑	轻质 14	13	12	13		34	32	34	
		中质 19	16	15	16		34	32	34	
		重质 22	20	19	18		35	33	32	

续表

区块	样品类别	油质(层)	符合层数				权重占比/%			
			P_g/OPI	TPI/S_2	P_g/S_1	色谱标准	P_g/OPI	TPI/S_2	P_g/S_1	色谱标准
秦南凹陷	壁心	轻质12	10	10	11		32	32	35	
		中质14	11	12	12		31	34	34	
		重质17	15	15	15		33	33	33	
	岩屑	轻质9	9	8	9		35	31	35	
		中质19	19	18	18		35	33	33	
		重质16	15	14	15		34	32	34	
总计			477	465	474		34	33	33	
生物降解	壁心29		23	22	22	29	24	23	23	30
	岩屑24		18	18	18	24	23	23	23	31

2. 地化综合解释流程及思路

使用地化录井技术判断油气水层时,首先要判别原油是否严重遭受生物降解,生物降解油要进入生物降解油评价解释流程进行地化单项评价解释,非生物降解油要按非生物降解油流程进行地化单项综合解释。两种流程大体相当。

非生物降解油具体评价解释流程如下:

(1)首先根据资料确定好样品类别和区块位置。

(2)根据地化原始数据进行参数求取。

(3)将热解、色谱数据在前面提到的三个油质判断图版中进行投点,看投点落在图版中哪个区域进而判断出原油性质。

(4)确定好样品类别、区块位置、原油性质后,再将热解数据对 P_g 与 S_1、P_g 与 OPI、S_2 与 TPI 进行投点,看投点落在图版中哪个区域进而判断出每个图版的解释结论。

(5)对前面三个图版的解释结论按统计好的权重分配,进行地化单项各图版综合解释(权重总和最高的结论为综合解释结论),进而得出地化单项解释结论。

生物降解油具体评价解释流程如下:

(1)首先根据资料确定好样品类别。

(2)根据地化原始数据进行参数求取。

(3)确定好样品类别、区块位置后,再将热解数据对生物降解热解参数图版 P_g 与 S_1、P_g 与 OPI、S_2 与 TPI 进行投点,看投点落在图版中哪个区域进而判断出每个图版的解释结论。

(4)将色谱数据对应生物降解色谱标准,看其符合标准中的哪个解释结论中的标准进而判断出色谱标准法的解释结论。

(5)对前面三个图版的解释结论及色谱标准结论按统计好的权重分配,进行地化单项各图版、方法综合解释(权重总和最高的结论为综合解释结论),进而得出地化单项解释结论。

JZ-N-1D 井 1 384.00～1 387.00 m 浅灰色荧光细砂岩,测试结论油层。此层显示根据地化色谱谱图特征按照生物降解油评价标准,可以确定原油已遭受严重生物降解,因此要按照岩屑类生物降解油评价流程来进行评价解释。首先色谱谱图特征符合生物降解油色谱评价标准中的油层结论,因此地化色谱资料结论为油层(图 3-38)。地化热解分析数据:$S_0 = 0.018$ mg/g,$S_1 = 6.040$ mg/g,$S_2 = 4.094$ mg/g,计算衍生参数后在 P_g 与 S_1、P_g 与 OPI、S_2 与 TPI 三个图版中投点,投点在 P_g 与 OPI、S_2 与 TPI 图版上均落在油层区域,投点在 P_g 与 S_1 图版上落在含油水层区域(图 3-39)。因此按照岩屑类生物降解油地化单项各图版及标准权重分配方法计算,得出结论为油层,与测试结论相符。

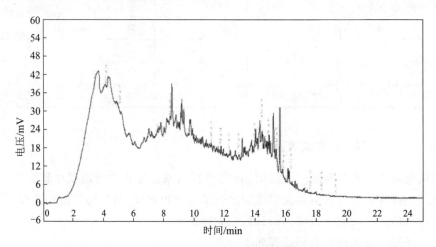

图 3-38 JZ-N-1D 井 1 385 m 色谱谱图

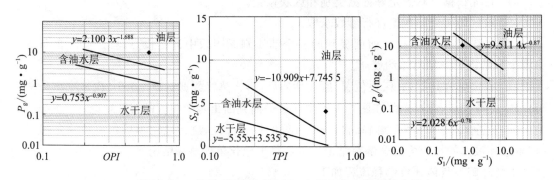

图 3-39 JZ-N-1D 井 1 384.00～1 387.00 m 数据投点图

以上为地化单项解释方法、图版及标准部分,我们的图版及标准是建立在大量数据统计分析基础之上的,具有一定的局限性,还需要在今后的实际应用中不断修改完善。

第四章
录井资料原油性质评价技术

在油气藏形成过程中,烃类的运移、散失及微生物改造等作用会使原油性质发生变化而形成不同性质的油气藏。实践表明,油质轻重对录井油气检测参数有很大的影响,并进一步影响到对油、气、水性质的判断。

目前获取原油性质最直接、最准确的方法是对层取样得到的地层流体样品进行检测,但并不是每一个油气层都能够及时获取地层流体样品。地化录井及三维定量荧光录井可对单井纵向剖面的含油气情况进行系统检测,对于评价其含油气性及预判油质具有较高的实用价值。判断不同油质储层的流体性质须应用不同的标准或者模板,同时通过测试井与未测试井分析得出的原油性质参数对比,揭示目的储层原油性质分布规律,为进一步确定油藏开发方案提供参考依据。

渤海油田为典型的断陷盆地,在主断裂的控制下形成了多种类型的构造圈闭,具有油藏类型多、油气分布范围广、原油性质多样的特点。油藏类型丰富、原油性质多样,同一单井钻探中会钻遇轻、中、重质等不同油质的油藏,给油质的准确判别带来了挑战。由于沉积的多旋回性与构造成因的多样性的叠置,渤海油田以复式油气藏类型为主体,钻探显示同一单井钻遇不同油质的概率较高,油质具有深部轻、浅层重的特点,其中渤海油田稠油探明地质储量占50%以上。为了在钻探过程中快速识别原油性质,通过对渤海油田地化录井及三维定量荧光录井资料进行系统分析,探索建立了几种原油性质判别模板,并进行了实例应用分析,从而为进一步了解该渤海地区油质分布规律及确定油藏开发方案提供了参考依据。

第一节 利用地化衍生参数图版判断地层原油油质类型

一般来说,原油性质与其组分含量有关,组分所含胶质和沥青质等重组分越高,则原油相对密度越大,油品质量也越差;反之,则相对密度越小,原油质量越好。原油性质不同,对应热解参数的相对含量也存在差异,通过峰面积与烃含量关系得出的 S_0 代表气态烃组分含量,S_1 代表轻质油组分含量,S_2 为重质油的含量,以此热解参数为基础衍生出评价原油性质的参数,其中原油轻重组分指数 PS、油产率指数 OPI 以及 $(S_0+S_1)/S_2$ 对油质较为敏感。不同性质的原油在气相色谱上也表现出不同的参数特征,轻质油主峰碳 n-C_{13}~n-C_{15},正构烷烃碳数在 n-C_1~n-C_{28} 之间,$\sum C_{21^-}/\sum C_{22^+}$ 比值较高,谱图呈前端高峰、坡度较陡的特征;中质油以饱和烃类为主,主峰碳 n-C_{18} ~ n-C_{20},正构烷烃碳数介于 n-C_{10} ~ n-C_{32} 之间,$\sum C_{21^-}/\sum C_{22^+}$ 比值小于轻质原油,谱图呈现中部高峰的特征;重质油以异构烃、环烷烃、胶质和沥青质为主,主峰碳 n-C_{23} ~ n-C_{25},正构烷烃碳数为 n-C_{11} ~ n-C_{33},$\sum C_{21^-}/\sum C_{22^+}$ 比值要小于中质原油,谱图呈现基线隆起、后端高峰的特征。

因此,充分利用热解参数和饱和烃气相色谱资料,研究$(S_0+S_1)/S_2$、PS、OPI、主峰碳数以及 $\sum C_{21^-}/\sum C_{22^+}$ 等参数随原油性质变化的不同响应特征,从而总结规律,建立图版,为该渤海区域储层评价、油源对比及后期制订油藏开发方案提供参考。

1. 主峰碳数与 $\sum C_{21^-}/\sum C_{22^+}$ 油质判断图版

选取色谱主峰碳数和衍生参数 $\sum C_{21^-}/\sum C_{22^+}$(图 4-1)形成二维图版。图版横坐标为 $\sum C_{21^-}/\sum C_{22^+}$,采用对数刻度,刻度范围在 0.05 ~ 50 之间;纵坐标为主峰碳数,采用线性刻度,刻度范围在 0 ~ 50 之间。统计大量散点分布规律,确定油质分界趋势线。重质油大致分布在 $\sum C_{21^-}/\sum C_{22^+}$ 参数介于 0.05 ~ 1.1 之间,主峰碳数大于 n-C_{27};中质油 $\sum C_{21^-}/\sum C_{22^+}$ 参数介于 0.2 ~ 2.2 之间,主峰碳数介于 n-C_{21} ~ n-C_{27} 之间;轻质油 $\sum C_{21^-}/\sum C_{22^+}$ 参数介于 1.1 ~ 50 之间,主峰碳数小于 n-C_{21}。

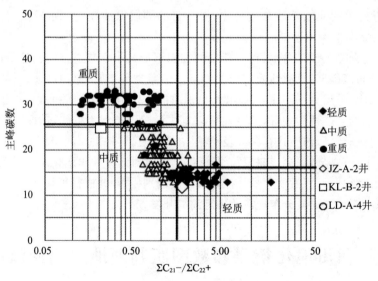

图 4-1 主峰碳数与 $\sum C_{21^-}/\sum C_{22^+}$ 图版

2. $(S_0+S_1)/S_2$ 与 $\sum C_{21^-}/\sum C_{22^+}$ 油质判断图版

选取热解衍生参数 $(S_0+S_1)/S_2$ 和色谱衍生参数 $\sum C_{21^-}/\sum C_{22^+}$ 形成二维图版(图 4-2)。图版横坐标为 $\sum C_{21^-}/\sum C_{22^+}$,采用对数刻度,刻度范围为 0.05 ~ 50;纵坐标 $(S_0+S_1)/S_2$,采用对数刻度,刻度范围为 0.05 ~ 50。统计大量散点分布规律,确定分界趋势线。重质油 $\sum C_{21^-}/\sum C_{22^+}$ 参数为 0.05 ~ 1.1 之间,$(S_0+S_1)/S_2$ 参数介于 0.05 ~ 1.2

范围内；轻质油 $\sum C_{21^-} / \sum C_{22^+}$ 参数介于 $1.1 \sim 50$ 之间，$(S_0 + S_1)/S_2$ 参数大于 1.8；中质油 $\sum C_{21^-} / \sum C_{22^+}$ 参数介于 $0.2 \sim 2.2$ 之间，$(S_0 + S_1)/S_2$ 参数为 $1.0 \sim 2.0$ 范围内，图版两条趋势线之间区域。

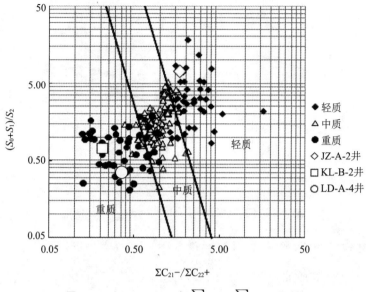

图 4-2 $(S_0 + S_1)/S_2$ 与 $\sum C_{21^-} / \sum C_{22^+}$ 图版

3. 主峰碳数与 $(S_0 + S_1)/S_2$ 油质判断图版

选取参数色谱主峰碳数和热解衍生参数 $(S_0 + S_1)/S_2$ 形成二维图版（图 4-3）。图版横坐标为 $(S_0 + S_1)/S_2$，采用对数刻度，刻度范围在 $0.05 \sim 50$ 之间；纵坐标主峰碳数采用线性刻度，范围在 $0 \sim 50$ 之间。统计大量散点分布规律，确定分界趋势线。重质油 $(S_0 + S_1)/S_2$ 参数介于 $0.05 \sim 1.2$ 之间，主峰碳数大于 n-C_{27}；轻质油 $(S_0 + S_1)/S_2$ 参数大于 1.8，主峰碳数小于 n-C_{21}；中质油 $(S_0 + S_1)/S_2$ 参数介于 $1.0 \sim 2.0$ 之间，主峰碳位于 n-$C_{21} \sim$ n-C_{27} 范围内，图版两条趋势线之间区域。

围绕主峰碳数、$\sum C_{21^-} / \sum C_{22^+}$ 和 $(S_0 + S_1)/S_2$ 三个衍生参数，综合建立了以上油质判断方法。具体归纳为三种油质判断图版：

（1）主峰碳数与 $\sum C_{21^-} / \sum C_{22^+}$ 关系图版；

（2）$(S_0 + S_1)/S_2$ 与 $\sum C_{21^-} / \sum C_{22^+}$ 关系图版；

（3）主峰碳数与 $(S_0 + S_1)/S_2$ 关系图版。

以上三个图版既可单独使用，直接用以判断油质类型，又可相互间验证，互为补充。在三个油质判断图版中如果三个图版结论相同，则无异议；如果有两个图版结论相同，则以两个相同结论为准；如果三个图版未得出相同结论，经过大量实验数据分析认为选取 $\sum C_{21^-} / \sum C_{22^+}$ 与主峰碳数油质判断图版得出结论更为准确。

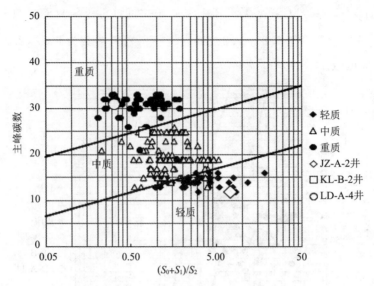

图 4-3 主峰碳数与 $(S_0+S_1)/S_2$ 油质判断图版

4. PS 指数与主峰碳数油质判断标准

油产率指数 OPI 和原油轻重组分指数 PS 随着原油密度的增加逐渐递减,但不同性质的原油随 OPI 的减小其密度增加的幅度不同,其中轻质油和中质油增加幅度较大,重质油增加幅度较小。参数的计算公式如下:

$$OPI = S_1/(S_2 + S_0 + S_1)$$
$$PS = S_1/S_2$$
$$P_g = S_0 + S_1 + S_2$$

其中,OPI 为油产率指数;PS 为原油轻重组分指数;P_g 为产烃潜量,mg/g。

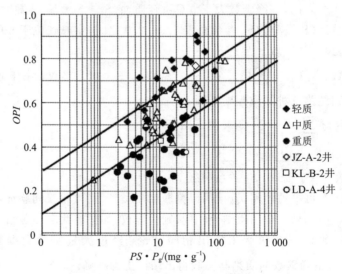

图 4-4 OPI 与 $PS \cdot P_g$ 油质判断图版

5. PS 指数与主峰碳数油质判断标准

为满足现场快速判断原油油质类型的需求,通过大量数据的统计分析建立了由 PS、主峰碳数判别原油油质类型的标准(表 4-1)

表 4-1　PS 指数和主峰碳数判断油质类型标准

原油性质	原油轻重组分指数 PS	主峰碳数
轻质油	≥3.0	<n-C$_{15}$
中质油	1.0~3.0	n-C$_{15}$~n-C$_{25}$
重质油	≤1.0	>n-C$_{25}$

通过渤海油田应用表明,上述油质类型的判断方法充分利用了岩石热解、热解气相色谱数据,可以及时、准确地判断油质类型,进而提高油气层评价精度。利用地化衍生参数图版判断油质类型的方法在不同凹陷、不同油源条件下仍有很高的判断符合率。该方法不受区域位置、凹陷、油源等差异条件的影响,在新区探井、预探井的勘探作业中仍然能够及时、准确地判断所钻遇地层油气的油质类型。

6. 应用实例

实例 1:辽西凹陷 JZ-A-2 井在井深 2 055~2 070 m 录井见油气显示,计算地化录井参数得出 $(S_0+S_1)/S_2=7.19$, $\sum C_{21^-}/\sum C_{22^+}=1.69$,主峰碳数为 12,$OPI$ 值为 0.789,$PS \cdot P_g$ 值为 40.263;采用图版投点,四种图版上投点均落在轻质油区域。本层测试取得原油样品的密度为 0.757 7 g/cm^3,参照原油分类标准属于轻质油,测试油质结论与图版解释结论吻合。

实例 2:莱州湾凹陷 KL-B-2 井 2 569~2 586 m 录井见油气显示,计算地化录井参数得出 $(S_0+S_1)/S_2=0.72$, $\sum C_{21^-}/\sum C_{22^+}=0.21$,主峰碳数为 25,$OPI$ 值为 0.428,$PS \cdot P_g$ 值为 10.25;采用图版投点,四种图版上投点分别落在中质—重质区域交界处,综合四种图版结论为中质油。该层测试取得原油样品的密度为 0.888 9 g/cm^3,参照原油分类标准属于中质油,图版解释结论与测试油质结论吻合。

实例 3:黄河口凹陷 LD-A-4 井井深 1 564~1 574 m 录井见油气显示,计算地化录井参数得出 $(S_0+S_1)/S_2=0.38$, $\sum C_{21^-}/\sum C_{22^+}=0.42$,主峰碳数为 31,$OPI$ 值为 0.346,$PS \cdot P_g$ 值为 31;采用图版投点,四种图版上投点均落在重质油区域。该层测试取得原油样品的密度为 0.951 0 g/cm^3,参照原油分类标准油质类型为重质油,测试油质类型与图版解释结论吻合。

第二节　利用三维定量荧光测量参数判断地层原油油质类型

三维定量荧光录井技术是利用石油中所含的芳香烃等成分在紫外光照射下能够被激发并发射荧光的特性,通过检测样品荧光光谱和激发、发射波长,定量计算样品的相当油含量、判断原油性质的光学分析方法。三维定量荧光录井技术采用多点激发、多点接收的方式,可任选 200~800 nm 范围内(渤海油田使用 250~500 nm 范围)的激发光,激发步长为 10 nm,并可接受 200~800 nm 范围内(渤海油田使用 250~500 nm 范围)的发射光,由此采集"激发波长—发射光波长—荧光强度"的三维定量荧光谱图数据。

空间坐标 x、y、z 轴分别采用发射波长(E_m)、激发波长(E_x)、荧光强度(INT),便可使用三维定量荧光谱图数据绘制出直观的三维立体投影图(三维谱图)。以平面坐标的横轴表示发射波长,纵轴表示激发波长,平面上的点表示两个波长所对应的荧光强度,并将荧光强度相等的各点连接起来,便在 E_x-E_m 构成的平面上显示由等强度线组成的等值谱图。等值谱图上各等强度线构成了一个个密集椭圆,由于这些密集椭圆可比较全面反映三维荧光谱在 xy 平面上的分布特征,所以等值谱图可看作三维谱图的近似表达。

原油是烃类(饱和烃和芳香烃)、非烃类和沥青质的混合物,在三维荧光谱图中轻质油是通过发现低相对分子质量芳香烃的特征得出,中质油是通过发现非烃和芳香烃的共同特征得出,重质油是通过发现沥青质和非烃的共同特征得出,原油浓度由大到小,荧光强度值会逐渐变小,峰位会向原点方向偏移,当原油浓度小于恒定点浓度时,峰位恒定,并且油质越轻,峰位恒定越早。由于不同油质的三维定量荧光谱图主峰位置差异明显,所以根据主峰位置将油质划分为凝析油、轻质油、中质油和重质油四种类型。

一般储层原油密度升高,原油中高碳数多环芳香烃(4 环以上)及胶质等重质成分含量增高,原油流动性变差,黏度升高,在荧光谱图上表现为重质峰荧光强度增高,油性指数升高,三维荧光谱主峰激发波长和发射波长同步增大(图 4-5),也就是说三维荧光的最佳激发波长(E_x)和最佳发射波长(E_m)与原油性质有关,最佳激发波长和最佳发射波长越大,原油中重质成分含量越高,油质越重,反之则油质越轻。

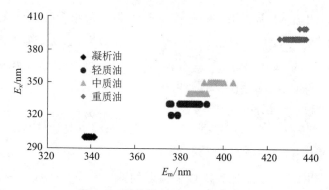

图 4-5　最佳波长 E_x-E_m 交会图版

基于以上原理,渤海油田依据三维定量荧光录井参数建立了原油性质判别图版,主要包括最佳波长 E_x-E_m 交会图法图版、原油密度-最佳波长比交会图法图版和对角夹角法图版。

1. 最佳波长 E_x-E_m 交会图版与原油密度-最佳波长比交会图版

在最佳波长 E_x-E_m 交会图版中,轻质油和中质油部分发射波长重叠,给判别原油性质带来一定的不确定性(图 4-5),为此引入了一个新的解释参数最佳波长比(E_m/E_x),通过大量已钻井获得的原油分析数据,发现最佳波长比与原油密度存在很好的相关性,利用最佳波长比与原油密度交会图能清楚地区分轻质油与中质油,但中质油与凝析油的最佳波长比存在重叠(图4-6)。因此,在实际应用过程中,可以综合运用以上两个图版进行油质判别,提高准确性。

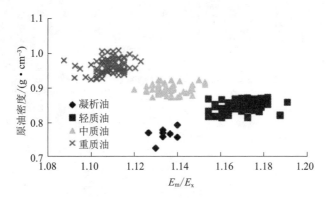

图4-6　原油密度–最佳波长比交会图版

通过对三维定量荧光参数进行分析,根据海洋原油性质划分标准建立了渤海油田三维定量荧光原油性质划分标准(表4-2)。

表4-2　渤海油田三维定量荧光原油性质判断标准

原油性质	原油密度 /(g·cm^{-3})	最佳激发波长 E_x /nm	最佳发射波长 E_m /nm	最佳波长比 E_m/E_x
凝析油	$0.75{\leqslant}\rho{<}0.80$	300	<340	1.127～1.140
轻质油	$0.80{\leqslant}\rho{<}0.87$	320～330	340～385	1.155～1.191
中质油	$0.87{\leqslant}\rho{<}0.92$	340～350	385～405	1.120～1.153
重质油	$0.92{\leqslant}\rho{<}1.00$	390～400	$\geqslant405$	1.088～1.123

将渤海油田几口测试探井的储层三维定量荧光录井数据投点到最佳波长 E_x-E_m 交会图版、原油密度-最佳波长比交会图版(图4-7、图4-8)中。从图4-7可以看出,利用最佳波长 E_x-E_m 交会图版法可以快速判别原油轻重,但对于轻质油与中质油的区分度不高,这是因为中质油三维荧光谱图可能出现两个荧光峰(分别称之为主峰和次峰),忽略次峰的分布及其荧光强度而只考虑主峰的激发波长及发射波长来判别原油油质会出现较大误差。此时,利用最佳波长比值法来判别原油性质很好地解决了此问题(图4-8)。

2. 对角夹角法图版

在三维定量荧光等值线谱图中,拉曼峰处于谱图对角线位置,在对不同油质与对角线距离的研究中发现,相同油质与对角线的夹角度数接近,且油质越重越接近对角线。重质油偏离对角线5°～9°,中质油偏离对角线9°～13°,轻质油偏离对角线13°～17°,凝析油偏离对角线10°～17°(处于轻质油和中质油共同区域),基于该规律总结出对角线夹角法图版(图4-9),相应解释标准见表4-3。

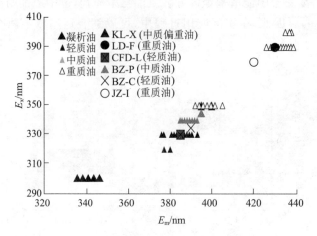

图 4-7　最佳波长 E_x-E_m 交会图版投点

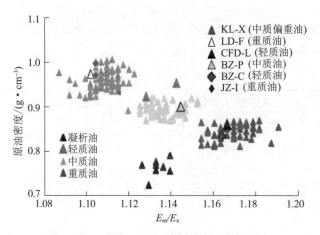

图 4-8　原油密度-最佳波长比交会图版投点

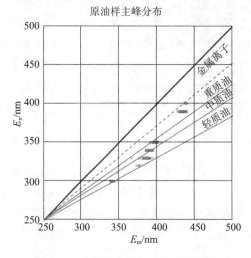

图 4-9　对角线夹角法油质判别图版

表 4-3　渤海油田对角线夹角法原油性质判断标准

原油性质	原油密度/(g·cm⁻³)	与对角线夹角/(°)
凝析油	$0.75 \leqslant \rho < 0.80$	10～17
轻质油	$0.80 \leqslant \rho < 0.87$	13～17
中质油	$0.87 \leqslant \rho < 0.92$	9～13
重质油	$0.92 \leqslant \rho < 1.00$	5～9

　　LD-Y-1 井 3 300.00～3 305.00 m 井段,地层层位沙河街组,岩性为荧光灰质细砂岩,录井综合解释为油层,三维定量荧光录井测量谱图如图 4-10(a)所示,运用对角夹角法图版进行投点计算,对角线夹角 13.39°,如图 4-10(b)所示,根据此方法判别本层油层油质为轻质油。本井段通过地层测试,原油密度为 0.851 9 g/cm³,油质属于轻质油,与对角线夹角法油质判别结果吻合。

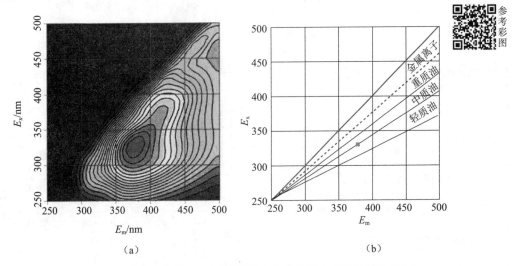

　　（a）　　　　　　　　　　　　　　　　　　（b）

图 4-10　LD-Y-1 井 3 305.00 m 三维谱图(a)与对角线夹角法图版投点(b)

第三节　基于地化参数的原油密度定量化预测技术

1. 热蒸发烃气相色谱谱图形态判断原油密度

　　原油性质分析是含油丰度评价的基础,对划分油水系统、分析储层产能具有重要作用。石油是由烷烃、环烷烃和芳香烃及不等量的胶质和沥青质组成的。组成石油烃类的碳数不同、胶质及沥青质含量不同,原油油质也不相同。天然气和石油均是不同碳数烃类的混合物,所谓干气、湿气、凝析油、轻质油、中质油、重质油之分,主要是所含不同碳数烃类的比例不同,含碳数少的烃类多为轻质油,含碳数多的烃类多为重质油。因此,根据谱图形态基本可准确识别储层原油性质(图 4-11)。

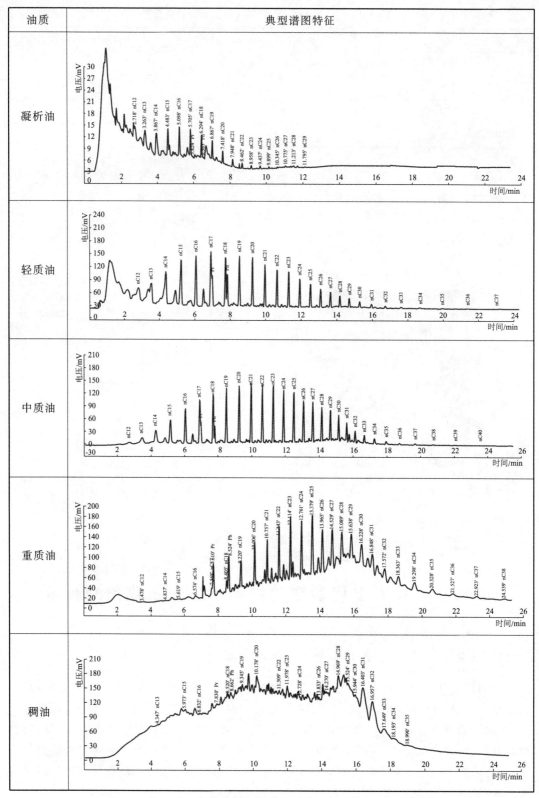

图 4-11　热蒸发烃分析谱图形态与原油性质关系

（1）天然气：干气藏是含甲烷为主的气态烃，甲烷含量一般在90％以上，有少量的C_2以上的组分。湿气藏含有一定量的$C_2 \sim C_5$组分，甲烷含量偏低。由于热蒸发烃气相色谱分析主要针对液态油显示，对天然气识别效果不明显。

（2）凝析油：它是轻质油藏和凝析气藏中产出的油，正构烷烃碳数范围分布窄，主要分布在n-$C_1 \sim$n-C_{20}，主碳峰n-$C_8 \sim$n-C_{10}，$\sum C_{21^-} / \sum C_{22^+}$值极大，色谱峰表现为前端高峰型，峰坡度极陡。由于分析条件限制，色谱前部基线隆起，可见一个凝析油气混合峰。

（3）轻质原油：轻质烃类丰富，正构烷烃碳数主要分布在n-$C_1 \sim$n-C_{28}，主碳峰n-$C_{13} \sim$n-C_{15}，$\sum C_{21^-} / \sum C_{22^+}$值大，前端高峰型，峰坡度极陡。同样受分析条件限制，色谱前部基线隆起，可见一个轻质油气混合峰。

（4）中质原油：正构烷烃含量丰富，碳数主要分布在n-$C_{10} \sim$n-C_{32}，主碳峰n-$C_{18} \sim$n-C_{20}，$\sum C_{21^-} / \sum C_{22^+}$值比轻质原油小，色谱峰表现为中部高峰型，峰形饱满。

（5）重质原油：重质原油异构烷烃和环烷烃含量丰富，胶质、沥青质含量较高，链烷烃含量特别少。重质原油组分峰谱图主要特征是正构烷烃碳数分布在n-$C_{15} \sim$n-C_{40}，主碳峰n-$C_{23} \sim$n-C_{25}，主峰碳数高，$\sum C_{21^-} / \sum C_{22^+}$值小，谱图基线后部隆起，色谱峰表现为后端高峰型。

（6）稠油或特稠油：这类油主要分布在埋深较浅的储层中，储层原油遭受氧化或生物降解等改造作用产生歧化反应，这些作用的结果改变了烃类化合物的组成，基本检测不到烷烃（蜡）组分，只剩下胶质、沥青质及非烃等杂原子化合物，整体基线隆起。

2. 岩石热解参数多元线性回归定量化预测原油密度

原油密度是原油性质的主要参数之一，为了能更好地对原油密度进行定量化评价，以岩石热解分析参数为重点，使用基于最小二乘法的多元线性回归方法对原油密度进行预测，与现有一元线性回归的方法相比，对地层原始原油密度d_{en}的数据恢复更科学准确，如辽东凹陷对比效果见表4-4。

表4-4　辽东凹陷一元线性回归与多元线性回归拟合效果对比

区　域	回归模型	校正公式	R^2
辽东湾 （JZ）	一元线性回归	$d_{en} = 0.111\,5 \times PS + 0.748\,8$	0.615 3
	二元线性回归	$d_{en} = 0.002\,9 \times P_g + 0.098\,8 \times PS + 0.742\,0$	0.687 7
	多元线性回归	$d_{en} = 0.204\,0 \times S_1 + 0.227\,6 \times S_2 - 0.208\,0 \times P_g + 0.105\,8 \times PS + 0.726\,7$	0.882 6

影响地化数据的因素有很多，其中钻井液污染对数据的影响尤其突出，在数据处理应用过程中，应尽量选取无污染数据，消除被污染部分对数据真实性的影响。以地化录井数据为研究对象，以壁心分析值作为目标值，用实验和数学统计分析方法对影响因素进行分析，建立区域性井壁取心-岩屑的烃损失校正模型以还原地层原始含烃量，从而提高地化录井数据的可信度。

根据岩样的热解参数与实际测量的原油密度的散点关系，建立岩样的热解参数与原油密度函数关系式，将岩样的热解参数值恢复到实际原油密度的参数值。在建立上述函数关系式时采用数据挖掘中的回归分析方法，发现岩样的热解参数与实际测量的原油密度一般呈线性关系，通过使用基于最小二乘法的多元线性回归分析方法，建立岩样的热解参数与原油密度的关系式,实现原油密度预测。

　　岩样中的油气组分在程序升温的条件下,按不同温度范围分别检测,获得的参数可以间接地反映出原油轻、中、重质组分的变化。同时配合使用基于最小二乘法的多元线性回归,来研究原油密度与岩石热解参数之间的关系。这些参数可以是直接参数(S_0、S_1 及 S_2)的不同组合,行业应用较多的是总产率指数 TPI、油产率指数 OPI、残余烃指数 HPI 以及原油轻重组分指数 PS,根据岩样的热解参数与实际测量的原油密度的散点关系,建立岩样的热解参数与原油密度函数关系式,将岩样的热解参数值恢复到实际原油密度的参数值。

　　在建立上述步骤中的函数关系式时采用数据挖掘中的回归分析方法,发现岩样或油样的热解参数与实际测量的原油密度一般呈线性关系,通过使用基于最小二乘法的多元线性回归分析方法,建立岩样或油样的热解参数与原油密度的关系式,实现原油密度预测。采用基于回归分析的地化录井原油密度预测方法进行岩样或油样的热解参数到原油密度预测时,若因变量与自变量散点图呈线性关系,则使用多元线性回归分析,多元线性回归表达式为:

$$d_{en} = a \times S_1 + b \times S_2 + c \times P_g + d \times PS + e$$

式中　　d_{en}——预测原油密度,g/cm^3;

　　　　S_1——岩样或油样的可溶烃含量,mg/g;

　　　　S_2——岩样或油样的热解烃含量,mg/g;

　　　　P_g——岩样或油样的产油潜量,mg/g;

　　　　a、b、c、d、e——利用样本集求解的未知系数。

　　通过开展理论研究、基础实验和数据分析,建立了以地化录井数据为基础,以最小二乘法作为核心函数建立原油密度预测多元线性回归模型,建立多个不同构造的储层原油密度预测模型,还建立了随钻储层原油密度定量化预测方法及标准化流程(图 4-12、图 4-13)。

　　通过理论研究、基础实验,确定多个不同的热解参数与原油密度的关系,建立原油密度定量评价方法。按照此方法对研究区不同地区进行了原油密度的多元线性回归分析,包括辽东湾地区、黄河口凹陷、石臼坨凸起、庙西凸起及莱州湾凹陷等,回归公式见表 4-5,从表中可以看出,使用多元线性回归效果较好,只有石臼坨凸起和莱州湾凹陷相关系数偏低。

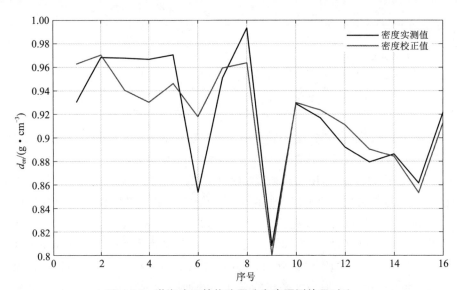

图 4-12　渤海油田某构造原油密度预测效果对比

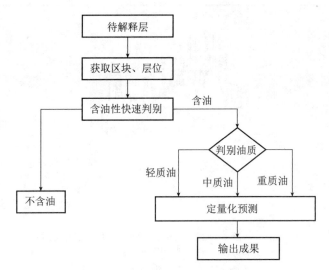

图 4-13　渤海油田储层原油密度随钻定量化预测流程

表 4-5　渤海油田不同地区原油密度多元线性回归分析统计

区　域	计算公式	R^2
辽东湾(JZ)	$d_{en}=0.204\,0S_1+0.227\,6S_2-0.208\,0P_g+0.105\,8PS+0.726\,7$	0.882 6
辽东湾(LD)	$d_{en}=0.050\,0S_1+0.049\,0S_2-0.048\,9P_g-0.060\,8PS+0.987\,9$	0.702 7
黄河口凹陷(BZ)	$d_{en}=0.000\,7S_1-0.004\,7S_2-0.000\,2P_g-0.038\,5PS+0.988\,0$	0.759 5
(曹妃甸 & 渤中)CFD&BZ	$d_{en}=0.461\,9OPI-0.886\,5TPI+0.035\,0PS+1.078\,7$	0.857 3
石臼坨凸起(QHD)	$d_{en}=-0.018\,2S_1-0.034\,1S_2+0.024\,1P_g-0.015\,1PS+0.875\,3$	0.646 0
庙西凸起(PL)	$d_{en}=-1.367\,7S_1-1.390\,9S_2+1.383\,7P_g-0.151\,4PS+0.997\,4$	0.791 8
莱州湾凹陷(KL)	$d_{en}=0.533\,7OPI-0.820\,5TPI+0.017\,7PS+1.022\,0$	0.631 0

　　在实际应用过程中,影响地化数据的因素有很多,其中钻井液污染对数据的影响尤其重要,在数据处理应用过程中,应尽量选取无污染数据,否则需要尽量剔除被污染部分对数据真实性的影响。以地化录井数据为研究对象,以壁心分析值作为目标值,用实验和数学统计分析方法对影响因素进行分析,建立区域性井壁取心-岩屑的烃损失校正模型以还原地层原始含烃量,从而提高地化录井数据的可信度。

　　在渤海湾不同构造不同油质的随钻评价中,用该方法预测原油密度误差均小于 0.01 g/cm³,实现了随钻储层原油密度的精准预测,提高了对储层原油性质的综合认识,为测试及开发措施、方案的确定提供了强有力的依据。该方法在多个构造应用效果如下:

　　(1) LD-P-2d 井,位于辽东湾旅大 27-1 构造,明化镇组 1 171.50～1 200.00 m、1 260.00～1 276.00 m 井段从热蒸发烃气相色谱谱图形态看为稠油特征(图 4-14、图 4-15),利用热解参数多元线性回归方法预测原油密度为 0.962 6 g/cm³、0.964 8 g/cm³,见表 4-6。本段实测密度为 0.971 5 g/cm³,预测密度与实测密度误差为 0.006 7～0.009 2 g/cm³。

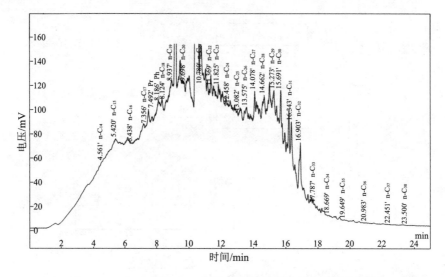

图 4-14 LD-P-2d 井 1 180.00 m 岩屑热蒸发烃气相色谱谱图

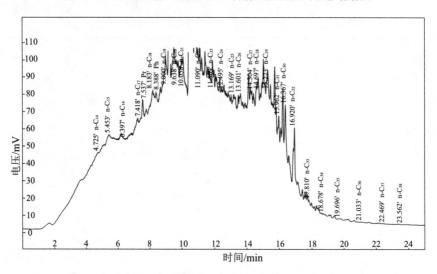

图 4-15 LD-P-2d 井 1 260.00 m 岩屑热蒸发烃气相色谱谱图

表 4-6 LD-P-2d 明化镇组原油密度预测

井深 /m	层 位	校正 S_1 /(mg·g⁻¹)	校正 S_2 /(mg·g⁻¹)	校正 P_g /(mg·g⁻¹)	预测密度 /(g·cm⁻³)	平均预测密度 /(g·cm⁻³)	实测密度 /(g·cm⁻³)
1 175	明化镇组	15.203 4	19.269 5	34.473 3	0.958 6		
1 180	明化镇组	16.430 3	23.228 3	39.682 1	0.964 1		
1 185	明化镇组	16.557 2	24.425 5	41.004 3	0.966 3	0.962 6	
1 190	明化镇组	16.775 9	26.239 4	43.138 1	0.964 1		
1 195	明化镇组	16.751 2	25.751 5	42.695 3	0.959 9		0.971 5
1 265	明化镇组	16.883 3	26.508 4	43.622 3	0.959 1		
1 268	明化镇组	16.677 1	25.280 1	42.033 8	0.964 9	0.964 8	
1 275	明化镇组	16.841 1	26.844 3	43.698 6	0.970 3		

(2) LD-X-1d 井，其主要油层分布于古近系东三段及沙河街组，随钻过程中通过其原油密度预测模型 $d_{en}=0.022\ 0S_1+0.019\ 5S_2-0.019\ 6P_g-0.077\ 4PS+0.971\ 3$ 进行原油密度预测。东三段原油密度预测结果为 0.858 g/cm³，实测为 0.849 g/cm³，差值 0.009 g/cm³；沙河街预测结果为 0.828 g/cm³，实测为 0.821 g/cm³，差值 0.007 g/cm³，原油密度预测准确。

(3) BZ-N-4 井，主要含油气层位为太古界，流体主要为凝析油气，随钻过程中通过其原油密度预测模型 $d_{en}=-1.367\ 7S_1-1.390\ 9S_2+1.383\ 7P_g-0.151\ 4PS+0.977\ 4$进行预测，太古界预测结果为 0.780 g/cm³，实测为 0.764 g/cm³，差值 0.016 g/cm³，考虑到太古界轻质油气随钻过程中逸散性及潜山储层随钻过程中岩屑容易受到污染，预测数据精度已达到随钻预测的要求，其具有的成本低、速度快的特点对于潜山勘探具有非常重大的意义。

第五章
指纹谱图分析储层流体性质技术

第一节　渤海油田录井指纹谱图库

随着地化录井技术和三维定量荧光技术的广泛应用,渤海油田积累了丰富的录井谱图资源,主要包括岩石热解分析谱图、热蒸发烃气相色谱分析谱图、轻烃气相色谱分析谱图、三维定量荧光三维谱图和等值线谱图。唯一、方便、易比对是指纹的重要特性,而建立渤海油田录井指纹谱图库的主要目的是应用谱图对比技术进行井场油气水快速评价,因而录井指纹谱图应容易获取,在真假油气显示识别、油质判别、油气水层判断等方面具有辨识度高、容易识别、表现稳定的特点。

岩石热解分析、热蒸发烃气相色谱分析、轻烃气相色谱分析和三维定量荧光在识别真假油气显示、油质判别、油气水层判断时各有优势,通过对谱图特点进行综合比较,选择热蒸发烃气相色谱分析谱图和三维定量荧光等值线谱图作为渤海油田录井指纹谱图,理由如下:

(1)热蒸发烃气相色谱分析和三维定量荧光录井的钻井液添加剂谱图有固定形态,与储层(真)谱图差异明显,且钻井液添加剂谱图种类有限,易于收集,在建立钻井液添加剂谱图库后,首选热蒸发烃气相色谱分析谱图和三维定量荧光谱图识别真假油气。

(2)油质不同,热蒸发烃气相色谱分析和三维定量荧光录井的谱图形态差异较大,判别油质可靠,在油质判别方面应优先使用这两种谱图。

(3)岩石热解分析资料和轻烃气相色谱分析资料以图版参数法应用为主,并且岩石热解分析资料更多应用于储层含油性快速评价,轻烃气相色谱分析受生物降解影响较大。热蒸发烃气相色谱分析谱图在油气水层判断时特征较明显,并且能很好地区分生物降解程度,当岩石热解分析谱图、热蒸发烃气相色谱分析谱图、轻烃气相色谱分析谱图三者同时存在时,应优先使用热蒸发烃气相色谱分析谱图,再辅以岩石热解分析参数和轻烃气相色谱分析参数。三维定量荧光谱图在微弱油气显示发现上有独特优势,其典型油层、含油水层、水层谱图特征明显,在油气水层判断上可作为次选对象。

谱图对比需要丰富的标准谱图资源作为支撑,而渤海油田录井指纹谱图库的建立有别于常规实验分析样本库,采用井场岩样谱图资料建立比对库,有较多的岩屑样品,需要花费大量时间进行标定和筛选。渤海油田录井指纹谱图库中谱图主要来源于辽西凹陷南部断裂带、辽西凸起北倾末端、辽中凹陷西斜坡带等 20 个二级构造带,标定、筛选的主要思路如下:

(1) 以完井解释资料为基础,收集和整理不同流体类型的热蒸发烃气相色谱分析谱图和三维定量荧光谱图,同时参考测井解释、录井解释、测试取样等以下资料,按照可信度高低分级标定谱图。

① 标准油样(一级);

② 测井结论与完井结论一致,经测试证实的岩心、井壁取心和岩屑样(二级);

③ 测井结论与完井结论一致,经取样证实的岩心、井壁取心和岩屑样(三级);

④ 测井结论与完井结论一致,与一级、二级、三级样品规律一致的岩心、井壁取心和岩屑样(四级)。

(2) 将同一解释层不同样品类型谱图按岩心、井壁取心、岩屑的顺序进行筛选,优先保留可信度更高的岩心、井壁取心谱图。

(3) 对同一层段谱图进行筛选,优先保留有测试、取样资料的谱图,删除同一层位峰位置、峰个数相同的谱图。

除建立原油样、岩心、井壁取心和岩屑样标准谱图库外,收集整理钻井液添加剂谱图,建立钻井液添加剂谱图库。

目前,渤海油田录井指纹谱图库中包含热蒸发烃气相色谱分析岩样谱图 1 881 个(其中油层谱图 887 个、含油水层谱图 817 个、水层谱图 177 个)、钻井液添加剂谱图 34 个,部分谱图示例如图 5-1、图 5-2 所示。

目前渤海油田三维定量荧光谱图库中包含标准原油样谱图 258 个、岩样谱图 292 个(其中油层 136 个、含油水层 102 个、水层 54 个)、钻井液添加剂谱图 41 个,部分谱图示例如图 5-3、图 5-4、图 5-5 所示。

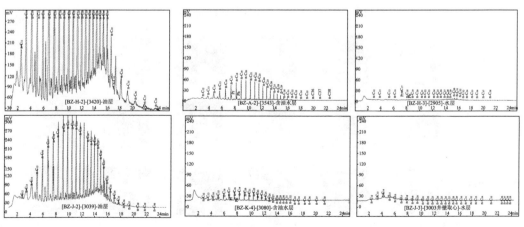

图 5-1 渤海油田热蒸发烃气相色谱分析岩样谱图

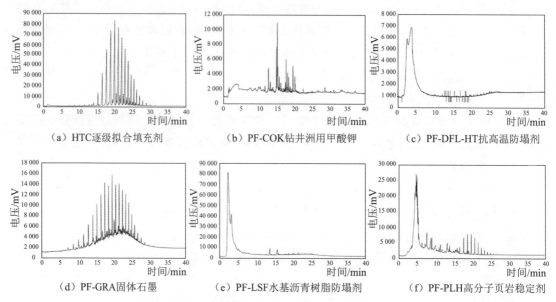

（a）HTC逐级拟合填充剂　　　（b）PF-COK钻井洲用甲酸钾　　　（c）PF-DFL-HT抗高温防塌剂

（d）PF-GRA固体石墨　　　（e）PF-LSF水基沥青树脂防塌剂　　　（f）PF-PLH高分子页岩稳定剂

图 5-2　常见热蒸发烃气相色谱分析钻井液添加剂谱图

参考彩图

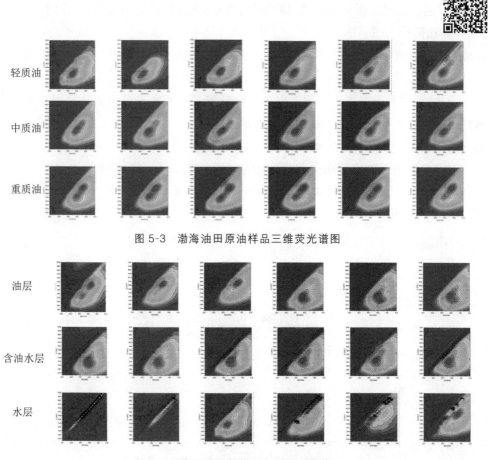

图 5-3　渤海油田原油样品三维荧光谱图

图 5-4　渤海油田岩样三维定量荧光谱图

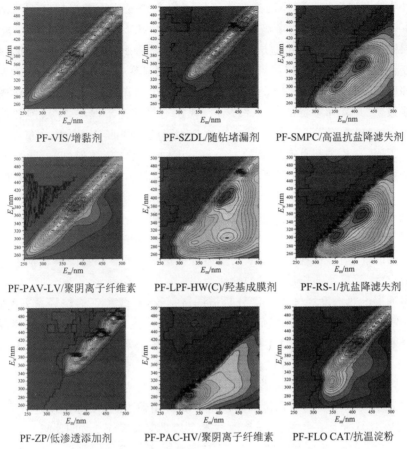

图 5-5　常见钻井液添加剂三维定量荧光谱图

第二节　录井指纹谱图分类及特征

一、热蒸发烃气相色谱分析谱图分类及特征

渤海油田新近系地层包括新近系明化镇组、馆陶组。由于埋深较浅油藏多为稠油。稠油按成因可分为次生稠油和原生稠油,次生稠油占稠油储量的绝大多数。原油在运移成藏过程中经历生物降解、水洗氧化、重力分异、硫化作用、蒸发分馏等复杂改造,这些对原油物性均有影响。对渤海油田而言,新生代地层成藏期普遍较晚,起决定性影响的是生物降解作用。前人研究普遍认为强烈的断裂活动与微生物降解是渤海油田新近系稠油油藏形成的主要原因,油藏内部靠近油源通道和油藏高部位的原油黏度、密度较小,因为靠近油源通道可能会有晚期持续充注,而近油水界面由于生物降解加强,原油会偏重。生物降解程度则是成藏背景、断层活动和空间位置多重影响因素叠加的结果。

据世界各地生物降解原油的地温资料统计,温度在 20～60 ℃（个别在 75 ℃）正烷烃烷和芳香烃的生物降解很强烈,而在 61～77 ℃ 范围内正烷烷烃一般蚀变轻微,在个别盆地中,80 ℃似乎是发现生物降解作用痕迹的上限。郭永华等认为渤海地区稠油油藏分布下限约为 2 000 m,通常渤海原油降解发生在温度低于 80 ℃(对应深度约为 2 300～2 500 m)地层。地层温度高于 80 ℃以上地层则未发现明显生物降解,为中—轻质原油。统计表明,随着深度变化,生物降解程度减弱,谱图形态也发生明显变化。

渤海油田原油普遍遭受了不同程度的生物降解,生物降解油层气相色谱谱图基线强烈上漂,"基线鼓包"是其标志特征。"基线鼓包"现象不仅存在于浅层,深层饱和烃气相色谱同样大量存在基线"抬高"现象,但与浅层发生生物降解的稠油丰度低且分布不完整的正构烷分布明显不同,这些谱图具有完整的 C_{10}～C_{30} 正构烷烃分布系列,这可能是晚期充注的油气未发生生物降解造成的。这说明,渤海油田部分深层古近系早期就有油气聚集,但早期原油经历了强烈的生物降解,正构烷烃被降解消耗殆尽。在原油遭受生物降解后,新的油气注入油藏,这部分油气未遭受生物降解,具有正常而完整的正构烷烃和异戊间二烯烷烃分布。因此,现今的原油是早期聚集并遭受强烈生物降解的原油与晚期注入的未遭受生物降解的原油的混合物,在气相色谱谱图上表现为正常原油叠加在降解稠油上。同时由于晚期原油的充注,深层原油仍以正常油性质为主。

从典型油层的热蒸发烃气相色谱分析谱图特征看,基线和正构烷烃系列特征在浅层、深层以及中深层存在明显差异,因而将谱图整体划分为生物降解、正常原油和混合成因三类。生物降解谱图"基线鼓包"且正构烷烃系列不完整,正常原油谱图基线较平直且正构烷烃系列完整,混合成因谱图"基线鼓包"且正构烷烃系列完整。

值得注意的是,渤海油田原油普遍存在多期混源的特点,同时遭受了复杂的次生变化,上述分类方式主要基于现场地化录井谱图特征和应用角度,在实际使用过程中,判断是否发生生物降解、多次充注还需要结合其他技术手段进一步验证。如 JZ-M-5 井 2 363 m 原油、BZ-E-1 井 2 282 m 原油等,基线平直且有完整的正构烷烃系列,但样品检测发现存在25-降藿烷,说明存在至少两期油气充注(图 5-6)。

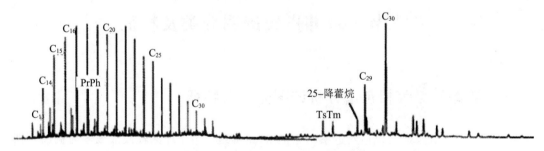

图 5-6　JZ-M-5 井 2 363 m 原油谱图

1. 生物降谱图分类及特征

油藏中原油遭受不同程度的生物降解作用,导致其化学组成和物理性质发生变化,因而所采用的解释或研究方法也相应地发生改变。因此,在对遭受生物降解作用的原油进行谱图数据应用前,首先应该判断该原油的生物降解程度,然后选择合适的方法进行录井解释。生物降解作用是一个准阶梯式的过程。饱和烃和芳香烃的生物标志化合物只有在正构烷烃、大部分简单的支链烷烃和一些烷基苯被消耗之后,才会发生生物降解。实验室分析表明生物标志化合物也会依不同的次序被消耗掉,规则甾烷和烷基化芳烃族化合物最容易遭受生物降解,然后依次是藿烷、芳香甾族烃类、重排甾烷和三环萜烷。在蚀变的高级阶段,可能会生成某些生物标志化合物,由于不同类型化合物抵御生物降解的能力有别,比较它们的相对含量可用于划分原油生物降解的程度。Peters 和 Moldowan 根据生物标志化合物降解特征创立了一个根据不同类型烃类的相对丰度来评价生物降解程度的标尺,该标尺将典型成熟原油的生物降解划分为 1~10 级(图 5-7)。

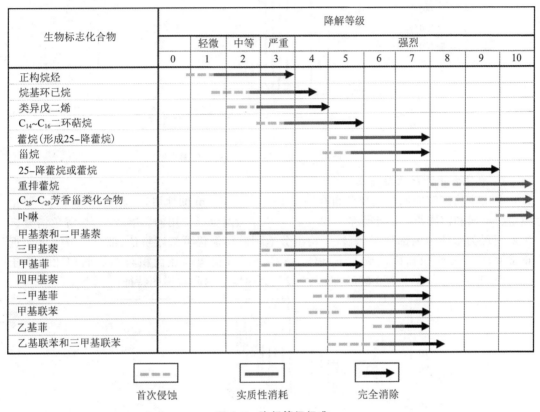

图 5-7 降解等级标准

结合前人研究成果并对各区块热蒸发烃气相色谱分析谱图资料进行统计分析后可以确定,渤海油田稠油均遭受了不同程度的生物降解,其中绝大部分稠油生物降解十分强烈,在辽东湾、渤中、渤东、庙西等地区广泛分布,主要集中于新近系明化镇组、馆陶组以及古近系东营组等不同层位,包含轻微降解、中度降解、严重降解等不同降解等级。通过色谱-质谱等油气地化实验分析检查 25-降藿烷、甾烷等生物标志化合物可对生物降解等级准确定级,但目前地化录井相关手段检测成分有限,无法对强烈降解 4~10 级精确定级。从热蒸发烃气相色谱分析谱图资料现场应用出发,将含油层生物降解类型谱图按流体类型划分为油层、含油水层两种类型,根据正构烷烃、烷基环己烷、类异戊二烯等成分损耗程度又将油层生物降解类型谱图细分为轻微、中度及严重三种子类型。

1)轻微生物降解油层谱图

轻微生物降解类原油主要分布在埋深 1 600~2 000 m 的地层,新近系明下段、馆陶组和古近系东营组最为发育,其热蒸发烃气相色谱谱图基线抬升,峰面积仍较大,接近正常原油谱图。低相对分子质量正构烷烃被降解,碳数范围变窄;Pr、Ph 面积和小于或接近 n-C$_{17}$

和 $n\text{-}C_{18}$ 面积和；正构烷烃面积与总烃面积比值大于 0.5；Pr 和 Ph 之和大于 250 000。图 5-8 为典型轻微生物降解谱图特征。

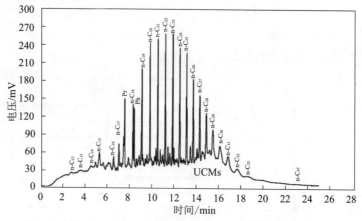

图 5-8 轻微生物降解油层热解气相色谱谱图

2）中度生物降解油层谱图

中度生物降解类原油主要分布在埋深 1 000~1 600 m 的地层，主要分布在新近系明化镇组明下段和馆陶组。由于原油受微生物降解和蒸发分馏作用的影响较小，热解色谱分析主要表现为基线中前部隆起明显，正构组分遭到破坏但仍可清晰辨认，部分组分丰度接近正常油，Pr、Ph 面积和接近或大于 $n\text{-}C_{17}$、$n\text{-}C_{18}$ 面积；正构烷烃面积与总烃面积比值小于 0.5；Pr 和 Ph 之和大于 250 000。图 5-9 表现为中度生物降解谱图特征。

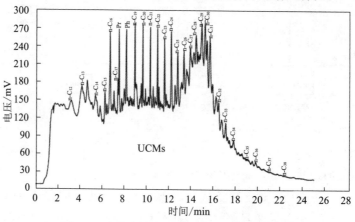

图 5-9 中度生物降解油层热解气相色谱谱图

3）严重生物降解油层谱图

严重生物降解类原油主要分布在埋深小于 1 300 m 的地层，在新近系明化镇组和馆陶组广泛分布，原油密度大于 0.94 g/cm³。热蒸发气相色谱主要表现特征为正构组分缺失严重，"基线鼓包"明显，但仍有少量正构烷烃组分残留，Pr、Ph 很小甚至难以辨认；异构烷烃及一些未分辨化合物含量较大，重质及胶质沥青质含量增加。储层含水时，C_{30} 前未分辨化合物含量逐渐减少，甚至检测不到。井场岩石轻烃气相色谱分析谱图可检测碳数范围较小，以甲烷为主，由于环烷烃和芳香烃具有较强的抗生物降解能力，一般可分辨。Pr、Ph 和 $n\text{-}C_{17}$、$n\text{-}C_{18}$ 比值范围较大为 0.2~16；正构烷烃面积与总烃面积比值小于 0.5；Pr 和 Ph 之和小于 250 000。图 5-10 表现为严重生物降解谱图特征。

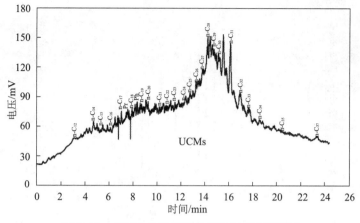

图 5-10　严重生物降解油层热解气相色谱谱图

4）生物降解含油水层谱图

　　油水同层、含油水层谱图在谱图形态上有时难以区分，因此将油水同层、含油水层谱图归为一类。发生生物降解的含油水层谱图碳数分布范围较窄 $C_{12} \sim C_{19}$，主峰碳 n-$C_{16} \sim$ n-C_{19}，基线上倾，中部隆起高，峰分布不规则，不可分辨烃类多。图 5-11 表现为生物降解含油水层谱图特征。

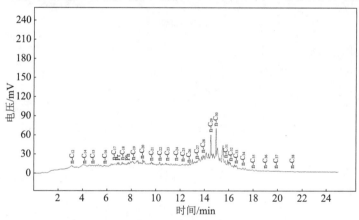

图 5-11　生物降解含油水层热解气相色谱谱图

2. 正常原油谱图分类及特征

1）正常原油油层谱图

　　正常原油油气层主要分布在地质条件和构造位置较好，储-盖和圈闭条件有利的储集层中。受次生作用较小，为成熟正常油，密度一般为 $0.80 \sim 0.89$ g/cm³，轻—中质原油。构造埋深较深，一般大于 2 000 m，主要分布在古近系东营组和沙河街组，部分储层伴生天然气。地化分析特征一般表现为 P_g 值受原油性质影响较大，一般大于 2 mg/g，S_1 值一般大于 S_2 值，TPI 值大于 0.4。Pr、Ph 面积和小于 n-C_{17}、n-C_{18} 面积和；正构烷烃面积与总烃面积比值接近 1；Pr 和 Ph 之和大于 250 000。岩石热蒸发烃气相色谱分析谱图主要表现为正构烷烃组分齐全，碳数分布在 $C_{13} \sim C_{33}$ 左右。由于生物降解和氧化作用较弱，形成的不可分辨化合物含量较低，色谱流出基线平直，组分近梳状。当伴生气时，一般可检测到凝析油气混合峰。图 5-12 表现为正常原油油层谱图特征。

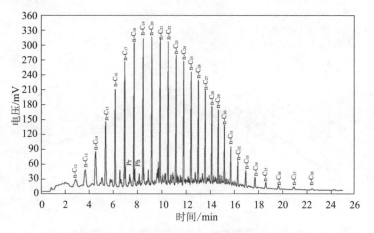

图 5-12　正常原油油层热解气相色谱谱图

2）正常原油含油水层谱图

正常原油含油水层谱图特征表现为正构烷烃组分不全,起峰幅度低或低平,碳数分布范围窄,与油层谱图在烃丰度上存在明显差异。图 5-13 表现为正常原油含油水层谱图特征。

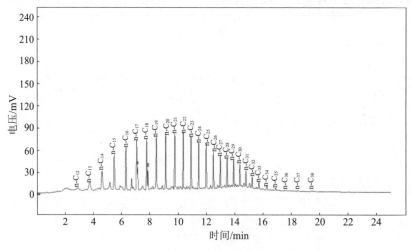

图 5-13　正常原油含油水层热解气相色谱谱图

3. 混合成因谱图分类及特征

混合成因原油轻烃分析较生物降解原油 C_7 后组分明显增大,芳香烃和含季碳化合物较大,反映油质较轻—中质油的特征。P_g 值较正常原油大,气相色谱正构烷烃组分和碳数范围与正常原油相似,但是"基线鼓包"明显,推测至少发生过两次原油充注,前期原油遭受较为严重生物降解,导致基线抬升,形成明显的"基线鼓包",后期充注原油未遭受明显生物降解,正构烷组分齐全(图 5-14)。Pr、Ph 面积和小于或接近 n-C_{17} 和 n-C_{18} 面积和;正构烷烃面积与总烃面积比值大于 0.5;Pr 和 Ph 之和大于 250 000。此类油气在古近系沙河街组最为发育。

含油水层谱图形态特征难以反映储层是否发生多次充注,因此不区分混合成因类型。水层谱图正构烷烃组分不全,色谱分析几乎看不到饱和烃组分,碳数分布范围窄(图 5-15),谱图形态变化基本不受生物降解作用影响,因而不再划分子类。

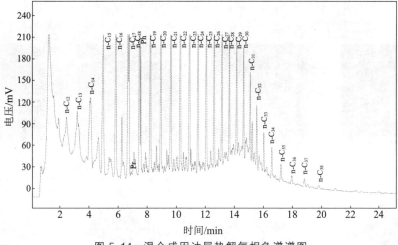

图 5-14　混合成因油层热解气相色谱谱图

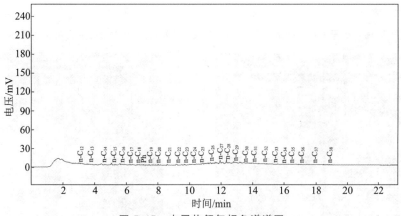

图 5-15　水层热解气相色谱谱图

综上所述,从流体类型和生物降解程度两方面出发,将热蒸发烃气相色谱分析谱图划分为轻微生物降解油层谱图、中度生物降解油层谱图、严重生物降解油层谱图、生物降解含油水层谱图、正常原油油层谱图、正常原油含油水层谱图、混合成因油层谱图、混合成因水层谱图八种类型。

二、三维定量荧光谱图分类及总体特征

原油是烃类(饱和烃和芳香烃)、非烃类和沥青质的混合物,在三维荧光谱图中轻质油是通过发现低相对分子质量芳香烃的特征得出,中质油是通过发现非烃和芳香烃的共同特征得出,重质油是通过发现沥青质和非烃的共同特征得出,原油浓度由大到小,荧光强度值会逐渐变小,峰位会向原点方向偏移,当原油浓度小于恒定点浓度时,峰位恒定,并且油质越轻,峰位恒定越早。由于不同油质的三维定量荧光谱图主峰位置差异明显,所以根据主峰位置将三维定量荧光谱图划分为凝析油、轻质油、中质油和重质油四种类型(图 5-16)。

地层水中的金属离子与水分子形成的水合离子在仪器检测光照射下发生的漫发射光被仪器捕捉,会形成在三维立体描述中极具特色(激发波长等于发射波长)的拉曼峰,利用拉曼峰来判断地层是否含水。典型水层或油层在三维定量荧光谱图中没有拉曼峰特征,而

不同质量分数的盐水在三维定量荧光谱图中拉曼峰特征明显,利用三维定量荧光谱图的这一典型特征,又将三维定量荧光谱图划分为水层、油层和含油水层三种类型(图 5-17)。

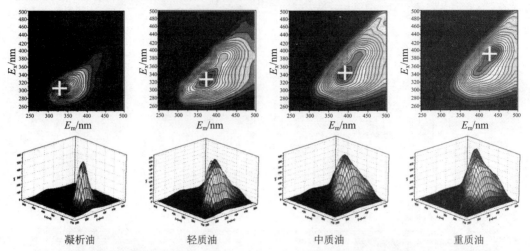

图 5-16 不同油质三维定量荧光谱图特征图(凝析油、轻质油、中质油和重质油)

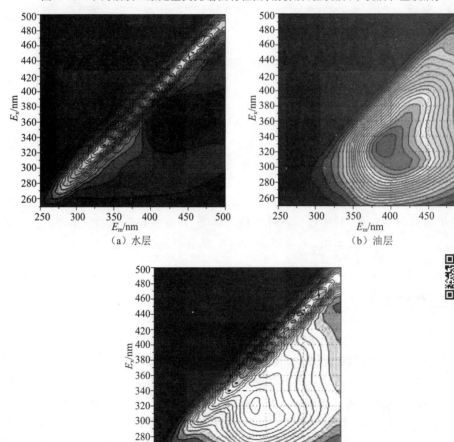

图 5-17 不同流体类型三维定量荧光谱图特征图

第三节　基于指纹谱图特征分析的油气水解释评价方法

一、基于热蒸发烃气相色谱谱图比对技术的油气水解释方法

1）谱图比对算法

储集层在沉积及成岩过程中，孔隙中始终充满了原生水。水中含有一定量的氧气和各类细菌，在漫长的地质历史过程中，氧和细菌与部分烃类发生菌解和氧化作用，从而形成一定量的色谱柱无法细分但能检测其总量的未分辨化合物。水动力作用越强，生成的未分辨化合物的含量就越高。因此，可以根据谱图形态特征定性描述储集层的产液性质。

非生物降解含油层谱图峰形一般呈正态分布，正构烷烃含量高，碳数范围宽，基线下未分辨化合物含量少。遭受中度以上生物降解的含油层，热蒸发烃气相色谱的主要特征均表现为正构烷烃含量低，基线下未分辨化合物含量高，与非生物降解含油层相比差异很大。热蒸发烃气相色谱谱图应从峰形、组分丰度和基线下未分辨化合物含量三方面进行比对。

（1）组分比对法。

组分比对法的核心即比对谱图间的组分丰度差异，它将气相色谱谱图视为由各组分峰面积数据组成的 38 维向量 $\boldsymbol{X}(\text{n-}C_1, \text{n-}C_2, \text{n-}C_3, \cdots, \text{n-}C_{36}, Pr, Ph)$，然后采用相似度算法计算样品谱图 $\boldsymbol{A}(\text{n-}C_{1A}, \text{n-}C_{2A}, \text{n-}C_{3A}, \cdots, \text{n-}C_{36A}, Pr, Ph)$ 和标准谱图向量 $\boldsymbol{B}(\text{n-}C_{1B}, \text{n-}C_{2B}, \text{n-}C_{3B}, \cdots, \text{n-}C_{36B}, Pr, Ph)$ 的相似度。计算向量间的相似度算法很多，包括相关系数法、夹角余弦法、距离（马氏距离、欧氏距离、明氏距离）方法等。

夹角余弦法和相关系数法共同之处是两种方法提供一个 0～1 的数值作为计算结果，值越接近 1 表明相似度越大，注重维度之间的变化差异，但不注重数值差异。采用这两种方法，可有效判断组分的变化趋势，但各组分比例变化相似时，组分整体相差很大，相似度仍很高。如图 5-18 所示，当 A、B 点 x 和 y 值比例相同时，A、B 点位于一条直线，相似度为 1，但 A、B 点可能值相差很大。

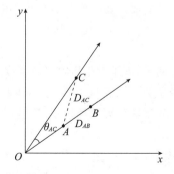

图 5-18　二维向量夹角余弦和欧式距离示意图

欧氏距离法注重维度变化和数值的差异性,距离越近相似度越高,可有效判断谱图相似度,但计算结果是距离值,其范围不固定,不便于解释结果的理解,同时,使用色谱峰面积(峰对峰法)作为相似度计算的基本单位,对于生物降解油层,容易受到基线隆起的影响。

经过比较,欧氏距离可有效表征谱图相似度,查找出标准谱图库中与样品相似度最高的谱图,所以采用欧式距离作为组分比对法的相似度计算算法。欧式距离法量化气相色谱谱图相似度公式如下:

$$D_{AB} = \sqrt{(n\text{-}C_{1B} - n\text{-}C_{1A})^2 + \cdots + (n\text{-}C_{36B} - n\text{-}C_{36A})^2 + (n\text{-}Pr_B - n\text{-}Pr_A)^2 + (n\text{-}Ph_B - n\text{-}Ph_A)^2}$$

考虑到不同组分的影响因素,更好反映特殊组分对相似度的影响,软件加入权重向量 $W(n\text{-}C_{1W}, n\text{-}C_{2W}, n\text{-}C_{3W}, \cdots, n\text{-}C_{36W}, Pr, Ph)$,加权后的向量为:

$$AW(n\text{-}C_{1W} \cdot n\text{-}C_{1A}, n\text{-}C_{2W} \cdot n\text{-}C_{2A}, n\text{-}C_{3W} \cdot n\text{-}C_{3A}, \cdots, n\text{-}C_{36W} \cdot n\text{-}C_{36A}, n\text{-}Pr_W \cdot n\text{-}Pr_A, n\text{-}Ph_W \cdot n\text{-}Ph_A)$$

$$BW(n\text{-}C_{1W} \cdot n\text{-}C_{1B}, n\text{-}C_{2W} \cdot n\text{-}C_{2B}, n\text{-}C_{3W} \cdot n\text{-}C_{3B}, \cdots, n\text{-}C_{36W} \cdot n\text{-}C_{36B}, n\text{-}Pr_W \cdot n\text{-}Pr_B, n\text{-}Ph_W \cdot n\text{-}Ph_B)$$

计算 AW 和 BW 之间的向量相似度,即 A、B 向量的加权相似度。

(2)曲线分布法。

组分比对法由于采用距离表征相似度,若标准谱图库中没有相似谱图,即距离都远,软件找到的相似度最高的标准谱图可能与样品谱图实际上并不是同类谱图。另外由于易受到考虑基线的影响,所以软件采用曲线分布法进行辅助判断。曲线分布法的核心即比较谱图间峰形和基线下未分辨化合物的差异,算法主要步骤如下:

① 气相色谱曲线由 30 005 个离散点组成,在保证曲线形态的条件下,对曲线进行去噪、抽稀,然后提取曲线的极大值、极小值;

② 使用极大值散点和极小值散点连接并做平滑处理,分别形成峰顶曲线和基线曲线(图 5-19);

③ 分别计算样品谱图和标准谱图的峰顶曲线相似度和基线曲线相似度,将峰顶曲线和基线曲线按步长抽取出形成散点序列,然后再计算 n 维向量之间的距离。

2)谱图比对过程

首先将气相色谱谱图与钻井液添加剂气相色谱谱图进行比对,排除钻井液干扰,区分真假油气显示。在区分真假油气显示的基础上,遵循"油源类型相同、样品类型相同、井距优先、层位优先"的搜索比对原则,将待解释层谱图与谱图库标准谱图比对,仅限在油源类型相同、样品类型相同的谱图之间搜索。在搜索的过程中,在平面上按井距排序,在垂向上按层位排序,基线、组分相似度都达到 95% 则停止搜索。

3)轻烃稳定参数约束

渤海油田的原油总体可分为两类,即未发生生物降解常规原油和已发生生物降解的重质原油。发生生物降解的原油轻烃参数分布比较分散,显示生物降解使轻烃组分发生变化,而未发生生物降解的原油轻烃参数分布较为集中,同一族群呈现相同的分布特征。从各二级构造带谱图地化特征可以看出,$n\text{-}C_7H_{16}$ 在 20%~40% 之间,Mango 轻烃参数 K_1 值为 0.8~1.2,K_2 值为 0.2~0.3,$n\text{-}C_6 + n\text{-}C_7$ 在 20%~40% 之间,反映出渤海原油大多为成熟原油。随微生物降解程度的增加,$n\text{-}C_7H_{16}$、$n\text{-}C_6 + n\text{-}C_7$、$K_1$、$K_2$ 等参数规律变差,$n\text{-}C_7H_{16}$、$n\text{-}C_6 + n\text{-}C_7$、$K_1$、$K_2$ 等比值参数不仅可以用于原油的分类、油源岩的对比,而且还可以用于油气形成后经水洗、生物降解等影响而造成的细微化学差异的判别。储层含水会导致 K_1、K_2 变大,一般水洗和生物降解的原油,正构烷烃受到破坏,而异构烷烃相对富集。n-C_7H_{16}、n-C_6＋n-C_7 比值参数会随水洗、生物降解程度的增加而逐渐减小。针对非生物降解含油层,可在热蒸发烃气相色谱谱图比对的基础上,采用轻烃稳定参数进行约束,若不在参数稳定范围内则判断为含油水层,可达到进一步区分含油水层和油层的目的。

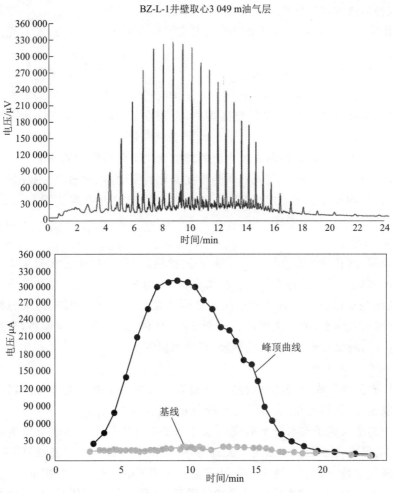

图 5-19　气相色谱峰顶曲线与基线曲线示意图

二、基于三维定量荧光谱图特征的油气水解释方法

1. 三维定量荧光解释评价基本原理

1)基本原理

根据玻尔兹曼分布,分子在室温时基本上处于电子的基态。吸收了紫外线光后,会发生由基态到激发态的单线态的各个不同的振动能级跃迁,跃迁以后能量较大的激发态分子经过振动弛豫回到第一电子激发态的最低振动能级,然后发射光量子,分子跃迁到基态的

各个不同的振动能级,这时分子发射的光即荧光。石油及其大部分产品,除轻汽油和石蜡外,无论其本身或溶于有机溶剂中,在紫外光照射下均可发光。三维定量荧光录井正是利用石油中所含的芳香烃成分在紫外光照射下能够被激发并发射荧光的特性,在全扫描荧光仪检测中,用不同的激发波长(E_x)对物质进行激发扫描,用不同的发射波长(E_m)对物质进行接收扫描,从而检测到不同的荧光强度(INT),由以上三组变量构成物质荧光的三维立体描述,该种扫描方式被称作三维荧光。

当被测物质荧光强度最大时所对应的激发光波长为最佳激发波长,发射光波长为最佳发射波长。

最佳激发波长:$E_x = \text{Best } E_x$,nm。

最佳发射波长:$E_m = \text{Best } E_m$,nm。

峰顶峰位(简称峰位):在三维荧光描述中,峰顶在 E_x、E_m 二维平面上的投影坐标用 Best E_x、Best E_m 表示。

峰位偏移:峰顶位置随着被测荧光物质的浓度变化而变动位置的现象。

峰位恒定:峰位不再随被测荧光物质的浓度变化而变动,此时的峰位被称作恒定峰位。

拉曼峰:被测物质中微小的粒状物或气泡在仪器光照射下发生漫发射所形成的特征峰。

2)油质判别原理

原油是烃类(饱和烃和芳香烃)、非烃类和沥青质的混合物,在三维荧光谱图中轻质油是通过发现低相对分子质量芳香烃的特征得出,中质油是通过发现非烃和芳香烃的共同特征得出,重质油是通过发现沥青质和非烃的共同特征得出,不同性质的原油三维荧光特征不同,原油浓度由大到小,荧光强度值会逐渐变小,峰位会向原点方向偏移,当原油浓度小于恒定点浓度时,峰位恒定,并且油质越轻,峰位恒定越早。

3)流体类型判别原理

石油中所含芳香烃成分在紫外线照射下具有被激发并发射荧光的特性,根据主峰(油峰)特征(激发波长、发射波长、荧光强度和峰位)识别含油性。

地层水中的金属离子与水分子形成的水合离子在仪器检测光照射下发生的漫发射光被仪器捕捉,会形成在三维立体描述中极具特色(激发波长等于发射波长)的拉曼峰,利用拉曼峰来判断地层是否含水。纯水在三维定量荧光谱图中没有拉曼峰特征,而不同质量分数的盐水在三维定量荧光谱图中拉曼峰特征明显,在研究储层流体时,拉曼峰的出现直接反映地层含水信息,故拉曼峰也可称为水峰。

2. 三维定量荧光谱图比对

三维定量荧光不仅能捕捉到中、重质油的荧光,而且能捕捉到轻质油的微弱荧光,其谱图可完整反映被测物质的荧光特征,信息丰富,通过对峰个数、峰位置、峰强度等谱图特征对比,可以精确识别原油的不同性质,辨别各种钻井液荧光污染物,区分真假油气显示,发现各类油层,定量评价储层流体性质。

不同烃类混合物,其荧光物质成分复杂,含量变化大,只有含量较高的荧光物质会形成标志性特征峰,荧光强度相对高值峰,荧光物质含量不同在谱图上显现的荧光峰数量和标志峰峰位不同,反映荧光强度的最高峰峰位和整体峰形也不相同,荧光物质的出峰位置、出峰数量、最佳激发波长、最佳发射波长与其所含有的荧光物质成分(芳香烃环数)和含量密切相关,这是荧光谱图分析鉴别物质成分的依据。因此,在三维定量荧光录井中,进行荧光物质成分鉴别(谱图对比)时,不但要考虑荧光出峰位置、出峰数量,还要兼顾荧光强度特征。

常规荧光谱图对比法就是将未知成分的待分析样品的谱图(样品谱)与已知荧光物质成分的标准物质谱图(标准谱)进行对比,通过等值线谱图重叠,肉眼观察谱图特征峰位置是否相近、谱图形态是否相似(谱图重叠观察法)或者比较样品谱图中是否含有某一标准谱的一组特征峰位(特征峰参数比较),来判定样品中是否含有标准谱所代表的物质。常规对比法多局限于出峰位置和数量的比较,很少考虑荧光强度特征,在样品谱与标准谱荧光强度差异大,特征峰位置发生漂移时,容易出现判断失误,尤其在荧光强度低,特征峰不明显以及与多种标准物质谱图特征相似时,更容易出现错判。

鉴定样品荧光物质成分一般要将样品谱图与已知数十种甚至上千种标准物质谱图进行对比,信息处理量大,工作难度高,常规手工对比实现困难,因而采用三维定量荧光量化相似度算法进行比较。三维定量荧光量化相似度对比即将待解释样品与标准谱图进行比对,按照真假油气显示、油质和流体类型的鉴别顺序,快速有效地评价储层流体性质。比较过程(图 5-20)如下:

将要进行对比的样品谱与标准谱的等值线谱图简化。设定数据处理区域和范围,去除杂质峰、背景和无用数据,通过滤峰波长范围、主峰最低荧光强度等参数在指定的最佳激发波长、最佳发射波长范围方形区域内寻找唯一特征峰,并滤掉各个特征峰附近的干扰峰,获得各个特征峰高点位置的最佳激发波长(E_x)、最佳发射波长(E_m)和荧光强度数据。在允许的波长误差范围内样品谱与标准谱的峰位置相同,即成功配对峰,否则是非配对峰。

(1) 按照特定的"等值线差值"从谱图中抽取包含特征峰的特征等值线环,使特征等值线环形态能够代表等值线谱图峰体整体形态,反映出各种物质荧光强度相对性差异。即谱图中每个特征峰的荧光强度值都要减去相同的特定值,等值线差值作为提取特征等值线的荧光强度值,分别获取样品谱与标准谱中每个特征峰对应的特征等值线环数据,每个特征峰分别抽取一个等值线环。

(2) 计算谱图总的对比相似度。将从样品谱或标准谱配对峰上抽取的等值线环作为一个最小单元计算每个最小单元的相似度(相关系数)。对于每个最小单元而言,首先以配对峰高点位置为中心,按照 45°的旋转角度,分别计算 8 条特征峰高点到等值线环的直线距离 $L_1, L_2, \cdots, L_8$,形成样品谱和标准谱同步角度距离阵列,然后计算二者同步距离比值 $B_1, B_2, \cdots, B_8 (B_n = L_{n标准} / L_{n样品})$,在此基础上对 $B_1, B_2, \cdots, B_n$ 进行线性回归分析,求取相关系数 R_1 作为一个最小单元的相似度(非配对峰相关系数为 0),再依次计算出所有最小单元的相关系数 $R_2, R_3, \cdots, R_8$;最后对所有最小单元的相似度求和,除以样品谱和标准谱中非重复特征峰总数(F),求得平均相关系数 $R = (R_1 + R_2 + \cdots + R_n)/F$,作为谱图对比的总相似度。

(3) 按照量化相似度对比方法,将待解释谱图先与钻井液谱图库中谱图进行比较,若存在峰数和峰位,即存在匹配谱图,则该谱图不能参与解释;若不存在匹配的钻井液谱图,则与标准谱图库中谱图进行比较,选取总相似度最高的谱图的结论(包括油质和流体类型)结论作为待解释样品谱图的解释结论。

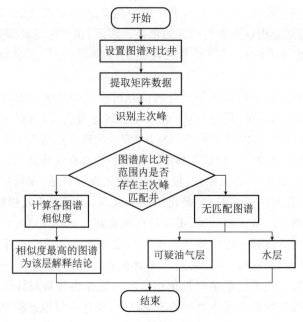

图 5-20 三维定量荧光谱图比对流程

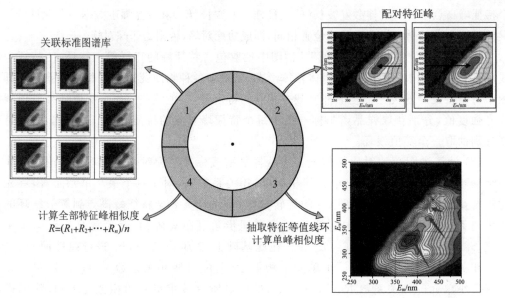

图 5-21 三维定量荧光谱图比对流程

3. 三维定量荧光图版解释

1）参数选择

（1）相当油含量、对比级别。

激发波长（E_x）、发射波长（E_m）和荧光强度（INT）三维定量荧光技术直接测量得到的参数,通过计算可间接得到相当油含量(C)、对比级别(N)和油性指数(R)三个衍生参数。相当油含量(C)即单位样品中荧光物质的含量,其所反映的是被测样品中的含油气丰度;对比级别(N)是单位样品中荧光物质所对应的荧光系列对比级别,是一种反映岩石样品中含油量多少的传统的非法定计量单位,与相当油含量存在一定的数学关系;油性指数(R)在油质中代表中质组分的最大荧光峰的强度值 F_2 与代表轻质组分的最大荧光峰的强度值 F_1 之比,它反映的是原油的轻重,也是反映地层中油质成分的重要参考。对数据进行统计分析后确认,相当油含量、对比级别与流体类型关系明显,是三维定量荧光参数中判断流体类型最重要的参数,所以选择相当油含量、对比级别建立解释图版。

(2)油水变化率。

因为相当油含量的大小反映了含油气丰度,并间接反映了荧光强度和对比级别,所以采用相当油含量作为储层含油性判别参数。由于目前参数中没有反映储层含水强弱的参数,所以新增油水变化率、水线偏差距和标准油样主峰偏差距三个参数。

在对谱图图 5-22 进行总结分析基础上,使用谱图对角线上 26 个荧光点的荧光强度平均值反映水线荧光强度,该平均值与主峰荧光强度比值为油水变化率。如果储层含水高,则会形成拉曼峰,含水越高则拉曼峰越高,水线荧光强度平均值越大,而相当油含量浓度越高,则主峰(即油峰)的荧光强度大。因此,油水变化率越小,油层的概率越大,反之为水层。

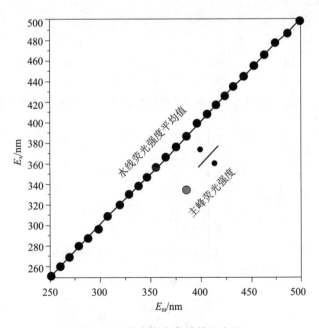

图 5-22　油水变化率计算示意图

(3)标准油样主峰偏差距。

标准油样主峰偏差距($\sqrt{(E_{m样品} - E_{m实测})^2 + (E_{x样品} - E_{x实测})^2}$),即实际主峰与标准油样主峰的距离,接近标准油样主峰距离越小,油层的概率越大。使用该参数时,须对谱图主峰进行校正,同时,由于不同井、不同层段的原油性质存在差异,标准油样的选择也会造成影响。

（4）水线偏差距。

水线偏差距$\left(\dfrac{E_{\text{m实测}}-E_{\text{x实测}}}{\sqrt{2}}\right)$，即样品实际主峰距水线的距离，反映了主峰陡度，即随波长递增主峰峰高递减的速率。该值越高，重组分越多；反之，轻组分越多。同时，水层和部分含油水层，主峰位置接近水线。

2）解释图版

三维定量荧光图版包括对比级别与相当油含量、相当油含量与油水变化率、相当油含量与标准油样偏差距、油水变化率与水线偏差距四种解释图版，不同区块应对历史数据统计分析后确定，如图 5-23～图 5-26 所示。

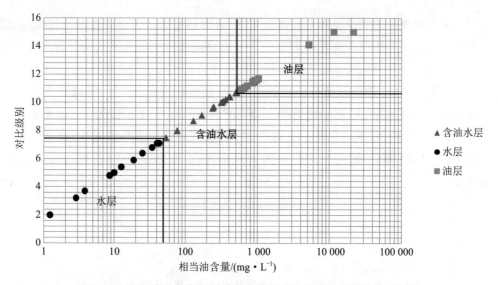

图 5-23　石臼坨凸起东部斜坡带东营组对比级别与相当油含量图版

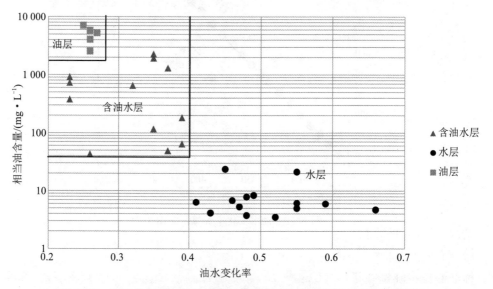

图 5-24　石臼坨凸起东部斜坡带馆陶组相当油含量与油水变化率（壁心）

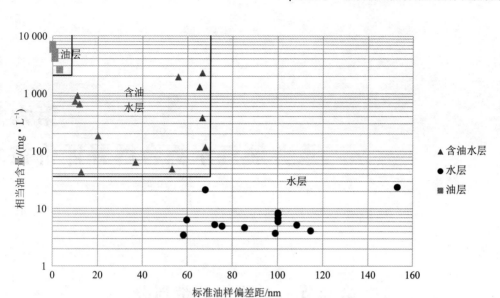

图 5-25　石臼坨凸起东部斜坡带馆陶组相当油含量与标准油样偏差距(壁心)

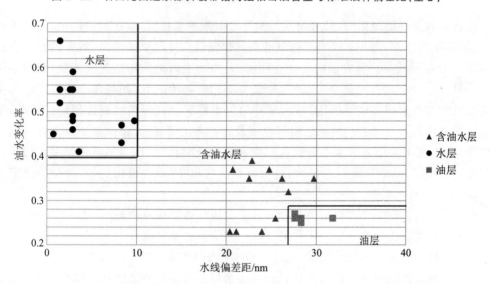

图 5-26　石臼坨凸起东部斜坡带馆陶组油水变化率与水线偏差距(壁心)

第六章
录井油气水综合解释评价技术

第一节 二级构造带划分

随着渤海油气勘探深入,储层物性及油气水关系越来越复杂,在复杂储层、复杂油水关系、复杂井况条件下,测井手段也有难以准确评价储层流体性质的情况,需要录井进一步发挥在油气勘探识别与评价方面的先导作用;另一方面渤海地质构造复杂多变,断裂系统众多,不同区块地质条件、原油性质、油气特征各不相同,"十二五"期间建立的以凹陷为单位的部分录井油气水解释模型适用性差,录井油气水层解释评价精度有待提高。因此,笔者开展了二级构造带的录井油气水层解释模型及评价方法研究,大幅提高了录井油气水层解释符合率,实现了井场油气水层的快速识别和定量化解释评价,为渤海油田勘探提供了技术保障。通过对 30 个二级构造带的分析,最终优选出 20 个二级构造带,目标的选定遵循如下原则:

(1)尽量满足每个二级构造内至少有一个二级构造带被覆盖到。

(2)选择的二级构造带要应用气测、地化、三维荧光录井项目。

(3)选择的二级构造带内测试、取样井数不少于 6 口。

(4)选择的二级构造带内应用地化录井技术和三维荧光技术的井之和不少于 10 口。

(5)选择的二级构造带内层组要丰富,尽可能选择涉及东营组和沙河街组的构造。

(6)不同油质类型的区块、气测组分差异明显的二级构造带均要兼顾到。

最终选定的 20 个二级构造带如下:

(1)辽西凹陷——南部断裂带。

(2)辽西凸起——北倾末端。

(3)辽中凹陷——西斜坡带、中央走滑带。

(4)辽东凸起——西部断裂带。

(5)石臼坨凸起——中央披覆带、东部斜坡带、西部陡坡带。

(6)沙垒田凸起——东部披覆带。

(7)沙南凹陷——沙中断裂带。

(8)渤中凹陷——北部断裂带、西南斜坡带。

（9）渤东凹陷——斜坡带。

（10）庙西北凸起——斜坡带、陡坡带。

（11）黄河口凹陷——西南斜坡带、中部走滑带、东部走滑带、KL9-5 断裂带。

（12）莱州湾凹陷——中央断裂带。

第二节　录井参数组合图版油气水评价技术

一、气测与地化参数组合解释方法

1. 使用原始数据建立图版

1）选用 T_g/P_g 建立图版

T_g 为气测全烃值，气测全烃值高表示储层的油气丰富；P_g 为产烃潜量，P_g 值高也同样表示储层内的烃类物质丰富。因此图版中靠近右上方表示储层内为油。图 6-1 为黄河口凹陷东部走滑带 T_g/P_g 图版。

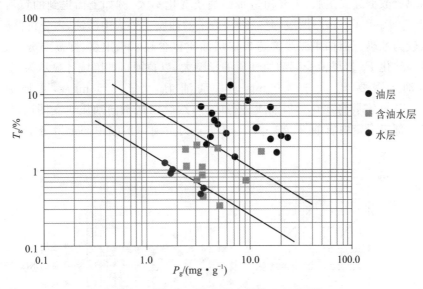

图 6-1　黄河口凹陷东部走滑带 T_g/P_g 图版

2）C_{2^+}/P_g 图版

选用 C_{2^+}/P_g 建立图版。C_{2^+} 为气测重组分数值，$C_{2^+}=C_2+C_3+i\text{-}C_4+n\text{-}C_4+i\text{-}C_5+n\text{-}C_5$；计算值 C_{2^+} 高表示储层的油气丰富；P_g 为产烃潜量，P_g 值高也同样表示储层内的烃类物质丰富。因此图版中靠近右上方表示储层内为油。图 6-2 为黄河口凹陷东部走滑带 C_{2^+}/P_g 图版。一般情况下储层没有受到生物降解或者水洗作用，C_{2^+} 含量丰富，在油质上多为中质油和轻质油，此图版对于受到生物降解或者水洗作用的储层不适用。

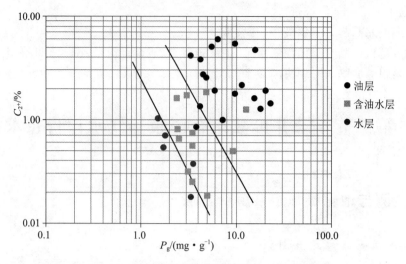

图 6-2　黄河口凹陷东部走滑带 C_{2^+}/P_g 图版

2. 使用校正参数建立图版

1）图版适用性分析

使用原始数据建立图版,需要构造带的油质变化不大,例如上面提到的黄河口凹陷东部走滑带 T_g/P_g 和 C_{2^+}/P_g 图版,此二级构造带的油质主要为中质油,占分析储层的 85%,所以图版较为准确。但如果二级构造带储层油质包含轻、中、重质,则需要分别建立图版,主要是因为地化 P_g 岩屑值受到油质性质的影响大,以黄河口凹陷统计显示为例,一般情况下轻质油油层需要 P_g 大于 3.0 mg/g,中质油 P_g 大于 3.5 mg/g,重质油 P_g 大于 5.0 mg/g。因此需要将地化岩屑油质进行区分,然后根据不同油质建立图版,图 6-3 为黄河口凹陷中部走滑带中质油 T_g/P_g 图版,图 6-4 为黄河口凹陷中部走滑带中质油 C_{2^+}/P_g 图版。

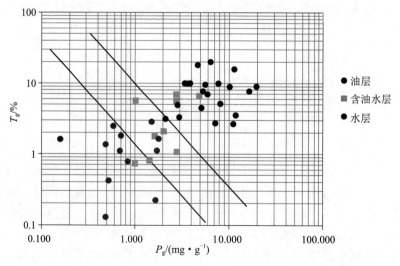

图 6-3　黄河口凹陷中部走滑带 T_g/P_g 图版(中质油)

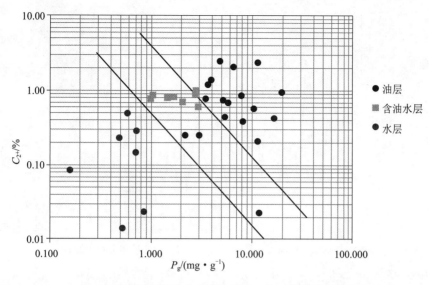

图 6-4   黄河口凹陷中部走滑带 C_{2+} /P_g 图版(中质油)

按照地化图版建立的思路,将图版分为轻、中、重质油来分别建立图版,这样可以让图版更加精确,但是也面临一个问题,就是图版数量繁多。对应一个二级构造带就需要 9 个地化参数图版。另外一个问题对于油质的判断,需要解释人员熟练掌握地化岩石热解和热蒸发烃气相色谱对于油质的识别,并且还要结合区域的地质特征来进行分析。因此需要对参数进行优化后计算。

2)参数校正优选

(1)P_g · PS 参数。

经过对黄河口凹陷 854 层岩屑的分析统计,发现轻质油、中质油和重质油 P_g 值不相同。一般情况下轻质油油层需要 P_g 大于 3.0 mg/g,中质油 P_g 大于 3.5 mg/g,重质油 P_g 大于 5.0 mg/g。PS 对于油质的判断也随着油质的增加出现降低的趋势。根据上面的规律提出了使用 P_g · PS 的方法来校正 P_g 数值,让各种油质的数值有一个可对比的参数,避免对图版油质的过分依赖。

表 6-1   黄河口凹陷中部走滑带 PS 范围

油 质	PS 范围
轻 质	$PS>1.7$
中 质	$0.85<PS<1.7$
重 质	$PS<0.85$

图 6-5 通过渤中凹陷中部走滑带不同油质的 43 层油层(差油层)地化岩石热解数据进行数值比较。从图中看出,轻质油 P_g 部分经过校正以后数值有明显提高,重质油校正后数值较原始值降低。从数据分析来看,可以使用 P_g · PS 这个参数来代表地化岩屑内含烃物质的多少,不用分油质分别建立图版。

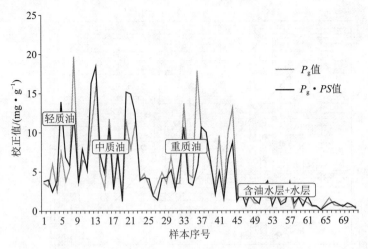

图 6-5　黄河口凹陷中部走滑带 $P_g \cdot PS$ 校正曲线

（2）$T_{g\text{-Corr}}$ 参数。

特征异常参数倍数法中提到，异常倍数作为相对量，反映的是全烃和组分与背景值相比异常幅度的大小，异常幅度越大，说明异常越明显，储层内含油气的可能性越高。因此，用异常倍数作为判断油气水的一个指标，可以弥补单纯使用储层内参数的不足。本次研究将 $T_g \cdot T_g$ 异常倍数作为 T_g 的校正参数，即 $T_{g\text{-Corr}}$。

（3）$T_g/(P_g \cdot PS)$ 图版。

图 6-6 为黄河口凹陷中部走滑带 $T_g/(P_g \cdot PS)$ 图版。横坐标选用校正后参数 $P_g \cdot PS$，纵坐标选用气测全烃 T_g。经过处理后的气测和地化组合数据共 174 层。其中，轻质油储层 49 层、中质油储层 84 层、重质油储层 41 层；轻质油占总储层数的 28.1%、中质油占总储层数的 48.3%、重质油占总储层数的 23.6%。由图版的投点可以看出，油层、含油水层及水层的区域基本清楚，使用这个图版可以将这个二级构造带的储层流体性质区分开，证实了使用 $P_g \cdot PS$ 参数可以不用区分油质，就可以达到 80% 的符合率，满足于现场作业的需要。

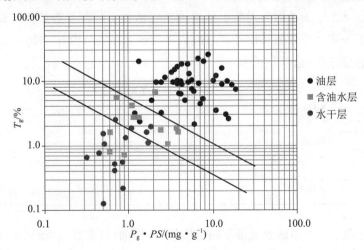

图 6-6　黄河口凹陷中部走滑带 $T_g/(P_g \cdot PS)$ 图版

（4）$T_{g\text{-Corr}}/(P_g \cdot PS)$ 图版。

图 6-6 所示 $T_g/(P_g \cdot PS)$ 图版，在油层/含油水层的界限附近还存在一些点，出现了误

差,所以引入 $T_{g\text{-Corr}}$ 这个参数,对气体的数据进一步校正,让数据的离散度更大,油水界面区分得更加清楚。如图 6-7 所示,横坐标为 $P_g \cdot PS$,纵坐标为 $T_{g\text{-Corr}}$,从图中的投点可以看出,图版的油层和含油水层的区分相对于未对 T_g 校正的 $T_g/(P_g \cdot PS)$ 图版区分得好一些。使用 $T_{g\text{-Corr}}/(P_g \cdot PS)$ 图版,对于不区分油质的二级构造带效果最好,因为此图版考虑了气体纵向上相对于基值的变化,但是在对于基值的计算上相对于 $T_g/(P_g \cdot PS)$ 图版要复杂一些,对于一些储层流体类型较为复杂的区域适用。

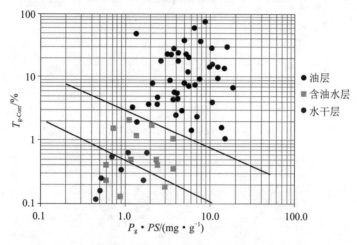

图 6-7　黄河口凹陷中部走滑带 $T_{g\text{Corr}}/(P_g \cdot PS)$图版

3）应用实例

LD-N-1 井属于辽中凹陷西斜坡带上的一口井。2 921.0～2 923.0 m 为荧光泥质粉砂岩,灰色,泥质分布不均,疏松,荧光湿照暗黄色,面积 5%,D 级,A/C 反应慢,乳白色。2 924.0～2 929.0 m 为荧光细砂岩,浅灰色,成分以石英为主,次为长石,少量暗色矿物,细粒为主,部分粉粒,次棱角－次圆状,分选中等,泥质胶结,疏松,荧光湿照暗黄色,面积 5%～10%,D 级,A/C 反应慢,乳白色。

2 921.0～2 923.0 m 和 2 924.0～2 929.0 m 气测全烃 T_g 最大值分别为 8.80% 和 12.88%,异常倍数分别为 6.3 倍和 9.0 倍,异常明显,气体组分齐全,峰型饱满,计算 $T_{g\text{-Corr}}$ 分别是 55.44 和 115.92。2 921.0～2 923.0 m 地化热解分析数据 S_0、S_1、S_2、P_g 分别为0.236 mg/g、9.226 6 mg/g、17.686 5 mg/g、27.149 1 mg/g,计算 $P_g \cdot PS$ 数值为 14.16 mg/g;2 924～2 929 m 层地化热解分析数据 S_0、S_1、S_2、P_g 分别为 0.506 1 mg/g、8.272 1 mg/g、5.058 7 mg/g、13.836 9 mg/g,计算 $P_g \cdot PS$ 数值为 20.788 7 mg/g。

将 2 921.0～2 923.0 m 和 2 924.0～2 929.0 m 层数据在 $T_g/(P_g \cdot PS)$ 和 $T_{g\text{-Corr}}/(P_g \cdot PS)$ 行进行投点,如图 6-8 和图 6-9 所示,均落在油区,解释结论均为油层。对 2 906.0～2 912.2 m,2 918.8～2 926.9 m,2 943.7～2 947.4 m 测试,产油 50.26 m³/d。测试结论为油层,$T_g/(P_g \cdot PS)$ 和 $T_{g\text{-Corr}}/(P_g \cdot PS)$组合图版结论和测试结论相符合。

3. 其他组合图版研究

1）T_g/TPI 图版

T_g/TPI 图版的横坐标为地化热解计算参数 TPI,纵坐标为气测全烃 T_g。图 6-10 黄河口凹陷中部走滑带图版,从投点的效果来看,图版可以把油层和水干层区分开,但是对于含油水层的区间划定出现一定的困难。

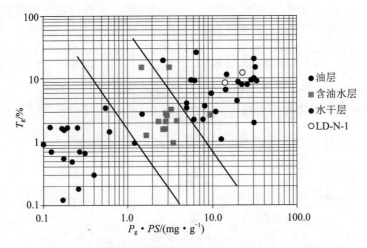

图 6-8　辽中凹陷西斜坡带 LD-N-1 井 $T_g/(P_g \cdot PS)$图版

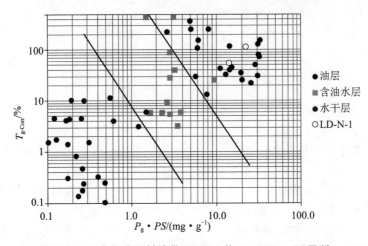

图 6-9　辽中凹陷西斜坡带 LD-N-1 井 $T_{g\text{-}Corr}/(P_g \cdot PS)$图版

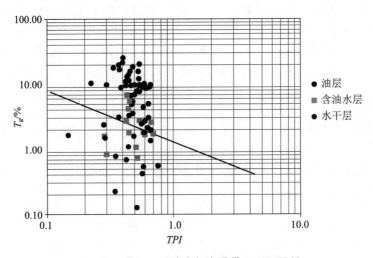

图 6-10　黄河口凹陷中部走滑带 T_g/TPI 图版

2）T_g/OPI 图版

T_g/OPI 图版的横坐标为地化热解计算参数 OPI，纵坐标为 T_g。图 6-11 为黄河口凹陷中部走滑带图版，从投点的效果来看，图版可以把油层和水干层区分开，但是对于含油水层的区间划定也出现一定的困难。

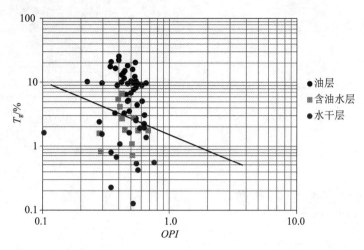

图 6-11　黄河口凹陷中部走滑带 T_g/OPI 图版

3）T_g/PS 图版

T_g/PS 图版的横坐标为地化热解计算参数 PS，纵坐标为 T_g。图 6-12 为黄河口凹陷中部走滑带图版，从投点的效果来看，图版可以把油层和水干层区分开，但是对于含油水层的区间划定也出现一定的困难。

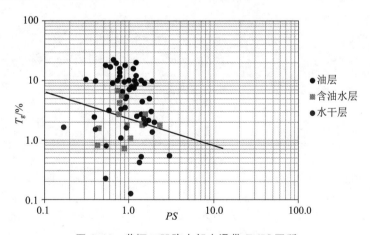

图 6-12　黄河口凹陷中部走滑带 T_g/PS 图版

4）$T_g/$峰面积图版

$T_g/$峰面积图版的横坐标为地化轻烃峰面积，纵坐标为 T_g。图 6-13 为黄河口凹陷中部走滑带图版，从投点的效果来看，图版可以把油层、含油水层、水干层区分开，但含油水层区间内还是存在几个误差点，此图版是气测和轻烃组合尝试中较为成功的一个图版。

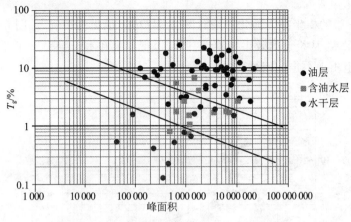

图 6-13 黄河口凹陷中部走滑带 T_g/峰面积图版

二、气测与三维荧光参数组合解释方法

1. 纵向参数变化趋势法

气测和三维荧光录井组合研究的方法称为纵向参数变化趋势法,该方法突出考虑了三维荧光录井和气测录井数据在纵向(井深)上的变化趋势。选用的参数为对比级、油性指数和全烃;解释结论分为气层、油层、油水同层和水层。选用油性指数将油层和气层进行区分,一般情况下油性指数小于 1 多为气层,选用对比级和全烃对储层内的含烃丰度进行区别,将油、水进行区分。具体解释标准见表 6-2。

表 6-2 纵向参数变化趋势法

解释结论 参　数	气　层	油　层	油水同层	水　层
对比级	数据稳定且小于 8	数据稳定且大于 6	同层顶部高于底部	数值小于 6
油性指数	数据稳定且小于 1	数据稳定且大于 1	底部指数变大	数据稳定
全　烃	为基值 5 倍以上	为基值 5 倍以上	纵向突然下降	相对于基值小于 5 倍

2. 应用实例

PL-X-8d 井属于蓬莱-X 构造,位于渤海东部海域低凸起南段,紧邻渤中和渤东两大富生烃凹陷。2 828~2 840 m 细砂岩:浅灰色,成分以石英为主,少量长石及暗色矿物,细粒为主,部分中粒,偶见石英砾,次棱角—次圆状,分选中等,泥质胶结,疏松;荧光湿照亮黄色,面积 5%,D 级,A/C 反应中速,滴照乳白色。气测全烃:5.97%,气体组分齐全(图 6-14)。

此储集层共分析 3 个点。2 830 m 三维荧光参数:最佳激发波长 381 nm,荧光峰值 220.7,稀释倍数为 1 倍,相当油含量 5.48 mg/L,对比级别 4.3,油性指数 1.1。2 835.00 m 三维荧光参数:最佳激发波长 381 nm,荧光峰值 235.6,稀释倍数为 1 倍,相当油含量

5.9 mg/L,对比级别 4.3,油性指数 1.1。2 840.00 m 三维荧光参数:最佳激发波长 380 nm,
荧光峰值 31,稀释倍数为 1 倍,相当油含量 0.17 mg/L,对比级别 0,油性指数 0.8。

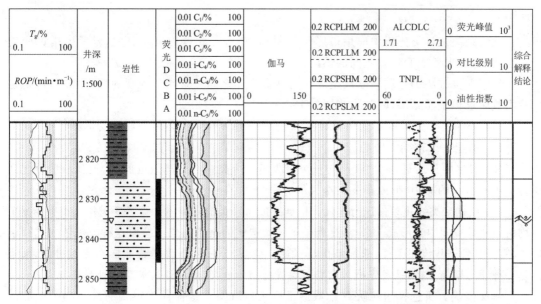

图 6-14 PL-X-8d 井录井综合解释成果图

最后一个分析样品点 2 840.00 m,相对于上面两个点有着明显的降低,可以判断储层
的下部含水;对上面两个点进行分析可以看出对比级别落在水层的区域内,全烃值相对于
基值增加 2~7 倍,且峰形不饱满,高值主要集中于储层的下部。利用纵向参数变化趋势法
综合分析,此储层应该受到了后期改造,储层内的油主要为剩余油,不具备工业产能,解释
为含油水层。2 828~2 840 m 测试,测试结论为水层,其间见少量油花,微量气,气体组分
齐全。

第三节 基于数学算法的油气水评价技术

数学方法在录井解释评价中的运用很多,主要有多变量统计分析方法,它主要解决样
品的分组与未知样品的预测问题。应用多元统计分析全面考虑各个参数(指标),定量划分
油气水层,改善判别效果。与传统地质分类方法相比较,判断分析方法的主要优点在于它
是从定量的角度出发,同时考虑多种变量(分类指标)的一种统计分析方法。本文主要介绍
动态聚类分析法、判别分析法、支持向量机、主成分分析法、贝叶斯、人工神经网络等方法。

一、动态聚类分析方法

动态聚类法又称逐步聚类法。首先,随机或者手动选取一批凝聚点,然后让样品向最
近的凝聚点凝聚。这样由点凝聚成类得到初始分类。初始分类不一定合理,然后按最近距
离原则修改不合理的分类,直到分类比较合理为止,从而形成一个最终的分类结果。动态

聚类分析方法原理如下：

向量 $\boldsymbol{X} = (X_1, X_2, \cdots, X_n)$ 与 $\boldsymbol{Y} = (Y_1, Y_2, \cdots, Y_n)$ 之间的距离或相似系数可以使用欧氏距离 $\sqrt{\sum_i (X_i - Y_i)^2}$ 来衡量。

欧氏距离是聚类分析中应用最广泛的距离，它与各变量的量纲有关，未考虑指标间的相互关系，也未考虑变量方差间的不同。

动态聚类方法仍是利用欧氏距离作为度量个体之间关系紧密程度的指标，并通过指定分类数而求得聚类结果，其基本步骤如下：

（1）选择聚类分析的变量和类数 k，参与聚类分析的变量必须是数值变量。

（2）确定 k 个初始类中心。

（3）根据距离最近原则进行分类，按照距离 k 个类中心距离最近原则，把观测量分配到各类中心所在的类中，形成第一次迭代的 k 个分类。

（4）根据聚类终止条件进行迭代。根据组成每一类的观测量计算各变量每一类中的 n 个均值在 n 维空间中又形成 k 个点，这就是第二次迭代的聚类结果。按照这种方法依次迭代下去，直到达到迭代终止条件，迭代停止，聚类结束。这个过程不仅是快速样本聚类过程，而且是一种动态聚类分析，就是先把被聚类对象进行初始分类，然后逐步调整得到最终分类。

本文聚类分析选择迭代次数 7，收敛准则为选取两次迭代计算得到的最小的类中心的变化距离，其小于初始类中心距离的 1‰ 时迭代停止。7 次迭代后，达到聚类结果的要求，获取动态聚类分析最后的聚类中心。

二、判别分析法

在自然科学和社会科学的各个领域经常遇到需要对某个个体属于哪一类进行判断，这就是判别分析的研究范畴。判别分析是根据表明事物特点的变量值和它们所属的类，求出判别函数，根据判别函数对未知所属类别的事物进行分类的一种分析方法。判别分析和前面的聚类分析有什么不同呢？主要不同点就是，聚类分析属于无监督学习，训练样本的标记信息是未知的，聚类分析是通过寻找数据的内在性质及规律来进行分类的。判别分析属于监督学习，它需要明确标记过的训练样本，利用这个数据就可以建立判别准则，并通过预测变量来为未知类别的观测值进行判别。

判别分析的目的是得到体现分类的函数关系式，即判别函数。基本思想是在已知观测对象的分类和特征变量的前提下，从中筛选出能提供较多信息的变量，并建立判别函数，目标是使得到的判别函数在对观测量进行判别时其所属类别的错判率最小。

线性判别函数的一般形式：
$$D(x_1, x_2, \cdots, x_n) = a_1 x_1 + a_2 x_2 + \cdots + a_n x_n + b$$
其中，$x_1, x_2, \cdots, x_n$ 为反映研究对象特征的变量；$a_1, a_2, \cdots, a_n$ 为各变量的系数，即判别系数；b 为偏置。

常用的判别方法有距离判别法、Fisher 判别法和核 Fisher 判别法。

1）距离判别法

由于已经知道所有点的类别了，所以可以求得每个类型的中心。这样只要定义了如何计算距离,就可以得到任何给定的点到各个中心的距离。显然,最简单的办法就是离哪个中心的距离最近,就属于哪一类。通常使用的距离是所谓的 Mahalanobis 距离,即马氏距离。用来比较到各个中心距离的数学函数称为判别函数(discriminant function)。这种根据远近判别的方法,原理简单,直观易懂。

2) Fisher 判别法

所谓 Fisher 判别法,就是一种先投影后判别的方法。

考虑只有两个(预测)变量的判别分析问题。假定这里只有两类,数据中的每个观测值是二维空间的一个点。这里只有两种已知类型的训练样本,其中一类有 38 个点(用"○"表示),另一类有 44 个点(用"＊"表示)。按照原来的变量(横坐标和纵坐标),很难将这两种点分开,于是就寻找一个方向,也就是图上的虚线方向,沿着这个方向朝和这个虚线垂直的一条直线进行投影会使得这两类分得最清楚。可以看出,如果向其他方向投影,判别效果不会比这个好。

有了投影之后,再用前面讲到的距离远近的方法来得到判别准则。这种首先进行投影的判别方法就是 Fisher 判别法。为了得到对判别最合适的变量,可以使用逐步判别。也就是,一边判别,一边引进判别能力最强的变量,这个过程可以有进有出。判断一个变量判别能力的方法有很多种,主要利用各种检验,这些不同方法可由统计软件选项来实现。

图 6-15 为 Fisher 判别法的示意图。

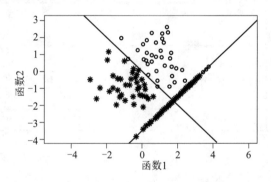

图 6-15　Fisher 判别法的示意图

由 Fisher 判别法可以得到两个典型判别函数,根据这两个函数对数据点的多个变量计算均可得到两个数,将这两个数作为横、纵坐标在平面上投点,得到类似于两组测井数据的交会图,如图 6-15 所示。从图上可以看出,第一个投影(相应于来自第一个典型判别函数横坐标值)已经能够很好地分辨类别了。这两个典型判别函数并不是平等的。完成上述工作后,再根据各点的位置远近算出具体的判别公式,通过判别公式得到各点属于哪类的值就将该点归属哪里。当然,我们一开始就知道这些训练数据的归属,因此可以做出相应的回判。

对黄河口凹陷东部走滑带数据进行处理及分析,对东部走滑带 17 口井共计 230 层油水层进行 Fisher 判别,选取黄河口凹陷东部走滑带全部显示层段的气测数据进行数据处理(剔除 2 m 以下油气显示层,剔除受油气层影响的异常层与干扰层)。

把显示层段分为三个组别,选取 20 种特征参数,获取各个组别的质心和质心函数,进一步判断 Fisher 线性判别函数相关性。判别效果如图 6-16 所示。

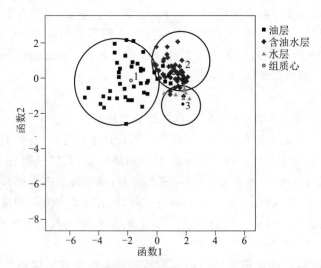

图 6-16　黄河口凹陷东部走滑带油水层 Fisher 判别示意图

黄河口凹陷东部走滑带油水层判别最终结果见表 6-3。

表 6-3　黄河口凹陷东部走滑带油水层判别最终结果

组　别		预测组别			总　数
		油　层	含油水层	水　层	
个数	油　层	47	5	0	47
	含油水层	0	56	5	56
	水　层	0	2	8	10
百分数/%	油　层	89.36	10.64	0	100
	含油水层	0	91.07	8.93	100
	水　层	0	20	80	100

　　针对黄河口凹陷东部走滑带选取的 113 个样本点，通过判别分析程序，得出最终针对全部 113 个数据点的预测反演正确率为 89.38%。其反演正确率见表 6-4。

表 6-4　Fisher 判别法反演预测结果统计

	层　数	不符合层数	正确率
油　层	47	5	89.36%
含油水层	56	5	91.07%
水　层	10	2	80%
总　数	113	12	89.38%

3）核 Fisher 判别法

　　Fisher 判别分析法是利用先验知识对未知样本进行分类，其分类的主要目标是寻找一个最佳投影方向，使得在这个方向上不同类别的样本的投影最大限度地分开，不同类别的样本达到最大程度的分离，进而完成线性分类；核 Fisher 判别分析（Kernel Fisher Discriminant Analysis，KFDA）与 Fisher 判别分析最大的不同即核 Fisher 判别分析可以用来解决非线性分类问题(图 6-17),而 Fisher 判别分析不能用来解决此类问题。

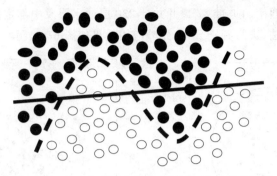

图 6-17　KFDA 解决部分样本空间不可分的分类问题

核 Fisher 判别分析法的技术原理即对样本输入空间线性不可分的数据,通过一个映射核函数,将原始数据变换到一个高维的特征空间,然后在特征空间中再应用 FDA 方法,在高维空间中实现线性分离。由于通过非线性变换得到了高维的特征空间,因此 KFDA 方法得出的判别方向应该对应于原始输入空间的非线性方向 KFDA 方法中的最优判别方向。具体实现流程如图 6-18 所示。

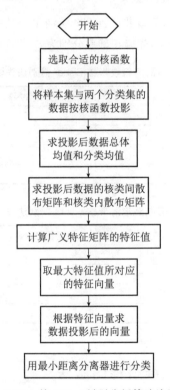

图 6-18　核 Fisher 判别分析算法流程图

对于一些非线性问题,可以通过非线性转换转化为某个高维空间的线性问题,再变换空间求最优分类面。通过对线性超平面的讨论可以看出,最优分类函数中只含待测样本和支持向量间的内积,而在高维中的这种内积运算可以用原空间中函数实现。核函数的基本作用就是接受两个低维空间里的向量,能够计算出经过某个变换后在高维空间里的向量内积值。根据泛函的有关理论,只要一种核函数 $K(x_i, x_j)$ 满足 Mercer 条件,即 $K(\cdot, \cdot)$ 对应的核矩阵为半正定矩阵,那么这个高维空间中的内积就能实现。

选取黄河口凹陷西南斜坡带 37 口井共计 230 层油水层及中部走滑带 22 口井共计 141 层油水层运用上述方法,进行判别分析,先验应用效果如图 6-19、图 6-20 所示。

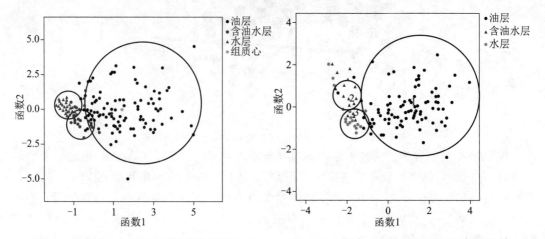

图 6-19　黄河口凹陷西南斜坡带应用效果图　　　图 6-20　黄河口凹陷中部走滑带应用效果图

选取黄河口凹陷西南斜坡带 37 口井共计 230 层油水层及中部走滑带 22 口井共计 141 层油水层运用上述方法,进行判别分析,先验正确率分别为 86.5% 和 88.65%,见表 6-5 和表 6-6。

表 6-5　黄河口凹陷西南斜坡带核 Fisher 判别法先验预测结果统计

	层　数	不符合层数	正确率
油　层	106	15	85.8%
含油水层	44	8	81.82%
水　层	80	8	90.0%
总　数	230	31	86.5%

表 6-6　黄河口凹陷中部走滑带核 Fisher 判别法先验预测结果统计

	层　数	不符合层数	正确率
油　层	91	5	94.50%
含油水层	23	8	65.22%
水　层	27	3	88.89%
总　数	141	16	88.65%

三、基于数学降维的二维解释图版法

人们常使用地化录井中一项或者多项参数组合来绘制二维图版,进而对油气水进行解释评价,本文基于数据降维技术,绘制了更加科学的解释图版,相比于常规解释图版分类效果更佳。使用 PCA 将岩石热解参数降维成一个综合参数再结合使用地化亮点绘制岩石热解解释图版,使用 LDA 将轻烃参数降维成两个综合参数绘制轻烃解释图版,由于组分数据较少,且只有两类,只做了热蒸发烃常规图版。

1. 数据降维方法研究

随着科技的发展,高维数据频繁地出现在科学研究以及工程等相关领域,使用这些高维数据,人们可以对客观事物进行细致的描述。但是在高维数据给人们带来便利的同时,也带来了相关的问题:它们自身具有的高维属性会成为发现事物背后规律的障碍,导致隐藏在高维数据背后的规律无法被直接发现,这种现象被称为"数据爆炸但知识匮乏"(data explosion but knowledge poverty)现象,因此如何从高维数据中发现存在于其中的规律对人们来说是一个具有挑战性的课题。在处理"维数灾难"(course of dimensionality)问题时,采用数据降维方法是十分必要的。通过降维,能够尽可能地发现隐藏在高维数据背后的规律,数据降维的优势主要体现在如下几个方面:

(1) 对原始数据进行有效压缩以节省存储空间;

(2) 可以消除原始数据中存在的噪声;

(3) 便于提取特征以完成分类或者识别任务;

(4) 将原始数据投影到二维或三维空间,实现数据可视化。

降维方法主要分为特征选择和特征提取两种方式,每种方式又包含多种不同形式处理方法。

1) 特征选择(Feature Selection)

特征选择是从一组特征中挑选一些最有效的特征以降低特征空间维数的过程,所选择出的特征是原始数据的一个子集,没有改变原始的特征空间。其主要有三种方法:Filter 方法、Wrapper 方法及 Embedded 方法,本文主要使用的是基于 Filter 方法的 ReliefF 算法。

Relief(Relevant Features)是著名的过滤式特征选择方法,Relief 为一系列算法,它包括最早提出的 Relief 以及后来拓展的 ReliefF 和 RReliefF。由于 Relief 算法比较简单,且运行效率高,结果也比较令人满意,因此得到广泛应用,但是其局限性在于只能处理两类别数据,因此 1994 年 Kononeill 对其进行了扩展,得到了 ReliefF 算法,可以处理多类别问题。ReliefF 算法在处理多类问题时,每次从训练样本集中随机取出一个样本 R,然后从和 R 同类的样本集中找出 R 的 k 个近邻样本(near hits),从每个 R 的不同类的样本集中找出 k 个近邻样本(near misses)(图 6-21),然后更新每个特征的权重,伪代码如下:

```
输入:带标签的训练数据集 D,迭代次数 m,最近邻样本个数 k
输出:预测的特征权值向量 W
① 初始化特征权值 W(A)= 0,1,…,p;
② for i= 1:m;
③ 从 D 中随机选取一个样本记为 Rᵢ;
④ 找到与样本 Rᵢ 同类的 k 个最近邻 Hᵢ;
⑤ 对每个类 C≠Class(Rᵢ),找出与 Rᵢ 不同类的 k 个最近邻 Mⱼ(C);
⑥ for A= :p;
更新每个特征值
```

$$W(A) := W(A) - \sum_{j=1}^{k} \frac{\text{diff}(A,R_1,H_j)}{(m \cdot k)} + \sum_{C \neq \text{class}(R_i)} \left[\frac{P(C)}{1 - P(\text{class}(R_i))} \sum_{j=1}^{k} \text{diff}(A,R_1,M_j(C)) \right] / (m \cdot k)$$

$$\text{diff}(A,R_1,R_2) = \begin{cases} \dfrac{|R_1[A] - R_2[A]|}{\max(A) - \min(A)} & \text{if A is continuous} \\ 0 & \text{if A is discrete and } R_1[A] = R_2[A] \\ 1 & \text{if A is discrete and } R_1[A] \neq R_2[A] \end{cases}$$

```
⑦ end
```

利用 ReliefF 算法,根据各个特征和类别的相关性赋予特征不同的权重,权值越大表示该特征对样本的区分能力越强,通过设置阈值就可以选择新的特征子集,从而达到降维目的。

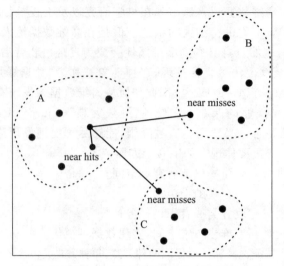

图 6-21　ReliefF 算法近邻样本示意图

2) 特征提取(Feature Extraction)

与特征选择功能类似,但特征提取是将多个特征参数通过线性或者非线性映射将高维空间中的原始数据投影到低维空间,这种综合指标是对原始数据紧致而又有意义的表示。特征提取使用最多的方法是主成分分析(PCA)和线性判别分析(LDA),它们属于线性变换方法。引入核函数,可以对 PCA 和 LDA 进行改造,形成 KPCA 和 KLDA 非线性降维方法,同时一些流形学习方法,如 ISOMap(等距映射)、LE(拉普拉斯特征映射)、LLE(局部线性嵌入)也可以进行非线性降维。本文着重阐述 PCA 和 LDA 两种降维方法。

(1) 主成分分析(Principal Component Analysis,PGA)。

主成分分析是目前应用广泛且最为人知的降维算法。PCA 假设数据之间的关系是线性的,其主要思想是在保持原始数据协方差结构的基础上通过线性投影得到低维表示,即最大总体方差。PCA 数据方差作为对信息衡量的准则:方差越大,它所能包含的信息就越多,反之包含的信息就越少。因此,PCA 可以看成一个坐标变换的过程:将高维数据的坐标投影到数据方差最大的方向组成的新的坐标系中,这样,PCA 可以将多个特征参数转换成少数综合指标。其伪代码如下:

输入:m 行 n 列训练数据集,所需降维数 k;
输出:特征向量 T,降维后矩阵 X;
① 将原始数据按列组成 m 行 n 列矩阵 A;
② 将 A 的每一行进行零均值化;
③ 求出协方差矩阵 $C = \frac{1}{m}AA^T$;
④ 求出协方差矩阵的特征值及对应的特征向量;
⑤ 将特征向量按对应特征值大小从左到右按列排列成矩阵,取前 k 列组成矩阵 T;
⑥ X= AT 即降维到 k 维后的数据。

(2) 线性判别分析(Liner Discriminant Analysis,LDA)

LDA 是一种有监督的分类和降维方法,广泛应用于分类和识别问题。虽然 PCA 是一种有效的降维算法,但是 PCA 所得到的主成分无法区分不同类别的数据,也就是 PCA 可以寻找最有效表示数据的主轴方向,并没考虑数据集中所包含的结构信息,这也是导致 PCA 在某些分类或识别问题上得不到好的效果的主要原因。LDA 在降维的过程中考虑了类别信息,它的目标是寻找最能对数据进行有效分类的方向。LDA 通过最小化类内离散度矩阵 S_w 的秩同时最大化类间离散度矩阵 S_b 的秩来寻找一个子空间以区分不同的类别。伪代码如下:

输入:带标签的训练数据集 D,所需降维数 k;
输出:特征向量 T,降维后矩阵 X;
①分离特征矩阵 A 和标签矩阵 Y;
②计算类内离散度矩阵 S_w;
③计算类间离散度矩阵 S_b;
④计算矩阵 $S_w^{-1}S_b$;
⑤计算矩阵 $S_w^{-1}S_b$ 的最大的 k 个特征值和对应的 k 个特征向量 $W(W_1, W_2, \cdots, W_k)$,得到投影矩阵;
⑥$X = AW$ 即降维到 k 维后的数据。

PCA 将整组数据整体映射到最方便表示这组数据的坐标轴上,映射时没有利用任何数据内部的分类信息,因此,虽然做了 PCA 后,整组数据在表示上更加方便(降低了维数并将信息损失降到最低,但在分类上也许会变得更加困难);LDA 可以明显看出,在增加了分类信息之后,两组输入映射到了另外一个坐标轴上,有了这样一个映射,两组数据之间就变得更易区分了(在低维上就可以区分,减少了很大的运算量)(图 6-22)。由于 LDA 在降维过程中考虑了数据的类别信息,与 PCA 相比,其得到的低维数据样本的区分性更好。一般认为,LDA 的分类效果要好于 PCA。当然,也存在其他情况:当数据样本较少或者没有被均匀采样时,即不能很好地表现样本的真实分布时,PCA 的分类效果可能会好于 LDA。两种降维方法对比见表 6-7。

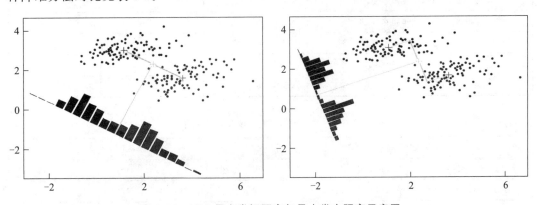

图 6-22 LDA 最大类间距离与最小类内距离示意图

表 6-7 PCA 与 LDA 比较

相同点	不同点
两者均可以对数据进行降维	LDA 是有监督的降维方法,而 PCA 是无监督的降维方法
两者在降维时均使用了矩阵特征分解的思想	LDA 降维最多降到类别数 $k-1$ 的维数,而 PCA 没有这个限制
两者都假设数据符合高斯分布	LDA 除了可以用于降维,还可以用于分类
	LDA 选择分类性能最好的投影方向, 而 PCA 选择样本点投影具有最大方差的方向

2. 岩石热解解释图版

采用 PCA 方法将五维热解参数进行降维,得到的主成分 X 作为横坐标,同时将地化亮点参数作为纵坐标,绘制解释图版。使用 SVM 绘制图版边界线,由于水层及干层不好区分,看作一类,且分布范围较小,故使用 RBF 核函数设置合适的 γ 值,其他边界线均采用 polynomial 核函数来绘制。最后利用 2017 年的 13 口井资料对制作的图版进行了验证,并计算准确率(表 6-8)。

从使用 PCA 拟合的公式中可知,每个公式中的 OPI 和 TPI 前的系数很小,可以忽略不计,再将公式中的 P_g 进行相似分解成 S_1 和 S_2,最后可以将原公式化近似简化成只关于 S_1 和 S_2 的二元多项式。S_1 和 S_2 的系数与研究区油质有密切关系,二者的系数之和为 2.4 左右,其中中质油 S_1 的系数偏高,平均值为 1.308,重质油 S_2 的系数偏高,平均值为 1.31。S_1 和 S_2 的系数,随着油质的变化而变化,油质越重,S_2 的系数越大。经主成分分析降维形成的新参数 $a \cdot S_1 + b \cdot S_2$ 可以反映岩石的生烃潜量,区别于常规的 $S_1 + S_2$,不同的油质决定了 S_1 和 S_2 的系数变化,这样计算更加科学准确(表 6-9)。

表 6-8 新井资料验证解释图版准确率

位置层位及油质	验证点数	符合点数	符合率
渤中凹陷西部明化镇组重质油	21	19	90.48%
渤中凹陷西部馆陶组中质油	11	10	90.91%
渤中凹陷西部馆陶组重质油	15	12	80.00%
渤中凹陷西部东营组中质油	16	15	93.75%
渤东低凸起南部明化镇组重质油	19	17	89.47%
渤南低凸起明化镇组重质油	35	32	91.43%
黄河口凹陷明化镇组中质油	8	7	87.50%
黄河口凹陷东营组中质油	16	15	93.75%
莱州湾凹陷沙河街组中质油	42	39	92.86%

表 6-9 中质油与重质油系数分析表

中质油系数				重质油系数			
区域层位	S_1	S_2	求 和	区域层位	S_1	S_2	求 和
石臼坨凸起沙河街组	1.40	0.90	2.30	辽东凸起馆陶组	1.20	1.26	2.46
辽中凹陷东营组	1.36	1.01	2.37	辽中凹陷东营组	1.21	1.26	2.47
黄河口凹陷东营组	1.35	1.03	2.38	渤中凹陷西部明化镇	1.15	1.28	2.43
黄河口凹陷明化镇组	1.34	1.05	2.39	渤东低凸起南部明化镇组	1.17	1.28	2.45
辽东凸起东营组	1.33	1.07	2.40	渤南低凸起明化镇组	1.07	1.33	2.40
渤中凹陷西部东营组	1.33	1.07	2.40	庙西凸起馆陶组	1.06	1.34	2.40
渤中凹陷西部明化镇组	1.33	1.09	2.42	莱州湾凹陷馆陶组	1.05	1.35	2.40
渤中凹陷西部馆陶组	1.30	1.13	2.43	渤中凹陷西部馆陶组	1.04	1.36	2.40
辽中凹陷沙河街组	1.24	1.22	2.46	莱州湾凹陷明化镇组	1.37	1.37	2.74

续表

中质油系数				重质油系数			
区域层位	S_1	S_2	求　和	区域层位	S_1	S_2	求　和
莱州湾凹陷沙河街组	1.10	1.32	2.42				
平均值	1.31	1.09	2.40	平均值	1.15	1.31	2.46

1）辽东凸起

辽东凸起进行分类预测的部位主要包括东营组中质油及馆陶组重质油,使用支持向量机建模的分类预测准确率为 92.31% 和 83.95%。分别绘制了这两个区域及层位降维解释图版及常规解释图版。降维解释图版横坐标为主成分分析所计算出的参数,经过上面的分析,其可以反映生烃潜量,值越大表示含油气性越好,而纵坐标地化亮点的大小也可以反映油气含量的变化规律,结合二者绘制的降维图版,油气水分类规律较好,常规图版的轻重比在横向上分类效果不好,不能很好地表现水层、含油水层、油水同层到油层的变化规律(图 6-23)。研究区其他图版均具有以上特征。主成分 X 的计算公式见表 6-10。

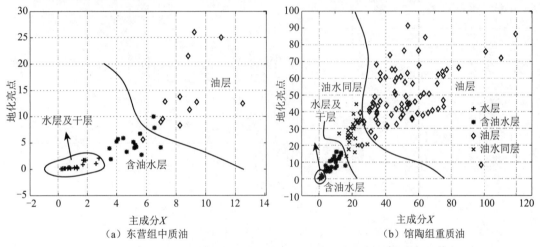

（a）东营组中质油　　　　　　　（b）馆陶组重质油

图 6-23　辽东凸起东营组中质油及馆陶组重质油降维解释图版

表 6-10　主成分计算公式

位置层位及油质	主成分 X 计算公式
辽东凸起东营组中质油	$X = 0.53 \times S_1 + 0.27 \times S_2 + 0.80 \times P_g + 0.04 \times OPI + 0.04 \times TPI$
辽东凸起馆陶组重质油	$X = 0.38 \times S_1 + 0.44 \times S_2 + 0.82 \times P_g + 0.00 \times OPI + 0.00 \times TPI$

2）辽中凹陷

对该区域的沙河街组中质油、东营组中质油进行了分类预测,支持向量机分类模型预测准确率分别为 90.00%、89.58%。分别绘制了降维解释图版和常规解释图版,主成分 X 计算公式见表 6-11,解释图版如图 6-24、图 6-25 所示。

表 6-11　主成分计算公式

位置层位及油质	主成分 X 计算公式
辽中凹陷沙河街组中质油	$X = 0.42 \times S_1 + 0.39 \times S_2 + 0.82 \times P_g + 0.00 \times OPI + 0.00 \times TPI$
辽中凹陷东营组中质油	$X = 0.57 \times S_1 + 0.22 \times S_2 + 0.79 \times P_g + 0.02 \times OPI + 0.01 \times TPI$

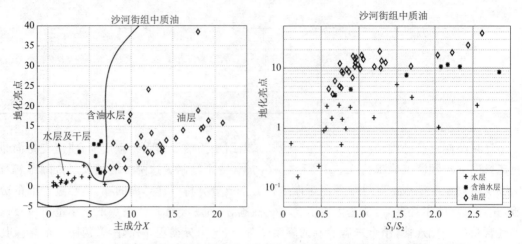

图 6-24 辽中凹陷沙河街组中质油降维解释图版(左)及常规解释图版(右)

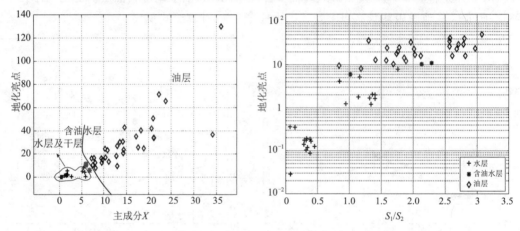

图 6-25 辽中凹陷东营组中质油降维解释图版(左)及常规解释图版(右)

3)石臼坨凸起

仅对该区域沙河街组中质油进行了分类预测,准确率为 88.24%,主成分 X 计算公式为 $X = 0.63 \times S_1 + 0.13 \times S_2 + 0.77 \times P_g + 0.02 \times OPI + 0.02 \times TPI$,解释图版如图 6-26 所示。

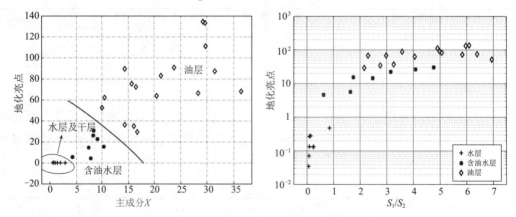

图 6-26 石臼坨凸起沙河街组中质油降维解释图版(左)及常规解释图版(右)

4）渤中凹陷西部

此区域的分类预测的部位主要为明化镇组中质油、明化镇组重质油、馆陶组中质油及东营组中质油,模型分类预测准确率分别为97.26%、89.36%、90.91%及88.63%,主成分X计算公式见表6-12,对绘制的降维解释图版利用新井解释资料进行了验证,其中明化镇组重质油、馆陶组中质油及东营组中质油的验证符合率为90.48%、90.91%及93.75%,同时绘制了常规解释图版与降维解释图版做对比(图6-27~图6-30)。

表6-12 主成分计算公式

位置层位及油质	主成分 X 计算公式
渤中凹陷西部明化镇组中质油	$X=0.52 \times S_1+0.28 \times S_2+0.81 \times P_g+0.01 \times OPI+0.01 \times TPI$
渤中凹陷西部明化镇组重质油	$X=0.34 \times S_1+0.47 \times S_2+0.81 \times P_g+0.00 \times OPI+0.00 \times TPI$
渤中凹陷西部馆陶组中质油	$X=0.49 \times S_1+0.32 \times S_2+0.81 \times P_g+0.01 \times OPI+0.01 \times TPI$
渤中凹陷西部东营组中质油	$X=0.53 \times S_1+0.27 \times S_2+0.80 \times P_g+0.02 \times OPI+0.02 \times TPI$

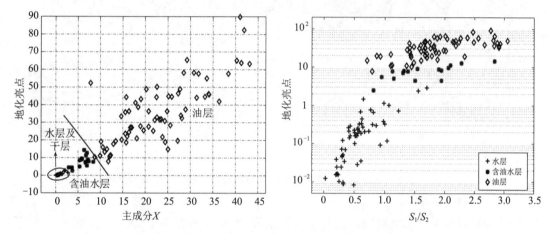

图6-27 渤中凹陷西部明化镇组中质油降维解释图版(左)及常规解释图版(右)

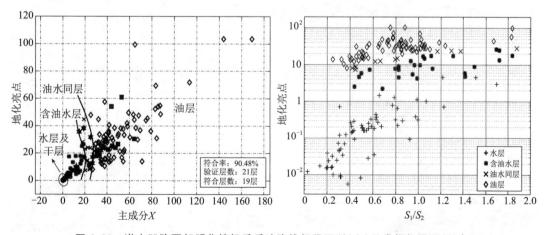

图6-28 渤中凹陷西部明化镇组重质油降维解释图版(左)及常规解释图版(右)

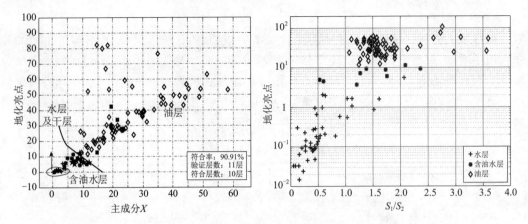

图 6-29 渤中凹陷西部馆陶组中质油降维解释图版(左)及常规解释图版(右)

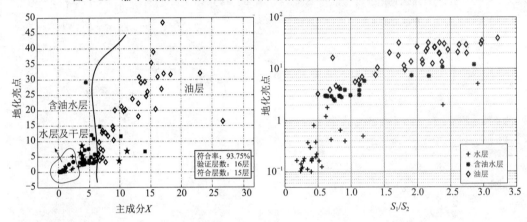

图 6-30 渤中凹陷西部东营组中质油降维解释图版(左)和常规解释图版(右)

5) 渤东低凸起南部

此区域仅对明化镇组重质油进行了分类预测,预测准确率为 88.89%,主成分 X 计算公式为 $X=0.35\times S_1+0.46\times S_2+0.82\times P_g-0.00\times OPI+0.00\times TPI$,并对解释图版用新井资料进行了验证,符合率为 89.47%(图 6-31)。

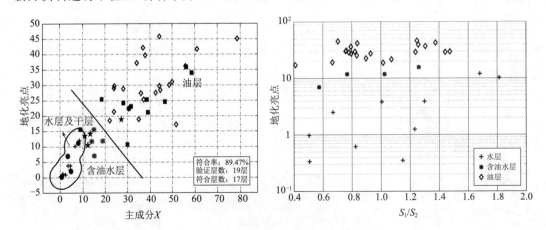

图 6-31 渤东低凸起南部明化镇组重质油降维解释图版(左)和常规解释图版(右)

6）庙西凸起

仅对该区域内的馆陶组重质油进行了分类预测，模型预测准确率为 96.97%，主成分 X 计算公式为 $X=0.26\times S_1+0.54\times S_2+0.80\times P_g-0.00\times OPI-0.00\times TPI$，降维及常规解释图版如图 6-32 所示。

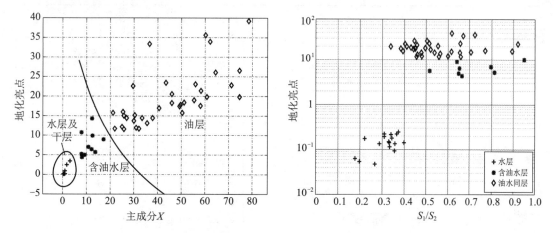

图 6-32　庙西凸起馆陶组重质油降维解释图版(左)和常规解释图版(右)

7）渤南低凸起

该区域仅对明化镇组重质油进行了分类，预测准确率为 81.67%，主成分 X 计算公式为 $X=0.27\times S_1+0.53\times S_2+0.80\times P_g+0.00\times OPI+0.00\times TPI$，同时利用新井资料对解释图版进行了验证，验证符合率为 91.43%，解释图版如图 6-33 所示。

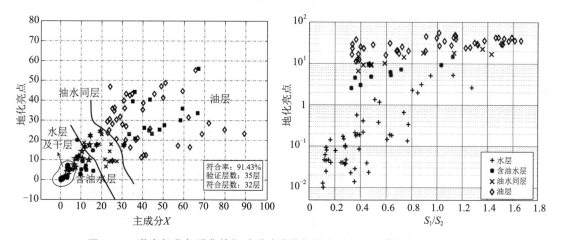

图 6-33　渤南低凸起明化镇组重质油降维解释图版(左)和常规解释图版(右)

8）黄河口凹陷

该区域对明化镇组中质油及东营组中质油进行了分类，支持向量机模型预测准确率分别为 80.00% 和 85.71%。主成分 X 计算公式见表 6-13，同时使用新井资料对降维解释图版进行了验证，验证符合率分别为 87.50% 和 93.75%，同时也绘制了常规解释图版（图 6-34、图 6-35）。

表 6-13　主成分计算公式

位置层位及油质	主成分 X 计算公式
黄河口凹陷明化镇组中质油	$X=0.54\times S_1+0.25\times S_2+0.80\times P_g+0.01\times OPI+0.01\times TPI$
黄河口凹陷东营组中质油	$X=0.55\times S_1+0.23\times S_2+0.80*P_g+0.02\times OPI+0.02\times TPI$

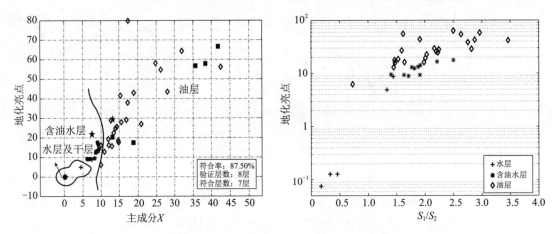

图 6-34　黄河口凹陷明化镇组中质油降维解释图版(左)和常规解释图版(右)

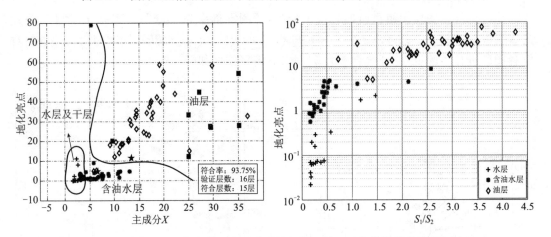

图 6-35　黄河口凹陷东营组中质油降维解释图版(左)和常规解释图版(右)

9）莱州湾凹陷

莱州湾凹陷分类的主要层位为明化镇组重质油、馆陶组重质油及沙河街组中质油,模型预测准确率分别为 90.44%、85.71% 及 93.18%。受古近系晚期喜山运动引起的区域性地壳抬升的影响,莱州湾凹陷东营组顶部泥质盖层遭受剥蚀,因此该区早期形成的古近系下组合油藏遭受了严重的生物降解及水洗作用,同时该区又在喜山运动之后继续充注了高成熟的油气,使得该区油质普遍偏重。由主成分 X 的计算公式可见 S_1 和 S_2 的系数偏大(表 6-14),对沙河街组中质油的降维解释图版用新井资料进行了验证,验证符合率为92.86%,同时也绘制了常规解释图版(图 6-36～图 6-38)。

表 6-14　主成分计算公式

位置层位及油质	主成分 X 计算公式
莱州湾凹陷明化镇组重质油	$X=0.21\times S_1+0.58\times S_2+0.79\times P_g-0.00\times OPI-0.00\times TPI$
莱州湾凹陷馆陶组重质油	$X=0.25\times S_1+0.55\times S_2+0.80\times P_g+0.00\times OPI+0.00\times TPI$
莱州湾凹陷沙河街组中质油	$X=0.29\times S_1+0.51\times S_2+0.81\times P_g-0.00\times OPI-0.00\times TPI$

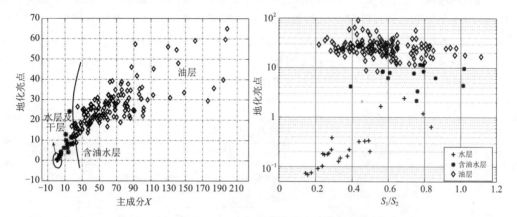

图 6-36　莱州湾凹陷明化镇组重质油降维解释图版(左)和常规解释图版(右)

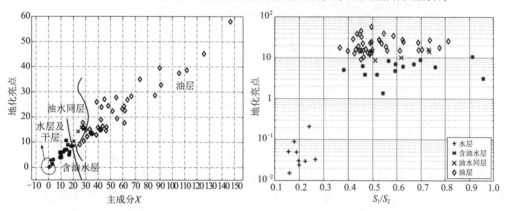

图 6-37　莱州湾凹陷馆陶组重质油降维解释图版(左)和常规解释图版(右)

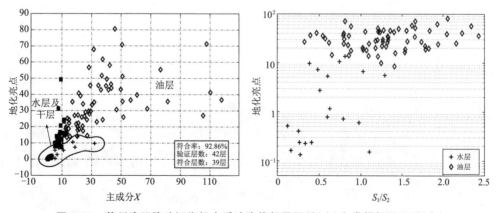

图 6-38　莱州湾凹陷沙河街组中质油降维解释图版(左)和常规解释图版(右)

3. 轻烃色谱分析解释图版

轻烃泛指原油中的汽油馏分,是一种复杂的多组分混合物,主要为 $C_1 \sim C_9$ 烃类,储层岩石或原油中可分析检测轻烃组分达 103 个化合物。以往一般是从众多检测的化合物中选一种或多种参数组合来制作轻烃解释图版,所选取的参数能体现一定的地质意义,如苯系数、甲苯系数可以反映水洗作用,戊烷异构化系数、己烷异构化系数能反映生物降解作用,轻烃丰度、轻重比能反映储层含油量。但是这些单一或者组合参数具有一定的局限性,并不能全面地反映轻烃色谱分析中所包含的信息,因此本文使用数据降维方法。先使用 ReliefF 算法对轻烃众多参数赋予权重进行特征选择,然后使用线性判别继续对权重大的参数进行降维和分类,最后绘制降维解释图版,取得良好的分类效果。线性判别分析计算公式见表 6-15。

表 6-15　线性判别分析计算公式

位置层位及油质	计算公式
渤中凹陷西部馆陶组重质油	$LD_1 = -0.000\,7 \times \text{n-}C_3H_8 + 0.030\,1 \times \text{n-}C_4H_{10} + 0.435\,1 \times \text{ctc123TMCYC}_5 - 0.452\,3 \times \text{t1E}_2\text{MCYC} + 0.775\,4 \times 234\text{TMC5} - 0.062\,4 \times \text{i-}C_5H_{12}$
	$LD_2 = -0.000\,7 \times \text{n-}C_3H_8 + 0.002\,2 \times \text{n-}C_4H_{10} - 0.075\,0 \times \text{ctc123TMCYC}_5 + 0.147\,1 \times \text{t1E2MCYC}_5 + 0.986\,3 \times 234\text{TMC5} - 0.003\,0 \times \text{i-}C_5H_{12}$
石臼坨凸起东营组中质油	$LD_1 = 0.018\,3 \times \text{n-}C_8H_{18} + 0.171\,3 \times 23\text{DMC}_5 + 0.039\,2 \times \text{n-}C_7H_{16} - 0.475\,6 \times 4\text{MC}_7 + 0.790\,9 \times 234\text{TMC}_5 + 0.083\,9 \times 2\text{MC}_7 - 0.273\,2 \times 3\text{MC}_6 - 0.188\,2 \times \text{ctc123TMCYC}_5$
	$LD_2 = -0.044\,2 \times \text{n-}C_8H_{18} + 0.707\,1 \times 23\text{DMC}_5 + 0.033\,5 \times \text{n-}C_7H_{16} + 0.359\,5 \times 4\text{MC}_7 - 0.572\,9 \times 234\text{TMC}_5 - 0.075\,7 \times 2\text{MC}_7 - 0.171\,9 \times 3\text{MC}_6 - 0.064\,8 \times \text{ctc123TMCYC}_5$

1) 渤中凹陷西部馆陶组重质油

首先对该区域轻烃参数进行了权重分析,设置阈值为 0.061,从直方图中可以观察到,$\text{n-}C_3H_8$、$\text{n-}C_4H_{10}$、$\text{i-}C_5H_{12}$、ctc123TMCYC_5、234TMC_5、t1E2MCYC_5 的权重值符合标准,故选择出来(图 6-39)。然后对这些参数使用线性判别分析进行降维分类,同时绘制了常规解释图版,其效果不如降维解释图版(图 6-40)。

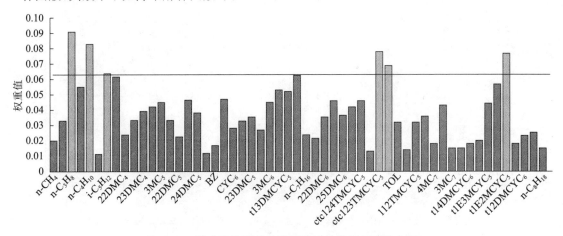

图 6-39　渤中凹陷西部馆陶组重质油轻烃权重分布图

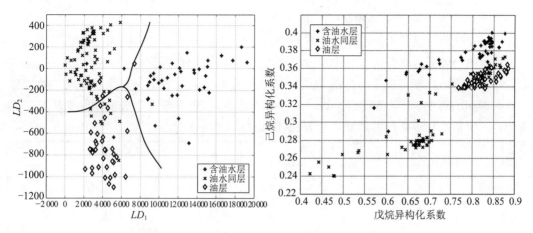

图 6-40 渤中凹陷西部馆陶组重质油轻烃降维(左)与常规(右)解释图版

2）石臼坨凸起沙河街组中质油

使用 ReliefF 算法对石臼坨凸起沙河街组中质油轻烃色谱分析的众多特征参数进行了权重分析，设定阈值为 0.1，选择出 33DMC$_5$、1E1MCYC$_5$、t13DMCYC$_6$、n-C$_5$H$_{12}$、i-C$_5$H$_{12}$、n-C$_4$H$_{10}$六项特征参数（图 6-41）。再结合线性判别分析，对此八项参数进行线性降维分析，得到两个综合参数，绘制降维解释图版，同时绘制常规解释图版（图 6-42）。

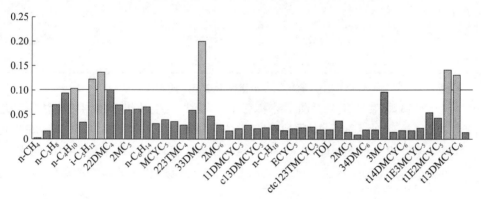

图 6-41 石臼坨凸起沙河街中质油轻烃权重分布图

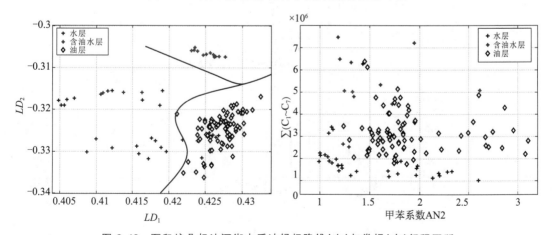

图 6-42 石臼坨凸起沙河街中质油轻烃降维(左)与常规(右)解释图版

3) 热蒸发色谱分析解释图版

热蒸发气相色谱技术是一种应用岩石中烃类组分检测的录井方法,由于该项技术具有把岩石中的烃类混合物分离成单个组分的能力,在储层原油性质识别、排除污染干扰、油气水层评价等方面发挥了重要的作用,为油田勘探开发提供了有效的技术手段。受生物降解及水洗作用的影响,不同性质原油的组分谱图形态不同,根据现有组分数据分别研究了区内的轻—中质油和重质油的解释评价方法(图 6-43)。

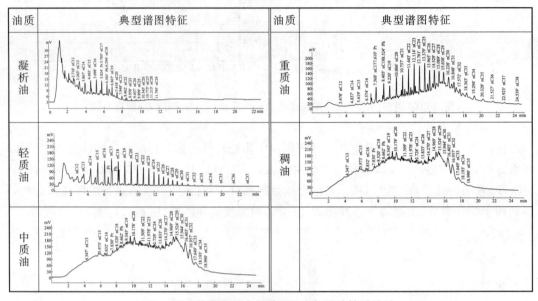

图 6-43　热蒸发烃分析谱图形态与原油性质关系

对于轻—中质油,由于组分谱图形态特征十分相似,直接从组分谱图中无法很好地识别油层及油水同层,因此将轻—中质油热蒸发烃组分图按照正构烷烃和未分辨峰进行分离。从分离出来的未分辨峰的谱图中可以发现不同流体性质的谱图中油细微的变化,这样有利于区分油气水层(图 6-44、图 6-45)。分别计算正构烷烃和未分辨峰的总峰面积,选择

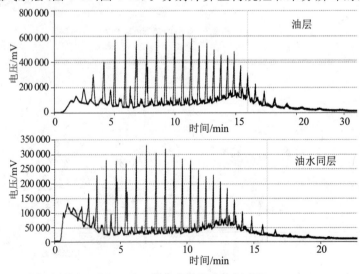

图 6-44　热蒸发烃组分分析谱图

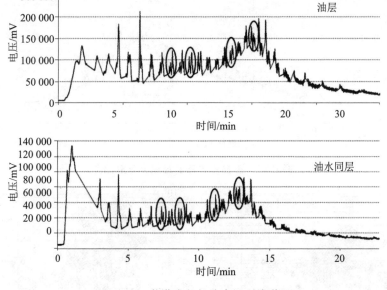

图 6-45 热蒸发烃组分未识别峰谱图

合适参数绘制轻－中质油热蒸发烃解释图版,由于研究区数据有限,只绘制了油水解释图版,分类效果较好(图 6-46)。

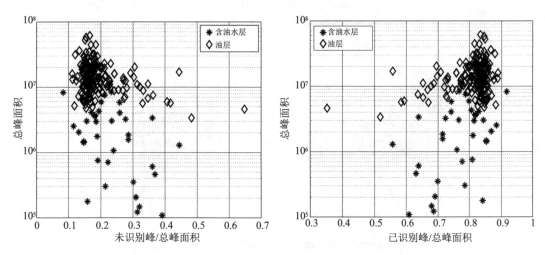

图 6-46 渤海油田热中质油热蒸发烃解释图版

对于重质油,由于受生物降解作用影响程度较大,原油中的中正构烷烃逐渐缺失,类异戊二烯烷烃和重排甾烷缺失,烃类中的三环萜烷、甾烷、藿烷在饱和组分分馏中缺失。从严重降解稠油样品的"基线鼓包"(不可分辨的复杂混合物)中计算包络线的面积,根据轻－中－重部分的相对含量可区分出储层含油性及含水情况,分别计算轻－中－重部分的峰面积,然后选择合适参数组合,绘制重质油热蒸发烃解释图版(图 6-47、图 6-48)。同样受数据限制,只绘制了研究区内油水解释图版。

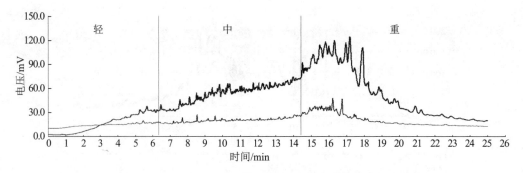

图 6-47 重质油热蒸发烃组分分解图

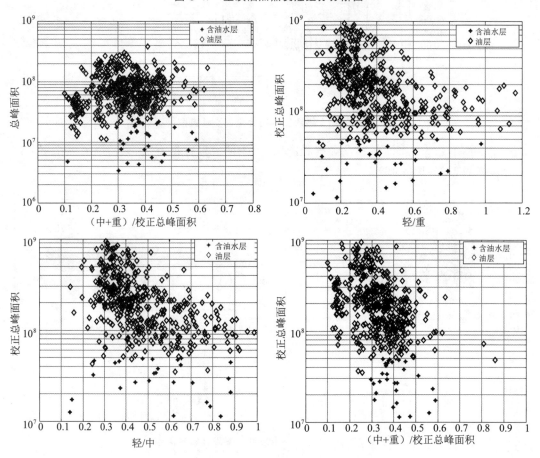

图 6-48 渤海油田重质油热蒸发烃解释图版

四、数据挖掘技术分类模型解释方法

数据挖掘技术中的分类算法主要包括朴素叶贝斯、决策树、人工神经网络、支持向量机、KNN、AdaBoost、Logistic 回归等几种算法,本文重点介绍朴素贝叶斯、决策树、支持向量机和人工神经网络四种分类算法及其在渤海油田录井油气评价技术方面的应用。通过对不同算法进行对比分析,同时对地化录井数据进行建模、预测,为录井综合解释提供参考。

1. 朴素贝叶斯

朴素贝叶斯(Naïve Bayesian)法是基于贝叶斯定理与特征条件独立假设的分类方法。对于给定的训练数据集,首先基于特征条件独立假设学习输入/输出的联合概率分布;然后基于此模型,对给定的输入 x,利用贝叶斯定理求出后验概率最大的输出 y。朴素贝叶斯法实现简单,学习与预测的效率都很高,是一种常用的方法。整体上朴素叶贝斯分类可分为三个阶段:① 准备工作阶段,确定特征属性;② 分类器训练阶段,生成分类器;③ 应用阶段,使用分类器对分类项进行分类。朴素贝叶斯流程如图 6-49 所示。

2. 决策树

决策树(Decision Tree)呈树形结构,在分类问题中,表示基于特征对实例进行分类的过程,其由结点(node)和有向边(directed edge)组成。节点有两种类型:内部节点(internal node)和叶结点(leaf node)。内部结点表示一个特征或属性,叶结点表示一个类(图 6-50)。决策树可以认为是 if—then 规则的集合,也可以认为是定义在特征空间与类空间上的条件概率分布,其主要优点是模型具有可读性,分类速度快。学习时,利用训练数据,根据损失函数最小化的原则建立决策树模型。预测时,对新的数据利用决策树模型进行分类。决策树学习通常包括三个步骤:特征选择、决策树的生成和决策树的修剪。这些决策树的思想主要来源于由 Quinlan 在 1986 年提出的 ID3 算法和 1993 年提出的 C4.5 算法,以及由 Breiman 等人在 1984 年提出的 CART 算法。

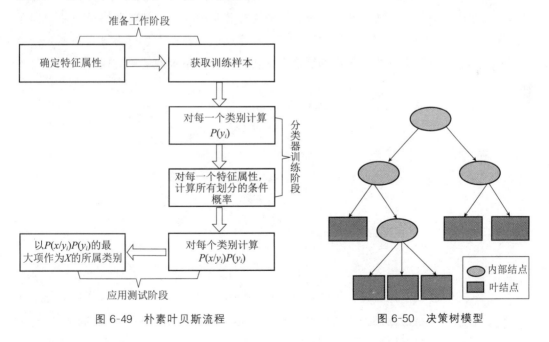

图 6-49　朴素叶贝斯流程　　　　图 6-50　决策树模型

3. 人工神经网络

人工神经网络简称神经网络(Artificial Neural Network,NN),是基于生物学中神经网络的基本原理,在理解和抽象了人脑结构和外界刺激响应机制后,以网络拓扑知识为理论基础,模拟人脑的神经系统对复杂信息的处理机制的一种数学模型。该模型以并行分布的处理能力、高容错性、智能化和自学习等能力为特征,将信息的加工和存储结合在一起,以其独特的知识表示方式和智能化的自适应学习能力,引起各学科领域的关注。它实际上是一个由大量简单元件相互连接而成的复杂网络,具有高度的非线性,能够进行复杂的逻辑操作和非线性关系实现的系统。

神经网络是一种运算模型,由大量的节点(或称神经元)相互连接构成。每个节点代表一种特定的输出函数,称为激活函数(activation function)。每两个节点间的连接都代表一个对于通过该连接信号的加权值,称之为权重(weight),神经网络就是通过这种方式来模拟人类的记忆。网络的输出取决于网络的结构、网络的连接方式、权重和激活函数。而网络自身通常都是对自然界某种算法或者函数的逼近,也可能是对一种逻辑策略的表达。神经网络的构筑理念是受到生物的神经网络运作启发而产生的。人工神经网络则是把对生物神经网络的认识与数学统计模型相结合,借助数学统计工具来实现。在人工智能学的人工感知领域,我们通过数学统计学的方法,使神经网络能够具备类似于人的决定能力和简单的判断能力,这种方法是对传统逻辑学演算的进一步延伸。

人工神经网络中,神经元处理单元可表示不同的对象,例如特征、字母、概念,或者一些有意义的抽象模式。网络中处理单元的类型分为三类:输入单元、输出单元和隐单元(图 6-51)。输入单元接受外部世界的信号与数据;输出单元实现系统处理结果的输出;隐单元是处在输入和输出单元之间,不能由系统外部观察的单元。神经元间的连接权值反映了单元间的连接强度,信息的表示和处理体现在网络处理单元的连接关系中。人工神经网络是一种非程序化、适应性、大脑风格的信息处理,其本质是通过网络的变换和动力学行为得到一种并行分布式的信息处理功能,并在不同程度和层次上模仿人脑神经系统的信息处理功能。

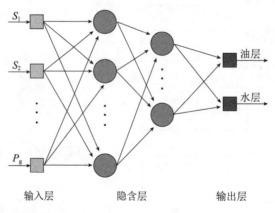

图 6-51　神经网络逻辑架构

神经网络,是一种应用类似于大脑神经突触连接结构进行信息处理的数学模型,它是在人类对自身大脑组织结合和思维机制的认识理解基础之上模拟出来的,它是根植于神经科学、数学、思维科学、人工智能、统计学、物理学、计算机科学以及工程科学的一门技术。神经网络主要包含单层感知器,线性神经网络、BP 神经网络及径向基函数网络,本文主要使用 BP 神经网络。

4. 支持向量机

支持向量机(Support Vector Machine,SVM)是一种二分类模型。其基本模型是定义在特征空间上的间隔最大的线性分类器,间隔最大使 SVM 有别于感知机;SVM 还包括核技巧,这使它成为实质上的非线性分类器。SVM 的学习策略是间隔最大化,因此可形式化为一个求解凸二次规划(convex quadratic programming)的问题,SVM 的学习算法是求解凸二次规划的最优化算法,其中序列最小最优化算法(SMO)是 SVM 的一种快速学习算法。

SVM 学习方法包含构建由简单到复杂的模型:线性可分支持向量机(linear support vector machine in linearly separable case)、线性支持向量机(linear support vector machine)及非线性支持向量机(non-linear support vector machine)。简单模型是复杂模型的基础,也是复杂模型的特殊情况。当训练数据线性可分时,通过硬间隔最大化(hard margin maximization)学习一个线性分类器,即线性可分支持向量机,又称为硬间隔支持向量机;当训练数据近似线性可分时,通过软间隔最大化(soft margin maximization),也学习了一个线性分类器,即线性支持向量机,又称为软间隔支持向量机;当训练数据线性不可分时,通过使用核技巧(kernel trick)即软间隔化,学习非线性支持向量机,通过选择适当核函数,将数据映射到高维空间,构造最优分类超平面,解决在原始空间中线性不可分的问题。Cortes 与 Vapnik 提出线性支持向量机,Boser、Guyon 与 Vapnik 又引入核技巧,提出非线性支持向量机(图 6-52、图 6-53)。

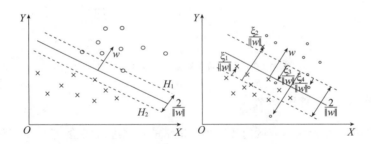

图 6-52　线性可分支持向量机(左)与线性支持向量机(右)

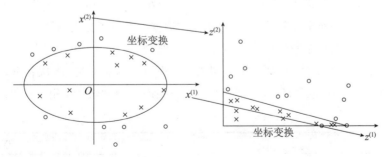

图 6-53　非线性支持向量机

上文所介绍的支持向量机只是针对二分类模型,但在现实生活中我们往往需要对目标属性进行多分类,这时就需要构造多分类分类器,同时解决油气水层多分类划分的问题。常用的 SVM 多分类方法主要包括一类对余类法(OVR)、一对一法(OVO)、二叉树法(BT)等(图 6-54)。

(1)一类对余类法。

对于 K 个类别的问题,训练出 K 个分类器。每个分类器将训练样本分成 K_i 类与非 K_i 类,然后用 SVM 训练出模型。每个分类器只能回答是否属于 K_i 的答案。此种方法会造成一个样本数据属于多个类别的情况。

(2)一对一法。

在 K 分类的情况下,训练出 $K(K-1)/2$ 个分类器,即每两个类别训练出一个分类器,然后根据 $K(K-1)/2$ 个分类器的结果,采用投票方法给出预测结果。此种方法依然造成部分数据不属于任何类的问题。

(3)二叉树法。

在 K 分类的情况下,训练出 $K-1$ 个分类器。先将所有类别分成两个子类,再将子类进一步划分成两个次级子类,如此循环下去,直到所有的节点都只包含一个单独的类别为止,此节点也是决策树中的叶子。

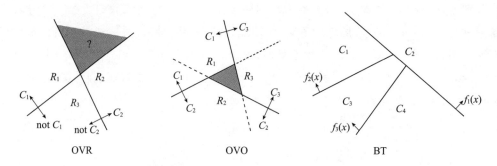

图 6-54　支持向量机多分类方法示意图

5. 不同分类方法对比分析

通过查找相关文献及对研究区内各二级构造带的数据进行实验,对以上四种不同分类方法进行了对比分析,整体上来看朴素贝叶斯(NB)、决策树、BP 神经网络及支持向量机这四种分类方法具有相似的预测准确率(表 6-16、表 6-17)。表 6-16 为 Jin Huang 等人的研究成果,用 NB、C4.5 及 SVM 三种分类算法对 13 个不同的数据库进行了分类预测,研究表明,预测结果相近同时 SVM 预测准确率较高;表 6-17 为使用 BP 神经网络和 SVM 对各二级构造带的岩石热解数据进行了分类统计,从结果中可以看出,SVM 更优。因此,本次在 Matlab 上采用 LibSVM 软件包实现油气水层的分类,简单快速,易于使用,分类默认使用一对一法(OVO)。

表 6-16　NB、C4.5 及 SVM 预测准确率

Dataset	NB	C4.5	SVM
breast	97.50%	92.80%	96.50%
cars	86.40%	85.10%	97.00%

续表

Dataset	NB	C4.5	SVM
credit	85.80%	88.80%	86.40%
echocardio	71.90%	73.60%	73.60%
ecoli	96.70%	95.50%	96.40%
heart	80.80%	81.20%	79.70%
hepatitis	83.00%	84.02%	85.80%
import	96.10%	100.00%	100.00%
liver	62.30%	61.10%	60.50%
mushroom	97.20%	100.00%	99.90%
pina	71.40%	71.70%	72.20%
thyroid	95.70%	96.60%	96.70%
voting	91.40%	96.60%	97.00%
Average	85.86%	86.69%	87.82%

表 6-17 各二级构造带 BP 神经网络与 SVM 岩石热解预测准确率

位置层位及油质	BP神经网络	支持向量机	位置层位及油质	BP神经网络	支持向量机
庙西凸起馆陶组重质油	96.97%	96.97%	莱州湾凹陷沙河街组中质油	97.73%	93.18%
渤东低凸起南部明化镇组重质油	94.44%	88.89%	莱州湾凹陷馆陶组重质油	82.86%	85.71%
渤中凹陷西部东营组中质油	84.44%	88.63%	辽东凸起东营组中质油	84.62%	92.31%
渤中凹陷西部明化镇组中质油	97.26%	97.26%	辽东凸起馆陶组重质油	91.36%	83.95%
渤中凹陷西部明化镇组重质油	89.36%	86.17%	辽中凹陷东营组中质油	56.67%	90.00%
渤中凹陷西部馆陶组中质油	95.45%	90.91%	辽中凹陷东营组重质油	95.83%	89.58%
渤中凹陷西部馆陶组重质油	86.96%	86.96%	辽中凹陷沙河街组中质油	78.57%	78.57%
渤南低凸起明化镇组重质油	93.33%	81.67%	黄河口凹陷东营组中质油	85.71%	85.71%
石臼坨凸起沙河街组中质油	82.35%	88.24%	黄河口凹陷明化镇组中质油	85.00%	80.00%
莱州湾凹陷明化镇组重质油	90.43%	90.44%	Average	87.86%	88.17%

五、录井大数据挖掘与智能解释技术

1. 录井大数据挖掘技术背景

一方面,随着各种录井设备的研发与投入使用,各种新型录井技术层出不穷,目前常用的录井技术主要包括气测录井、岩屑录井、荧光扫描录井、元素录井、地球化学录井、地球物理录井、核磁共振录井等,各种录井技术呈现"百花齐放,百家争鸣"的态势。并且,随着传感器技术、井下数据传输技术、井场低功耗无线网络技术的发展,录井公司可以以较低的成本,实现地面、井口、井筒、井底相关数据的高精度、高频度、实时采集,可以有效解决数据源的问题。当前新的各类装备越来越开放,更容易获取录井实时数据,各种录井技术和录井设备采集到的录井数据汇聚在一起,形成了海量的录井大数据。这些海量的录井大数据,不仅包括关系数据、数字化数据等结构化数据,还包括图片、成果报告、PDF、XML 等半结构化和非结构化数据,数据体量大,价值密度低,数据形式多样,海量的录井多源数据尚未得到充分的分析与价值挖掘。

另一方面,虽然目前录井技术的种类繁多,且每项技术检测不同的井筒信息,能够对大部分储层做出合理的解释,取得良好的应用效果,但是由于这些技术分析对象、检测条件、解释人员的专业知识水平、解释经验等客观因素以及解释人员的人为主观因素等差异,造成在解释复杂油气层时单项资料应用会有局限性,多项资料间又有矛盾性,哪项资料更能代表储层信息是当前我们所面临的重大难题,会影响一些关键井最终的作业决策。

目前,人工智能在社会各个领域发展、应用十分迅猛,人工智能技术已广泛应用于社会的各行各业,人脸识别、图像识别、语音识别、无人驾驶、智慧医疗、商品推荐、智能翻译等一些与人工智能相关的应用与科技,开始广泛出现在公众的视野里。在人工智能领域,一个很重要的应用就是数据挖掘,它是指从大量数据中自动搜索、挖掘隐藏于其中的数据价值以及规律的过程。数据挖掘通常与计算机科学有关,并通过机器学习、统计假设、在线分析处理以及模式识别等诸多方法来实现上述目标。目前在油气行业,数据挖掘的应用较少,大量的录井数据并未得到充分利用和挖掘,录井大数据的数据价值与作用尚未得以充分体现。以人工智能技术为基础的录井大数据挖掘与智能解释技术,为录井大数据的定量评价解释、提高录井的解释精度,带来了新的契机。

2. 智能解释技术应用案例介绍

自 2014 年国际油价出现断崖式下跌以来,伴随着机器学习、模式识别等的人工智能技术逐渐成为研究热点,越来越多的石油公司和石油工程领域的研究者,开始把目光投向人工智能领域,通过把人工智能技术应用到油气井工程领域,以提升油气井工程的自动化和智能化水平,实现减员增效。录井是油气井资源勘探开发过程中很重要的一个环节,将人工智能技术应用于录井作业,为石油勘探开发中的各种复杂问题提供具体的解决方案,从而提高石油勘探开发的高效性、稳定性、可靠性。目前,人工智能技术在录井领域的应用,主要体现在录井资料的自动、智能化解释上。本文主要以人工智能油气水识别技术案例,来探索、研究人工智能在智能录井解释方面的应用。

油、气、水层的识别与评价是油气勘探开发工作过程中的一个重要环节,也是录井解释工程师的主要工作。提高油、气、水层解释评价的准确性,对及时发现油气田,避免漏掉油气层,以及减少测试层位,降低测试成本等具有十分重要的意义。常见的地化录井、Flair录井、气测录井等多种录井方法对油气水层的解释评价均有相应的可行性,但每种方法之间互相独立,且解释结果受技术人的经验因素影响较大,主观性强。

目前,业界和学术界尝试利用人工神经网络建立录井油气水层的解释模型,对油气水层的流体性质进行自动智能解释。人工神经网络不仅能够综合各项录井资料数据,而且能够结合测井资料、工程数据等其他资料进行定量的解释,能有效提高录井综合解释的精度和效率。图 6-55 是一种常见的 BP 神经网络模型。

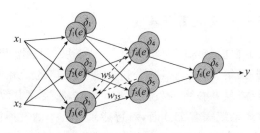

图 6-55　BP 神经网络拓扑结构示意图

利用神经网络建立油气水层的解释模型的主要工作原理是,不同的储集层流体性质所对应的录井和测井等数据隐藏的特征有所不同,通过神经网络的不断训练与收敛,来不断地调整网络的权值和阈值,以达到不同储层性质对应的录井、测井等数据之间的特征差异最大化。在建立神经网络综合解释模型时,利用已经获取的录井资料数据,对神经网络进行训练,得到合理的训练参数以及对应的油气水层的特征参数,并利用验证数据来验证、测试训练结果,当得到较好的解释符合率时,可以将对应的解释模型作为最终的解释模型。

我们选取 $C_1/\sum C$、$C_2/\sum C$、$C_3/\sum C$、$i\text{-}C_4/\sum C$、$n\text{-}C_4/\sum C$、$i\text{-}C_5/\sum C$、$n\text{-}C_5/\sum C$、S_0、S_1、S_2、P_g、GPI、OPI、TPI 等气测录井和地化录井参数对秦皇岛 2 400 m 以上油气水层进行了 BP 神经网络计算,以油层、含油水层以及水层作为输出结论,其符合率可以达到 85.7%。

表 6-18　秦皇岛区块 2 400 m 以上储层 BP 神经网络计算模型与实际结论对比

序号	实际解释结论	模型解释结论	是否符合	序号	实际解释结论	模型解释结论	是否符合
1	油　层	含油水层	否	15	含油水层	含油水层	是
2	油　层	油　层	是	16	含油水层	含油水层	是
3	油　层	油　层	是	17	含油水层	含油水层	是
4	油　层	油　层	是	18	含油水层	含油水层	是
5	油　层	油　层	是	19	含油水层	水　层	否
6	油　层	油　层	是	20	水　层	水　层	是
7	油　层	含油水层	否	21	水　层	水　层	是
8	油　层	油　层	是	22	水　层	含油水层	否
9	油　层	油　层	是	23	水　层	水　层	是
10	含油水层	含油水层	是	24	水　层	水　层	是
11	含油水层	含油水层	是	25	水　层	水　层	是
12	含油水层	含油水层	是	26	水　层	水　层	是
13	含油水层	含油水层	是	27	水　层	水　层	是
14	含油水层	含油水层	是	28	水　层	水　层	是
符合率	85.70%						

利用 BP 神经网络方法建立解释模型,其解释符合率明显高于其他解释方法的平均水平,能够为现场提供较为准确的解释结论,为及时制定勘探决策提供可靠依据,也为利用计算机实现人工智能油气水判别指明了方向。

3. 智能录井解释技术发展前景展望

在信息化技术和人工智能技术广为发展的今天,发展信息化、集成化、智能化的综合录井技术,建设集录井数据采集、存储、管理、分析处理于一体的录井大数据平台,和快速、高效解释工作站,将成为智能录井技术的发展方向。本文从录井大数据平台建设,建立基于机器学习的录井智能解释系统等多个方面,对智能录井技术的发展前景进行了以下展望。

1) 录井大数据平台建设

如今,随着各种录井技术与装备的投入使用,在油气资源的勘探开发过程中,产生了大量的录井数据,对于很多石油录井服务公司而言,很多录井数据的存储、管理较为分散,随着录井数据体量的日益增长,将会给后期录井数据的治理带来麻烦。另外,录井数据的存储、管理不规范,容易导致录井数据之间共享难,大量堆积的数据容易形成数据"垃圾场",使得数据信息的利用率低,数据价值未能得到充分地挖掘。因此,基于录井海量数据背景,建设"统一标准、统一建设、统一平台、统一管理"的录井大数据平台显得尤为必要,将录井大数据统一集成、存储在同一个大数据平台上,通过不同的数据调取接口,可以很方便地存取和管理、利用录井大数据,给多源异构的录井大数据的综合处理、分析带来了极大的方便。录井大数据平台建设的最终目的也是为录井大数据的数据挖掘应用和智能解释服务。

2) 建立基于机器学习的录井智能解释系统

机器学习(Machine Learning)是人工智能的核心算法,是一个源于数据模型的训练过程,最终给出一个面向某种性能度量的决策,分为有监督学习和无监督学习。深度学习(Deep Learning)是机器学习研究中的一个子类,其目的是建立、模拟人脑进行分析学习的神经网络,模仿人脑的机制来解释数据,提升分类或预测的准确性。前面列举的人工智能技术在录井方向上的应用案例,对于实现人工智能录井技术而言,这些还远远不够,需要借助更多的机器学习、深度学习对现场录井资料从采集到处理进行科学、准确、快速的解释,促进解释的自动化、智能化,并提高录井解释的时效性。

可以通过三个方面来提高基于机器学习的录井智能解释水平:一是提高数据质量,通过高精度的原始数据及科学处理后的资料进行机器学习与实际应用;二是赋以科学的解释流程,通过分步解释,提高最终的解释评价精度与符合率;三是采用更为先进的人工智能方法,在人工智能大爆发的时代,人工智能方法层出不穷。

3) 建立人工智能录井采集系统

源头数据质量是录井技术发展的重中之重,是录井的立身之本,尤其是在储层油气水解释评价的过程中,原始数据的质量直接影响解释的精准程度。录井现场采集人员技术水平参差不齐以及地层特有的非均质性,使得采集到的录井数据具有明显差异性,所以建立人工智能录井采集系统,能够提高录井采集的智能性、科学性、准确性,从而提高录井的数据质量。井场智能采样机器人、"一趟录"信息采集系统、核磁共振运动扫描系统、XRF 在线扫描系统、伽马在线扫描系统、激光诱导在线录井系统、图像扫描系统等都正在研发或已实现研发。这些新技术的研发使得建立人工智能录井采集系统成为可能,可从数据源头上开展智能录井解释。

4) 建立储层六性综合解释评价技术体系

随着渤海油田勘探的不断深入与突破,低对比度油气层、低孔渗储层、复杂岩性储层、非均质储层等复杂油气藏潜力逐渐显现，由于储层岩性复杂多变、物性非均质严重、成藏作用及期次复杂，测井电性、物性及钻、录井资料与地层含油气性、地层产能出现矛盾甚至背离，传统的储层四性关系的评价已经不能满足复杂油气藏评价需求，另外中深层作业面临众多复杂情况，严重影响勘探作业储量发现节奏；在加强岩性及流体评价基础上，需更加关注储层的渗流物性、地化特性、岩石力学属性、产能性质的等进行储层六性综合解释评价研究，提高中深层储层评价技术的深度和广度，提升潜山储层解释评价的精度和准确度，为储量发现提供技术支持。目前录井岩性及流体解释技术较为成熟，在渗流物性、地化特性、岩石力学属性、产能性质评价解释方面尚处于研究阶段，在录井数据的深度挖掘、智能化、定量化方面还需要开展更深入的研究，形成更多的储层综合评价解释模型，并最终实现智能储层综合评价解释技术体系，这也将成为未来具有颠覆性的录井技术。

5）震、试、录、测、钻等多元信息融合一体化

在解释评价的过程中，我们可以不仅仅局限于录井信息，还可以结合构造、地震、测井、钻井、测试等数据信息，集多源、多专业信息于一体，尤其是在一体化时代的今天，专业边界已有所模糊，各专业相互渗透，录井不能固守传统的定位与专业边界，要以需求为导向，以创新为统领，不断拓展技术发展空间，持续提升参谋支撑力度和解决复杂难题的能力。另外，利用人工智能算法，充分发掘和利用一切可用的信息，挖掘各专业之间的数据关系，建立相应的跨专业解释模型，有利于拓宽解释评价的思路，提高录井行业的解释评价效果。

人工智能将会在录井技术向智能录井阶段发展的过程中发挥举足轻重的作用。利用大数据、人工智能等新兴学科与技术进行智能录井，将会是录井行业日后的必然发展趋势。

第四节　录测参数组合图版油气水评价技术

储层中的流体类型主要是以气、液相态赋存的气、油、水，在利用常规测井"三组合"资料进行油气水层识别时，由于油气层电阻率减小或水层、干层的电阻率增大，导致同一油气水系统内的油气层与水层、干层的电阻率差异很小，对比度降低，因而称之为低对比度储层流体类型。

造成储层流体类型低对比度的主要原因是受岩性、物性或流体性质因素的影响，而油气水层识别评价的难题主要表现在测录井资料的表征特征不一致，及岩石骨架电性影响远大于孔隙流体电性响应或孔隙不同流体类型电性响应特征无明显差异。以测井资料为主，录井资料为辅的油气层识别常规技术方法已经不能满足现阶段勘探作业中大多数低对比度油气层的识别与评价需求。基于此，在近几年多个复杂储层含油气构造的勘探实践与探索基础上，创新建立了测录井参数"新三组合耦合"的评价思路，通过深度挖掘测录井参数中表征储层岩性、含油气丰度及储层有效性的敏感性参数特征，利用 SPSS 软件及降维方法分析并筛选出其中响应特征最好且受干扰因素最低的评价参数，根据低对比度的主控因素进行匹配性分析与耦合特征研究，据此建立了三类适用效果较好的测录井参数耦合识别评价图版，有效解决低对比度储层流体类型识别难题，提高油气勘探评价的准确性和成功率。

一、SPSS 敏感性特征参数分析与筛选

敏感性分析是指从定量分析的角度研究有关因素发生某种变化对某一个或某一组关键指标影响程度的一种不确定分析技术。其实质是通过逐一改变相关变量数值的方法来解释关键指标受这些因素变动影响大小的规律。而敏感性参数分析（sensitivity parameter analysis）即指从众多不确定性参数中找出对关键评价指标起重要影响的敏感性参数的分析方法。

1. 测录井特征参数数据准备

从众多的测录井参数中，提取出能够表征储层岩性的测量参数或派生参数，如钻时 ROP、钻压 WOB、自然伽马 GR、自然电位 SP 等；表征含油气丰度的参数全烃 T_g、T_g 异常倍数、甲烷 C_1 与 C_1 异常倍数、C_2^+ 各烃组分值及异常倍数值、$\sum$ 异常倍数、含油气潜量 P_g、液态烃丰度 S_1、荧光对比级 N、相当油含量 C、微球电阻率 $MSFL$、电阻率 R_t 等；表征储层物性的参数有可钻性 D_c 指数、孔隙度 P_{or}、泥质含量 VSH、核磁可动孔隙度 PMF，及表征物性约束条件下的含油气丰度参数孔隙度 $P_{or} \cdot R_t$ 与 $P_{or} \cdot T_g$ 等，建成 SPSS 分析数据体文件，然后对变量属性进行合理性调整和完善。

2. 确定敏感性分析指标及评价目标值，进行数据清洗

首先，根据造成储层流体低对比度的主控因素，确定敏感性分析指标和评价目标值，如低孔-高阻岩石骨架条件下的低对比度气层及特征参数识别阈值，低孔-渗物性条件下的低对比度油气层及特征参数识别阈值，低矿化度地层水条件下的低对比度油气层及特征参数识别阈值。然后进行数据清洗步骤：① 数据集的预先分析，对数据进行必要的分析，如数据分组、排序、分布图、平均数、标准差描述等；② 相关变量缺失值的查补检查；③ 分析前相关的校正和转换工作；④ 观测值的抽样筛选；⑤ 其他数据清洗工作。最终，将数据清洗为满足分析需求的具体数据集，为下一步数据分析做好准备工作。

3. 选取不确定性参数，进行多单因素或因素敏感性分析

根据需求选择合适的统计方法进行统计分析和数据图表的制作，这些相关操作 SPSS 软件已经实现标准流程化，我们只需要选择合适的测录井特征参数，在假定其他不确定性因素不变条件下，计算分析一种或两种以上不确定性因素同时发生变动时，对油气层识别结果的影响程度，确定敏感性因素及其极限值。

4. 数据直观展现，筛选出敏感性特征参数

软件输出特征参数排序与相关描述参数（F 统计量、总的变异平方和 SST、控制变量引起的离差 SSA 等），以及生成的相关性分析图表等。根据需要，对敏感性参数分析结果进行有针对性的筛选与组合，得出相应的结果解释及含义衍生。

二、建立低对比度储层流体类型识别的"新三组合耦合"评价图版

针对引起流体类型识别低对比度的不同原因,通过 SPSS 分析最终筛选出敏感性参数组合:① 低孔-高阻岩石骨架条件下低对比度轻质油气层识别评价参数,全烃 T_g 与核磁可动孔隙度 PMF;② 低孔-渗物性条件下的低对比度油气层识别评价参数,$P_{or} \cdot R_t$ 与 $P_{or} \cdot T_g$,R_t 与 $P_{or} \cdot T_g$;③ 低矿化度地层水条件下的低对比度油气层识别评价参数,荧光对比级 N 与微球电阻率 $MSFL$,$T_g \cdot R_t$ 与 $\sum$ 异常倍数 $\cdot R_t$。

1. 低孔-高阻岩石骨架条件下低对比度轻质油气层识别评价图版

近几年在沙河街—孔店组地层钻探的巨厚层近源坡积砂砾岩体中发现了较大规模的商业轻质油气藏,例如:秦皇岛-E 构造、垦利-X 构造、渤中-N 构造等,使得渤海探区的新领域油气勘探取得了很大的突破。但是,这类近源坡积沉积体常规测井"三组合"一般都呈现低孔-高阻的特征,原油性质属于轻质油气类型,常规测井技术识别评价难度大。通过大量研究与实践,选择测录井参数中含烃丰度参数全烃 T_g 可以近似代替电阻率曲线的作用,而核磁资料的核磁可动孔隙度 PMF 则可以反映储层有效性空间特征,据此成功建立了"全烃 T_g 与核磁可动孔隙度 PMF 关系定量评价图版"(图 6-56),应用效果良好。

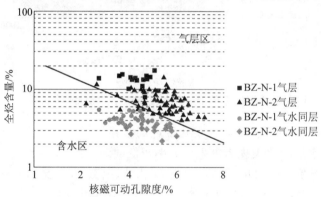

图 6-56　孔店组砂砾岩全烃 T_g-核磁可动孔隙度 PMF 交会图版

2. 低孔-渗物性条件下的低对比度油气层识别评价图版

对于大部分常规储层,通过常规测井"三组合"资料分析、测压取样泵抽分析及流体取样等方法和手段能有效解决储层有效性定量解释及流体性质识别,但对于低孔-渗物性条件储层则受到诸多局限性因素的影响,油气层识别评价很难取得良好效果,例如曹妃甸-L 构造、蓬莱-N 构造低对比度油气层识别评价。为了有效解决这类难题,在间接的储层岩石物理特性(四性关系)中,引入直接的录井含烃丰度参数,通过测录井参数耦合特征研究,建立了气测全烃与孔隙度的测录井参数交会图版(图 6-57),有效提高了流体识别精度。

其中,$P_{or} \cdot T_g$ 反映有效孔隙中的含油气量,放大了有效储层空间的含烃丰度;$P_{or} \cdot R_t$ 反映有效孔隙中流体的电性响应,放大了流体性质对电性的响应。

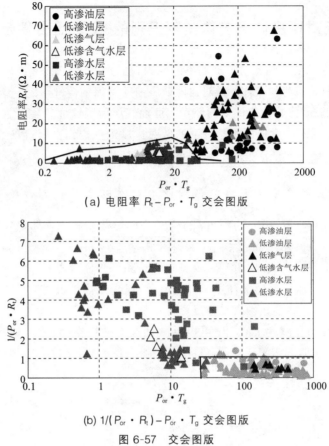

（a）电阻率 R_t – $P_{or} \cdot T_g$ 交会图版

（b）1/($P_{or} \cdot R_t$) – $P_{or} \cdot T_g$ 交会图版

图 6-57　交会图版

3. 低矿化度地层水条件下的低对比度油气层识别评价图版

与其他低对比度油层不同的是低矿化度地层水背景下的低对比度油气层大多电阻率绝对值不低，但与水层相比表现为电阻增大率较低的油气层，这种油气层很容易与水层相混淆，造成识别与评价上的困难，例如：锦州-H 构造、蓬莱-H 构造等。这类低对比度油气层的识别虽然存在困难，但大部分这类油气层与水层在录井参数及常规测井曲线上仍存在细微的差别。通过研究发现，采用测录井特征参数耦合建立交会图版（图 6-58、图 6-59）的方法能够较好地发现这种差别，有效提高流体类型识别准确性。

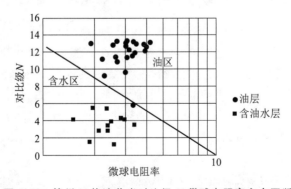

图 6-58　锦州-H 构造荧光对比级 N-微球电阻率交会图版

其中，$\sum$ 异常倍数·R_t 反映纵向相对标准条件下储层含油气丰度及流体的电性响应，放大了地层流体类型的电性差异特征；$T_g \cdot R_t$ 反映储层含油气丰度及流体的电性响应特征，放大了流体性质对电性响应的敏感性。

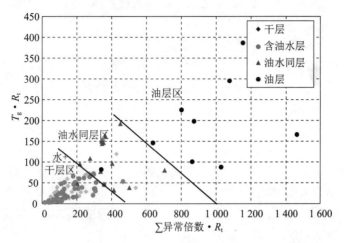

图 6-59　蓬莱 -H 构造 $T_g \cdot R_t$-$\sum$ 异常倍数·R_t 交会图版

第五节　录井油气水综合评价方法优选

一、油气水解释方法优选原则及方法

在二级构造带众多录井油气水解释模型及方法研究中，如何快速地使用某种方法，应该建立一个评价的函数，此参数不仅考虑符合率，还要考虑数据样本数量和使用效果。本次研究提出方法优选系数概念。

1. 解释方法优选原则

二级构造带录井油气水解释模型及方法研究提供了 25 种解释方法，方法较多，主要包括气测录井、地化录井、三维荧光录井、组合图版以及数学方法研究。主要的研究方法如下：

（1）气测录井解释方法有三角图版、皮克斯勒、3H 比值、气体比率法、特征参数异常倍数法等。

（2）地化录井解释方法有 P_g/S_1、P_g/OPI、S_2/TPI、主成分 X/亮点等。

（3）三维荧光解释方法有对比级/油性指数图版（N/O_c）、最佳发射波长/相当油含量图版（E_m/C）等。

（4）组合图版解释方法有 $T_g/(P_g \cdot PS)$、$T_{g\text{-Corr}}/(P_g \cdot PS)$、$T_g/P_g$、$C_2^+/P_g$、$T_g/TPI$、$T_g/PS$、$T_g/OPI$、储层综合含水率、$T_g$/峰面积和纵向参数变化趋势法等。

（5）数学方法有 Fisher 判别分析法、Bayes 判别法、BP 神经网络、SVM 支持向量机等。

进行方法初选时优先考虑如下几条原则：

(1) 解释结论丰富,需包含项目中经常使用的几个解释结论。

(2) 具有一定的石油地质理论基础和设备测量参数的石油地质意义。

(3) 方法参数选择简单方便,便于现场和解释人员使用。

(4) 方法符合率较好,具有一定的适用性。

(5) 方法在实际验证过程中具有一定的普适性。

通过以上条件筛选特征参数异常倍数法、3H 比值法、皮克斯勒图版、气体比率法、P_g/S_1、P_g/OPI、S_2/TPI、N/O_c、E_m/C 等 9 种方法进行优选研究,这 9 种方法包含了此次研究的 3 个录井项目。

2. 解释方法优选分析

渤海油田含油气层系分布较广,从上部明化镇组的稠油至沙河街组以及前古近系的轻质油和凝析油都有分布;研究过程中发现细分构造带的不同,录井反映的参数特征也相差较大,所以需要对录井的解释方法进行优选。根据二级构造带的储层特征,选择更适用的录井解释项目和方法,从而提高解释符合率。

1) 统计符合率

统计符合率是反映图版和方法使用效果的一个重要指标,图版和方法将参数或其衍生计算参数进行分类,然后制作成图版,用于反映储层油气水特征。

综合解释评价技术以气测录井、地化录井、三维定量荧光录井为主要技术手段,通过对各项录井资料的综合分析,实现对油气水层的准确评价。目前,在油田勘探与开发过程中,测井是确定和评价油、气层的重要手段之一,也是解决一系列地质问题的重要手段。各种测井方法基本上是间接地、有条件地反映岩层地质特性的某一侧面。但测井精度高,解释起步早,在发现和评价油气层方面有很多成功的解释方法和模型。

二级构造带油气水综合解释评价的方法和图版的统计符合率都是优先以取样、测试的结论为标准,如果没有取样和测试,则以测井解释结论为标准进行符合率统计计算。由于录井和取样、测试、测井的原理不同,所以两者之间的符合率不可能达到 100%。

2) 置信度

统计学中,对于一个未知量,人们在测量或者计算时,常不以得到近似值为满足,还需要估计误差,即要求确切地知道近似值的精确程度。类似的,对于未知参数 θ,除了求出它的点估计值外,还希望估计出一个范围,并且知道这个范围包含参数 θ 真值的可信程度。这样的范围通常以区间的形式给出,同时还给出此区间包含参数 θ 真值的可信程度。这种形式的估计称为区间估计,这个区间即置信区间。

设总体 X 的分布函数 $F(X,\theta)$ 含有一个未知函数 θ。对于给定值 $\alpha(0<\alpha<1)$,若由样本 $X_1,X_2,\cdots,X_n$ 确定两个统计量 $\theta_b=\theta_b(X_1,X_2,\cdots,X_n)$ 和 $\theta_u=\theta_u(X_1,X_2,\cdots,X_n)$,满足

$$P\{\theta_b=\theta_b(X_1,X_2,\cdots,X_n)<\theta<\theta_u=\theta_u(X_1,X_2,\cdots,X_n)\}=1-\alpha$$

那么区间(θ_b,θ_u)是 θ 的置信度为 $1-\alpha$ 的置信区间,θ_b 和 θ_u 分别为置信度为 $1-\alpha$ 的双侧置信区间的置信下限和置信上限,$1-\alpha$ 为置信度。

置信区间展现的是这个参数的真实值有一定概率落在测量结果的周围的程度。置信区间给出的是被测量参数的测量值的可信程度,置信区间是总体参数所在的可能范围,

95％置信区间就是总体参数在这个范围的可能性大概是95％,或者说总体参数在这个范围,但其可信程度只有95％。

在油气水解释过程中,图版和方法模型研究时,优先考虑提高准确率,也就是符合率,我们会花费大量的时间去研究如何提高模型的准确率,可是如果准确率不能保证永远100％,那么准确率的可靠性就值得商榷。图6-60所示地化P_g/OPI图版,对于油层和含油水层使用趋势线方程$y=6.452\,1x^{-0.762}$,将油层和含油水层界面分开。使用测井的解释结论来对地化录井的数据解释结论进行回归,可以看到含油水层有两个点不符合,油层有一个点不符合,另外一个点在线附近。但分析图版中油层不符合的点,靠近油层和含油水层的分界线,如果我们给出一个置信区间(图中虚线所示),可信度是70％的话,那么这个点有70％的可能性是含油水层,30％的可能性为油层。我们可以对置信区间内的数据使用其他的方法来确定其准确的判定结果,从而提高符合率。置信度越高,说明模型对输出的结果越肯定。

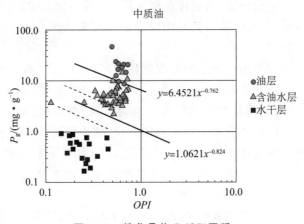

图 6-60　地化录井 P_g/OPI 图版

地化对于油质的判别,利用热蒸发烃气相色谱技术得到的油质辨别结果比岩石热解值要准确,但由于热蒸发烃气相色谱是图片,不便于利用数据库来进行快速分析。解释过程中PS的数值则是一个比较大的参考。表6-19为渤中凹陷西南斜坡带PS油质判别标准,针对不同的PS值,给出了轻质油、中质油和重质油的划分区间,但是解释分析中需要对给定阈值附近的PS值着重分析,我们给定置信度(β)就可以来确定PS着重分析区间。

表 6-19　渤中凹陷西南斜坡带油质判别标准

原油性质	PS 指数	热解色谱
轻质油	$PS \geqslant 2.1$	主峰碳小于 C_{19}
中质油	$1.0 < PS < 2.1$	主峰碳 n-C_{19} ～ n-C_{27}
重质油	$PS \leqslant 1.0$	主峰碳大于 n-C_{27}

以轻质油判断阈值$PS \geqslant 2.1$为例,在渤中凹陷西南斜坡带进行数据分析时,中质油的邻近数据点选择如下几个点:2.26、2.01、2.46、2.24、2.02、2.17、2.22、2.40、2.65、2.01、1.94、1.81、1.70、2.34、1.89、2.09、1.92;轻质油邻近数据点选择:2.38、2.14、2.16、2.67、1.85、2.01、1.95、2.51、2.10。

假设数据服从正态分布,阈值2.1的置信度为0.95的置信区间,那么α则取0.05,由公式

$$\overline{X} \pm \frac{S}{\sqrt{n}} t_{a/2}(n-1)$$

计算得到置信区间(2.03,2.23)。

因此,在渤中凹陷西南斜坡带解释过程中,PS 数值落在区间(2.03,2.23)的数值需要仔细研究分析,存在多解概率比较高,需要结合热解色谱共同分析;同样,也可以根据后来井的数据使用效果来反推置信度。

综上,在实际解释中,解释人员会根据实际井况、影响因素分析,将阈值周围区间内的数值赋予置信度,给出正确解释结论。在置信度范围的参数区间称为此参数的置信区间。置信度(β)是录井项目、图版参数、影响因素、工程井况和图版使用效果等综合因素作用的结果,是优选方法需要考虑的一个因素。

3) 适用层影响因子

有些方法是根据不同的油质、储层特点和气测组分特点做出图版,在图版制定的时候,就具有一定的限制条件。因此,需要针对图版建立时的参数阈值和条件,在储层解释时选择合适的图版来进行解释。

皮克斯勒图版只适用于组分齐全的未改造油藏,对于遭受改造的油藏,则可能产生错误判断结论。以黄河口凹陷垦利 9-5 断裂带为例,此二级构造带所钻层位都较浅,主要为明化镇和馆陶组,储层受生物降解影响较为严重,测试的 9 层均为重质油,油相对密度在 0.93~0.98 之间,在使用皮克斯勒图版解释的时候,结果均为干层或者气层,明显和测试结论不符合。皮克斯勒图版建立的时候,样本都是以气体组分齐全的储层进行建立,所以针对这种受到生物降解较为严重的储层,则无法给出正确的解释结论。综上,皮克斯勒图版使用过程中,前提条件就是气体组分齐全。

地化热解技术建立的主要图版有 P_g/S_1、P_g/OPI、S_2/TPI 三个,为了保证符合率,此三个图版首先需要对原油性质进行区分,确定了原油性质,才可以使用具体的三个图版。其原因是因为二级构造带储层油质包含轻、中、重质,地化 P_g 岩屑值会受到油质的影响,以黄河口凹陷统计显示,一般情况下轻质油油层需要 P_g 大于 3.0 mg/g;中质油 P_g 大于 3.5 mg/g;重质油 P_g 大于 5.0 mg/g。因此需要将地化岩屑油质进行区分,然后根据不同油质建立图版,这样才能提高符合率。但是对于油质的判断可能会出现错误的情况,如果油质判断失误,那么使用不同油质的图版,解释结论则出现错误。

三维荧光技术主要用于油的判断,对于气层,尤其是干气层,由于不存在芳香烃,无法检测到气体的信息,对于一些气层的解释就会出现失误。

不适用层的影响因素很多,气测数据包括气体组分、生物降解、工程影响(单根气、后效气、钻井液性能等)、取心影响等因素;地化和三维荧光主要受岩屑代表性的影响,比如迟到时间不准确、薄层储层、放置时间、工程影响(维修振动筛、清理沉砂、井漏)等因素。另外还有前文中模型建立参数选择时的一些规定条件。下面给出适应层影响因子定义:

适用层影响因子＝保留层数/研究工区总层数

式中,适用层影响因子指的是该图版在二级构造的使用效果,%;保留层数指的是图版建立过程中所使用到的层数总和;研究工区总层数是指一个二级构造带内所有有荧光显示和气测异常的层,且包含测井解释而录井没有解释的层。

表 6-20 为渤中凹陷西南斜坡带适用层影响统计。

表 6-20　渤中凹陷西南斜坡带适用层影响

录井方法	气测解释方法				地化解释方法			三维荧光解释方法	
录井解释评价方法	异常倍数	皮克斯勒	GasRatio	3H	P_g/S_1	P_g/OPI	S_2/TPI	N/O_c	E_m/C
保留层数	352	258	258	258	286	286	286	133	133
研究工区总层数	393	393	393	393	397	397	397	191	191
适用层影响/%	89.6	65.6	65.6	65.6	72.0	72.0	72.0	69.6	69.6

综上,各个图版建立过程中,在技术原理和参数选择上都做了一些规定,但储层的类型是多样的,需要根据储层的特征,比如气体组分、生物降解、荧光强度和物性等条件去选择合适的模型。在图版建立过程中,我们根据图版进行参数选择,但是面对如此丰富的储层,可能会在模型选择上犯一些错误,模型的适用性是需要考虑的一个重要的因素,引入适用层影响这个因素。

4) 样本层数影响因子

样本是从总体中抽出的部分单位集合,这个集合的大小叫作样本量。样本容量是指一个样本中所包含的单位数,一般用 n 表示,它是抽样推断中非常重要的概念。样本容量的大小与推断估计的准确性有着直接的联系,即在总体既定的情况下,样本容量越大其统计估计量的代表性误差就越小,反之,样本容量越小其估计误差也就越大。在进行油气水解释方法建立的时候,我们的样品指的是已钻井的储层,而已钻井和未钻井的储层总和是总体。因此根据已钻井的储层样本数量对所做的方法研究一定的影响。

研究方法中,使用数理统计回归分析的方法较多,这些方法对样本数据具有很强的依赖性。样本的容量太小会导致参数估计值的大小和实际储层的真实油气水特征不相符合,不能真实反映某一个二级构造带的真实特征。从方法研究和图版建立需要来讲,样本容量越大越好,但有一些二级构造带的勘探程度较低,收集与整理数据的岩本较少,会对模型精度产生影响,将样本层数对各个解释方法和模型的影响考虑进来,进行方法优选,是必要的。

具体确定样本量还有相应的统计学公式,不同的抽样方法对应不同的公式。根据样本量计算公式,我们知道,样本量的大小不仅取决于总体的多少,还取决于研究对象的变化程度,所要求或允许的误差大小(即精度要求),以及要求推断的置信程度。也就是说,当所研究的现象越复杂,差异越大时,样本量要求越大;当要求的精度越高,可推断性要求越高时,样本量越大。

人们经过实践,通常认为抽样调查:

100 个样本的抽样误差为 $\pm 10\%$;

500 个样本的抽样误差为 $\pm 5\%$;

1 200 个样本的抽样误差为 $\pm 3\%$。

对于油气水解释方法和模型,比如气测、地化和三维荧光录井在技术建立的时候就遵循了一些方法和原理,在同样符合率的情况下,对于样本层数的要求相对低一些。通过 17 个二级构造带 375 口井的统计分析得到了样本层数影响公式及样本层数影响因子。

样本层数影响因子 $f(t)$ 是一个分段函数:

$$f(t) = \begin{cases} 0.91 & (t<80) \\ 0.95 & (80\leqslant t\leqslant 200) \\ 0.97 & (t>200) \end{cases}$$

也就是说,当分析储集层层数小于 80 时,样本层数影响因子为 0.91;当分析储集层层数区间为[80,200]时,样本层数影响因子为 0.95;当储集层层数大于 200 时,影响因子为 0.97。

3. 解释方法优选系数计算

通过以上分析,将统计符合率、置信度、适用层影响因子和样本层数影响因子共同考虑,建立了油气水解释评价方法优选系数,其公式如下:

$$C = F \cdot \beta \cdot (K/T) \cdot f(t)$$

式中　C——优选系数;

　　　F——研究工区某一个解释方法符合率;

　　　β——解释方法置信度;

　　　K——图版建立过程中,所使用到的层数总和;

　　　T——研究工区储层总层数;

　　　$f(t)$——样本层数影响因子。

通过优选系数,将多参数异常倍数、皮克斯勒图版、GasRatio 气体比率法、3H 比值法、P_g/S_1、P_g/OPI、S_2/TPI、N/O_c(对比级/油性指数)和 E_m/C(最佳发射波长/相对油含量)等方法,在各个二级构造带进行统计分析,得到优选系数,通过优选系数的大小来反映方法在本二级构造带的优选顺序,系数越高,说明优选性越好,在解释过程中,可信度越高。

表 6-21 和表 6-22 为辽中凹陷西斜坡带和中央走滑带(南)的优选系数表。对于辽中凹陷西斜坡带来讲,方法优选的顺序为:异常倍数、P_g/S_1、P_g/OPI、E_m/C、S_2/TPI、皮克斯勒、GasRatio 气体比率法、N/O_c、3H。对于中央走滑带南,方法优选的顺序为:异常倍数、P_g/S_1、P_g/OPI、E_m/C、S_2/TPI、皮克斯勒、GasRatio 气体比率法、N/O_c、3H。

二、不同类型储层解释方法优选流程

随着油田勘探的深入,录井资料的综合解释和处理逐渐被重视起来,且难度在逐渐增大,对于不同地区或者同一地区的不同组段,在资料解释的过程中,需要选择不同的项目解释方法,从而提高符合率。对于常规储层的研究,很多方法已经很成熟,对于复杂储层评价,如何针对储层的特点对影响因素进行分析,选择最佳的解释图版和方法进行解释,是本次优选处理流程要研究的问题。

不同类型储层解释方法优选影响因素很多,根据渤海油田本次研究不同油藏储层类型找到主要的影响因素,将其优化研究分为:常规储层、潜山储层和稠油油藏。

1. 常规储层油气水解释方法优选流程

常规储层主要指的是在勘探开发中常见的砂泥岩剖面,储层多以碎屑岩为主。通过研究分析,在录井方法优选流程中,关键节点是储层类型、荧光、油气类型、生物降解、生油岩和油质。

图 6-61 为常规储层方法优选流程图,此图根据节点的决策,共有 6 个输出的结果,表 6-23 为优选的结果。

表 6-21　辽中凹陷西斜坡带优选系数表

录井解释评价方法	气测解释方法				地化解释方法			三维荧光解释方法		备注
	异常倍数	皮克斯勒	GasRatio	3H比值法	P_g/S_1	P_g/OPI	S_2/TPI	N/O_c	E_m/C	
符合率/%	85.4	80.2	78.6	75.2	85.6	83.5	79.6	76.2	85.6	
置信度/%	90	90	90	85	95	90	85	90	90	
保留层数	352	258	258	258	286	286	286	133	133	
研究工区总层数	393	393	393	393	397	397	397	191	191	
适用层数影响/%	89.6	65.6	65.6	65.6	72.0	72.0	72.0	69.6	69.6	
样本层数影响/%	97	97	97	97	97	97	97	95	95	
优选系数	0.67	0.46	0.45	0.41	0.57	0.53	0.47	0.45	0.51	

表 6-22　辽中凹陷中央走滑带（南）优选系数表

录井解释评价方法	气测解释方法				地化解释方法			三维荧光解释方法		备注
	异常倍数	皮克斯勒	GasRatio	3H比值法	P_g/S_1	P_g/OPI	S_2/TPI	N/O_c	E_m/C	
符合率/%	85.8	76.2	75.3	78.6	86.1	80.4	75.6	76.2	85.6	
置信度/%	95	95	95	95	95	95	90	90	95	
保留层数	220	184	184	184	195	195	195	133	133	
研究工区总层数	223	223	223	223	254	254	254	191	191	
适用层数影响/%	98.7	82.5	82.5	82.5	76.8	76.8	76.8	69.6	69.6	
样本层数影响/%	97	95	95	95	97	97	97	95	95	
优选系数	0.78	0.57	0.56	0.59	0.61	0.57	0.51	0.45	0.54	

表 6-23　常规储层项目优选结果表

序　号	常规储层项目优选
1	岩心描述＞地化＞三维荧光＞气测
2	气测＞三维荧光＞地化
3	地化＞气测＞三维荧光
4	气测＞地化＞三维荧光
5	气测＞三维荧光＞地化
6	气测＞地化＞三维荧光

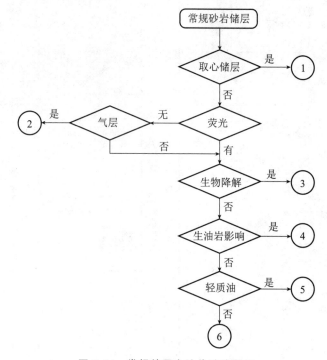

图 6-61　常规储层方法优选流程图

　　将表 6-23 中的项目优选结果和图 6-61 的流程图结合起来,就是每个储层分析时对应节点的优选录井方法,然后结合解释方法优选,可以选择解释方法,从而提高符合率。

2. 裂缝性潜山储层油气水解释方法优选流程

　　凡是现今不整合埋藏在年轻盖层之下、属于盆地基底的基岩突起,都称为潜山,而不论其成因如何和形成时期的早晚。根据这个定义,按形成时期潜山可分为两大类:一类是在上覆盖层沉积前具有古地貌隆起特征的"古潜山",也包括那些受构造作用控制的、具有后期生长特点的"古潜山";另一类是在上覆盖层沉积前尚不存在或仅仅只有微弱的地貌隆起显示,主要是在盖层沉积期间或沉积以后,由于发生了新的褶皱、断裂、火山喷发等构造变动而形成的"后成潜山"。

　　从石油地质学的观点来看,基岩应是组成盆地基底的所有岩石的总称,它包括了各种变质岩类、火成岩类和沉积岩类;在地质时代上,它可以属于前寒武纪、古生代或者中生代。

基岩是相对于上覆年轻沉积物而言的。它位于一个大型的或者区域性不整合面之下,在上覆年轻地层沉积之前就已固结成岩。它与上覆地层的沉积、构造特征有明显的差别,新、老地层之间存在一个很长时间的沉积间断,间断时间可能是一个"世"、一个"纪",甚至超过一个"代"。潜山油气藏是指油气聚集在潜伏于地层不整合面之下的各种在古地形突起圈闭中形成的油气藏。具体地说,就是一定数量的运移着的油气,由于遮挡物的存在,阻止了它们继续运移而在潜山圈闭中富集,最终形成了油气藏。

潜山油气储层类型多为裂缝型、裂缝-孔隙型,钻井时钻速较慢,潜山储层中的烃类气体及液体有充足的时间进入钻井液,钻井液中烃类气体的含量主要受裂缝发育程度、有效性及含油性影响。相同钻井条件下,储层裂缝发育,则进入钻井液的烃类气体较多,气测值较高;反之,则气测值较低。

通过研究分析,在录井方法优选流程中,关键节点:压力、孔隙类型、荧光、油气类型、油质。

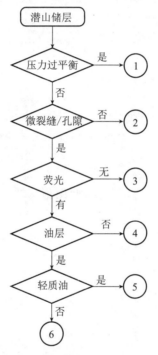

图 6-62 潜山储层方法优选流程图

图 6-62 为潜山储层方法的优选流程图,此图根据节点的决策,共有 6 个输出的结果,表 6-24 为优选的结果。

表 6-24 潜山储层项目优选结果

序 号	潜山储层项目优选	备 注
1	地化>三维荧光>气测	气测值很低
2	气测>地化>三维荧光	—
3	气测>三维荧光>地化	—
4	气测>地化>三维荧光	—

续表

序　号	潜山储层项目优选	备　注
5	气测＞三维荧光＞地化	—
6	气测＞地化＞三维荧光	—

将表 6-24 中的项目优选结果和图 6-62 的流程图结合起来,就是每个储层分析时对应节点的优选录井方法,然后结合解释方法优选,可以选择解释方法,从而提高符合率。

3. 稠油油藏油气水优选方法

在渤海油田,有相当大一部分储层原油为特稠油和超稠油。从石油地质的角度来看,造成原油稠化的因素很多,例如:低成熟能产生稠油,油藏埋藏浅、地温低、细菌活动能产生稠油,地层水的氧化能产生稠油,运移距离较远、轻组分散失能产生稠油,断层多、盖层质量差而导致地表水渗入也能稠化原油。邓运华通过研究认为,油藏埋深、地层水、运移距离是渤海原油稠化的主要因素,盖层是渤海原油稠化的决定性因素。

按照海洋石油企业标准,可以将油质进行以下分类。

① 低黏油:油层条件下,黏度≤5 mPa·s。

② 中黏油:油层条件下,原油黏度介于 5～20 mPa·s 之间。

③ 高黏油:油层条件下,原油黏度介于 20～50 mPa·s 之间。

④ 稠油:油层条件下,原油黏度大于 50 mPa·s,相对密度大于 0.920。

通过研究分析,在录井方法优选流程中,关键节点:埋深、盖层、生物降解影响程度、底水、有无井壁取心分析。

图 6-63 为稠油储层方法的优选流程图,此图根据节点的决策,共有三个输出的结果,表 6-25 为优选的结果。

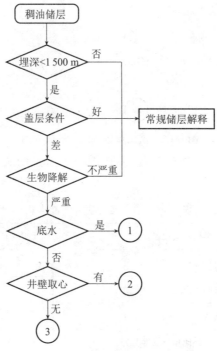

图 6-63　稠油储层方法优选流程图

表 6-25　稠油储层项目优选结果

序　号	潜山储层项目优选
1	地化＞气测＞三维荧光
2	地化＞气测＞三维荧光
3	地化＞三维荧光＞气测

将表 6-25 中的项目优选结果和图 6-63 的流程图结合起来,就是每个储层分析时对应节点的优选录井方法,然后结合解释方法优选,可以选择解释方法,从而提高符合率。

第六节　井场油气水快速识别与评价系统

一、系统概述

井场油气水快速识别与评价系统是基于渤海油田录井油气水快速评价技术定制开发的录井综合解释软件。系统以井场录井数据为主要依据,以烃组分分析储层流体性质技术、录井资料原油性质评价技术为核心,结合区域地质资料和评价标准,可快速识别随钻地层的含油气性信息,实现井场油气水快速识别与评价。

井场油气水快速识别与评价系统为录井解释工程师提供一体化的研究平台,通过该系统,录井解释工程师可以完成原始数据入库、数据预处理、模板录入、单项解释、综合解释和成果输出等整个录井解释流程的工作。同时,系统提供单井显示、地层对比、平面分析、图版绘制等基础功能,使得解释工程师可以综合应用地质、测井、测试等资料进行综合分析,从单井、多井、平面、数理统计等多个维度对储层进行综合研究。

井场油气水快速识别与评价系统包括基础应用模块和功能应用模块两部分。其中,基础应用模块包括项目管理、数据管理、单井显示、地层对比、平面分析和图版绘制六个模块,为功能应用模块准备数据、提供多种数据分析和可视化手段,并提供成果输出功能;功能应用模块包括数据预处理、知识管理、岩性识别、油气水解释四个模块,对原始数据进行加工、提供解释算法和知识模板,完成录井解释相关工作,图 6-64 为系统功能架构图。

井场油气水快速识别与评价系统各模块功能介绍如下。

(1)项目管理:以项目方式管理工区,每个项目对应一个工区文件夹,用于管理当前项目所有数据和成果。

(2)数据管理:按照中海油勘探动态数据库标准表结构建立数据库,提供原始数据增、删、改、查、导入、导出等功能。

(3)单井显示:聚合录井、测井、钻井等各类数据,集中展现多种地质信息,提供深度道、曲线道、岩性道、分段道、离散道等图道,可快速绘制各类常用单井图件,包括综合录井图、录井综合解释成果图、单井柱状图等。

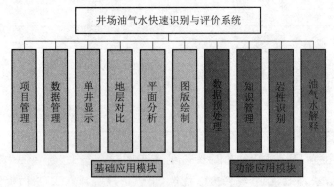

图 6-64　井场油气水快速识别与评价系统功能架构图

（4）地层对比：利用系统内置图版或者用户自定义的多井对比图版结合各类井数据，快速绘制各类地层对比图，帮助用户完成地层划分、地层对比等工作。

（5）平面分析：利用井点数据或网格数据，快速生成井位图、各类地质属性平面分布等值图，研究不同地质属性的平面分布规律。

（6）图版绘制：基于录井及测井等不同勘探数据，绘制散点图、直方图、雷达图、皮克斯勒图、趋势线图等不同类型图版，研究不同属性间的关联关系，总结其内在规律及分布模式。

（7）数据预处理：针对气测、地化、三维定量荧光等录井数据，提供气体校正、烃损恢复、气相色谱谱图文件添加、三维定量荧光处理、曲线编辑等功能，对原始数据进行校正或二次处理。

（8）知识管理：它分为二级构造和二级构造带管理各单项方法解释图版、谱图库及方法优选系数，固化区域经验，满足不同解释方法和快速解释的需要。

（9）岩性识别：基于不同类型岩石的元素特征及钻井参数特征，建立识别岩性标准并进行岩性识别，包括图版法、相似法、交会法、函数法、比值法、绝对值法、岩石强度指数法等。

（10）油气水解释：利用现场钻井、录井等数据，结合区域地质资料和评价标准，使用常规气测、FLAIR、地化、三维、组合、机器学习等方法快速地识别随钻地层的含油气性。

井场油气水快速识别与评价系统采用扁平化 Ribbon 风格设计，图 6-65 为系统界面截图。

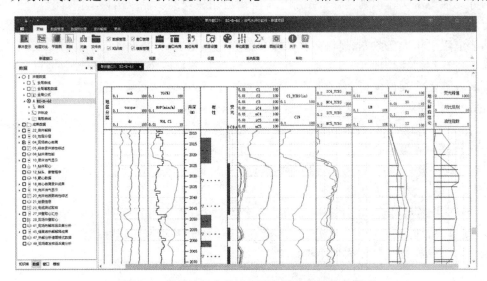

图 6-65　井场油气水快速识别与评价系统软件界面

二、系统主流程

系统运行主流程如图 6-66 所示,包括录井、测井、钻井等数据导入→数据预处理→建立谱图库或模板库→单项解释→方法优选、综合解释→存储结果并绘制成果图表等步骤。

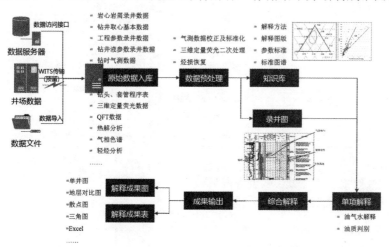

图 6-66 井场油气水快速识别与评价系统流程

1. 数据导入

用户在新建项目后,可通过数据管理模块导入原始数据。系统提供单井批量导入和单表导入两种方式,软件操作介绍如下。

1)单井批量导入

对于从中海油勘探动态库中导出或按其数据表格整理的标准数据表,用户可将勘探动态库标准格式数据整理至同一文件夹(图 6-67),然后通过单井导入功能批量导入该口井的所有数据。

图 6-67 勘探动态库数据示例

用户点击数据管理菜单中【单井导入】,在弹出的"数据导入"对话框中(图 6-68),输入或选择井数据所在文件夹,选择导入模板,点击导入,即可导入该口井所有数据。

数据导入完成后,软件将根据导入的数据自动建立数据树节点,数据树节点如图 6-69 所示。其中,"井筒数据"节点挂载曲线数据(按深度等间间隔)、离散数据(按深度非等间间隔)和井轨迹数据。

图 6-68　单井批量导入　　　　　　　　　图 6-69　数据树节点

2)单表导入

对于非标准格式数据,用户可通过单表导入功能加载相关数据。用户点击数据管理菜单中的【单表导入】,选择原始数据文件和文件类型后,软件将根据文件类型弹出对应的导入对话框(图 6-70),用户在修改导入设置、匹配字段后完成数据导入。

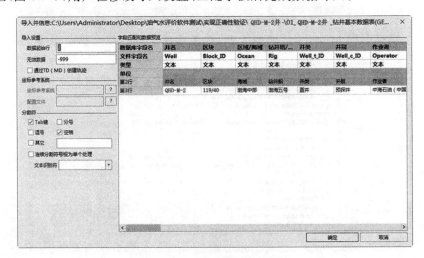

图 6-70　导入井信息设置

2. 数据预处理

数据预处理模块以气测录井数据标准化处理技术、地化录井数据标准化技术、三维定量荧光谱图解析处理技术等为基础，帮助用户实现气测、地化及三维定量荧光等原始数据处理。

1）气测录井数据标准化处理

在数据预处理菜单中点击【气体校正】(图 6-71)，子菜单中会显示单位体积法、参数归一法、岩石含气量法三种方法供用户调用。

点击【单位体积法】，弹出单位体积岩石法对话框(图 6-72)，选择井，并设置 K_1、K_2 的参数值，点击【确认】后，软件将使用单位体积岩石含气法公式进行气体校正。

图 6-71 气体校正菜单

图 6-72 单位体积法

点击【参数归一法】，弹出参数归一法对话框(图 6-73)，选择井，并输入标准钻头尺寸、标准钻时和标准排量，点击【确认】后，软件将使用参数归一法进行气体校正。

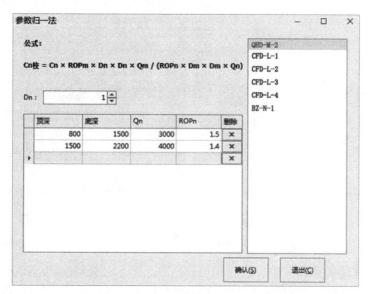

图 6-73 参数归一法

点击【岩石含气量法】,弹出地下单位体积岩石含气量法对话框(图 6-74),选择井,并输入地温梯度、不同组分对应的脱气效率和压缩系数,点击【确认】后,软件将使用地下单位体积岩石含气量法进行气体校正。

图 6-74　岩石含气量法

2)地化录井数据标准化

在数据预处理菜单中点击【烃损恢复】,选择井后会弹出"烃损恢复"窗口(图 6-75)。软件会读取 03 表地层分层的层位、顶深、底深显示在该对话框中,并自动判断油质并将可能的油质类型标记为蓝色,用户指定油质类型及设置对应参数后,点击【确定】进行烃损计算。

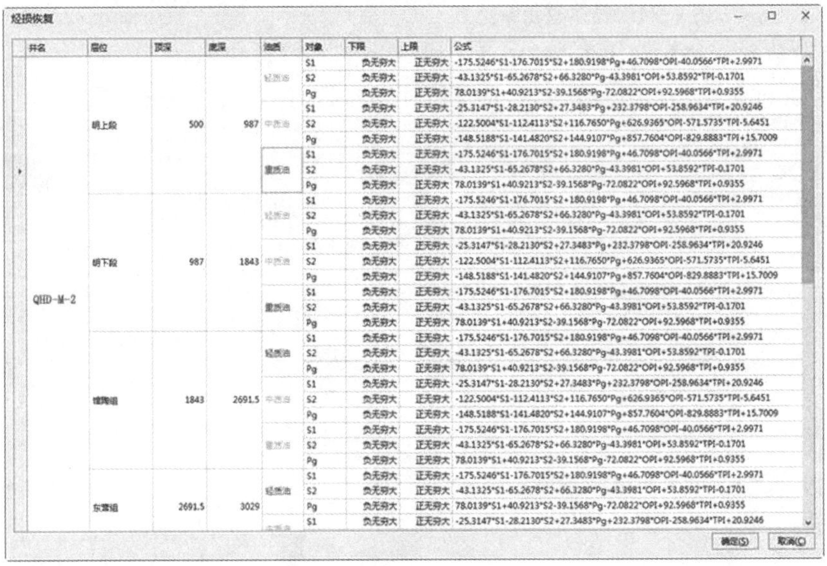

图 6-75　烃损恢复计算

3)三维定量荧光数据处理

三维定量荧光数据处理的主要功能包括:解析原始三维定量荧光文件,显示指纹图、三维图及不同激发波长下的发射谱图,通过查找主峰、次峰、重新计算等功能进行二次处理。

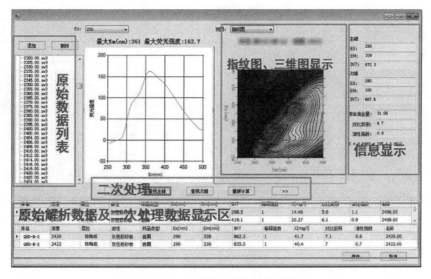

图 6-76 三维定量荧光数据处理

　　用户选择需要处理的谱图文件(Sw3 格式)后,软件将解析三维定量荧光文件并绘制显示三维立体谱图和指纹谱图(图 6-77),在三维立体图中还可以根据具体需要提取出不同波长的二维曲线。

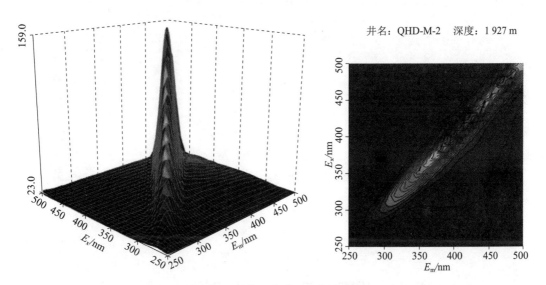

井名:QHD-M-2　　深度:1 927 m

井名:QHD-M-2　　深度:1 927 m

图 6-77 三维立体谱图和指纹谱图

　　由于原始数据主峰是根据标准油样谱图的主峰位置确定的,所以样品主峰位置与真实值可能存在偏差,因而软件提供"查找主峰"及"查找次峰"功能。在指纹谱图上输入或框选主峰或次峰范围,软件能快速搜索出范围内最强荧光强度的位置,即真实主峰或次峰位置。

　　在重新查找主峰位置后,用户点击【重新计算】,软件将对表 6-26 中所列参数进行计算及存储。

表 6-26　重新计算参数及说明

参　数	参数说明
E_m（实测）	重新查找的主峰的 E_m 值
E_x（实测）	重新查找的主峰的 E_x 值
荧光强度（校正）	重新查找的主峰的荧光强度
相当油含量（校正）	重新查找的主峰的相当油含量
对比级别（校正）	重新查找的主峰的对比级别
油性指数（校正）	重新查找的主峰的油性指数
荧光强度（对角线）	矩阵数据中所有 $E_m=E_x$ 数据点荧光强度平均值
油水变化率	对角线荧光强度/荧光强度校正
对角线偏差距	（实测 E_m－实测 E_x）/1.414
标准油样主峰偏差距	$\sqrt{(当前 E_m－实测 E_m)^2+(当前 E_x－实测 E_x)^2}$

3. 建立谱图库或模板库

1) 建立谱图库

通过知识管理模块提供的谱图添加、删除、导入、导出、筛选、搜索等功能，用户可建立和管理各二级构造带的气相色谱谱图库和三维定量荧光谱图库。以气相色谱为例，在知识树上依次选择二级构造、二级构造带和气相色谱，弹出气相色谱谱图管理对话框（图 6-78），该对话框包括功能按钮区、谱图显示区和谱图数据显示区。

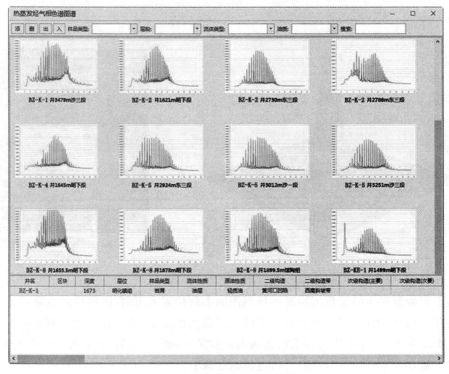

图 6-78　气相色谱谱图管理

点击【添加】按钮,软件会弹出气相色谱导入对话框(图 6-79)。

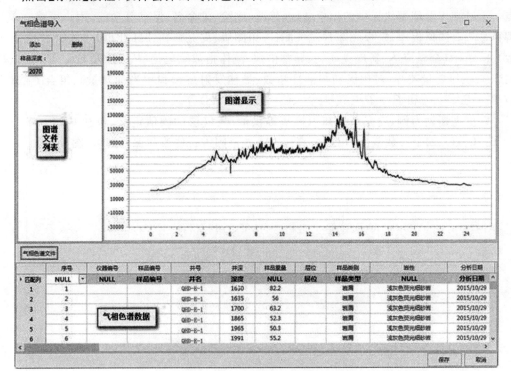

图 6-79 气相色谱导入窗口

用户添加气相色谱图文件及数据后,点击【保存】,在"保存图谱"对话框(图 6-80)中输入二级构造、二级构造带、层段、样品类型、流体类型、油质和图谱名称等信息,点击【确定】,即可保存该图谱。

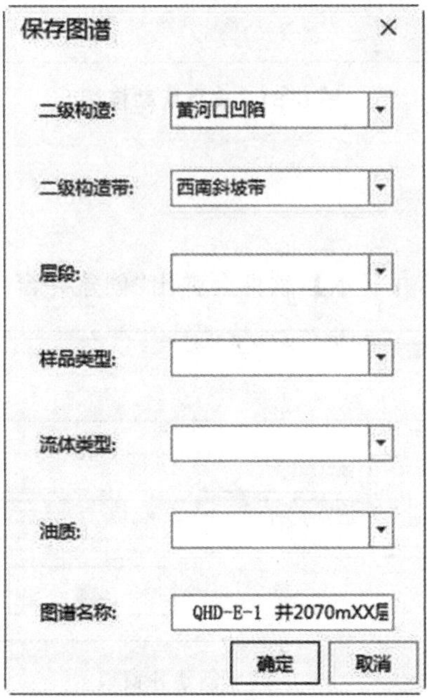

图 6-80 保存谱图

2）建立模板库

通过知识管理模块提供的模板新增、修改、删除、重命名、保存等功能，用户可建立单项解释时需要的模板库，模板涵盖常规气测（三角图版、皮克斯勒、3H 比值、气体比率、特征参数）、FLAIR（全烃流体、新皮克斯勒、异常倍数、流体指数）、地化（P_g 与 OPI、S_2 与 TPI、P_g 与 S_1）、三维定量荧光（对比级别与油性指数、最佳发射波长和相当油含量）、组合方法（T_g 与 $P_g \cdot P_s$、$T_{g\text{-}Corr}$ 和 $P_g \cdot PS$、T_g 与 P_g、C_{2^+} 与 $P_g \cdot PS$）等。

以皮克斯勒为例，皮克斯勒知识模板提供油层、气层的阈值定义，包括 C_1/C_2、C_1/C_3、C_1/C_4、C_1/C_5 四个参数范围，用户可直接对参数范围进行修改和保存即可（图 6-81）。

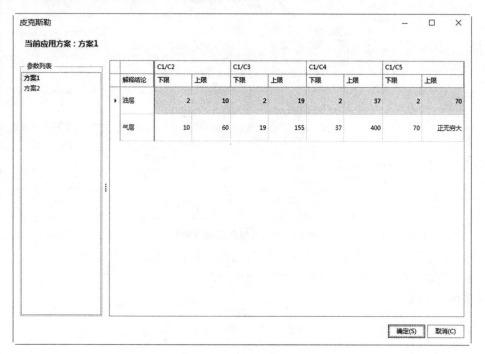

图 6-81　皮克斯勒模板

4. 单项解释

1）新建单井图

在【开始】菜单中点击【单井显示】，软件会弹出"创建井窗口"对话框（图 6-82）。

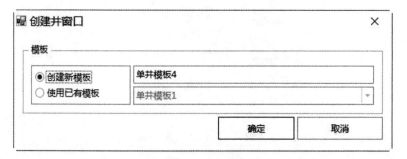

图 6-82　创建井窗口

　　用户选择创建新模板或使用已有模板,点击【确定】后将会创建单井空白窗口。创建单井空白窗口后,在数据树井筒节点下选择井,软件将创建并显示单井图。若用户选择已有模板,软件将根据模板创建对应图道并自动设置图道显示效果(图 6-83)。

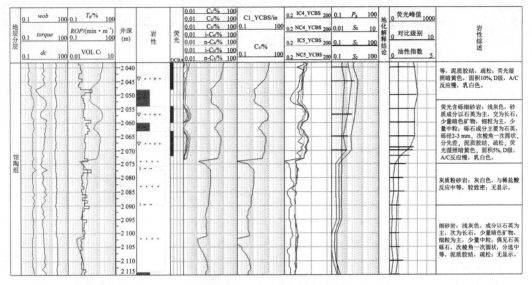

图 6-83　使用模板创建单井图

　　若用户选择创建新模板,软件将创建仅有深度道的单井图。此时,用户在数据树上选择需要显示的数据并设置对应图道即可实现自定义的单井图绘制。

　　2) 油气水解释

　　创建单井窗口并绘制带有岩性道的单井图后,在井菜单中选择相应解释方法(图 6-84),然后在岩性道中框选岩性单元,软件将获取框选范围内的砂岩作为待解释层,并调用方法和模板进行自动解释(图 6-85)。

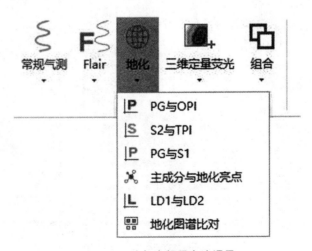

图 6-84　油气水解释方法调用

　　3) 综合解释

　　点击录井解释菜单中【综合解释】,打开综合解释窗口,选择储层类型(常规、潜山或稠油),软件会弹出选择待解释层对话框(图 6-86)。

参考彩图

图 6-85 使用 P_g 与 *OPI* 方法解释示例

查询层

选择待解释层

☑	顶深	底深	结论	数据源	更新时间	备注
☑	井名：QHD-M-2（层数：54）					
☑	1510	1513	无结论	19_完井油气显...	2018/12/18...	岩性法
☑	1513	1530	无结论	19_完井油气显...	2018/12/18...	岩性法
☑	1655	1659.5	无结论	19_完井油气显...	2018/12/18...	岩性法
☑	1695.5	1703	无结论	19_完井油气显...	2018/12/18...	岩性法
☑	1822.5	1830	无结论	19_完井油气显...	2018/12/18...	岩性法
☑	1838.5	1840	无结论	19_完井油气显...	2018/12/18...	岩性法
☑	1843	1845	无结论	19_完井油气显...	2018/12/18...	岩性法
☑	1889.5	1895.5	无结论	19_完井油气显...	2018/12/18...	岩性法
☑	1903.5	1908.5	无结论	19_完井油气显...	2018/12/18...	岩性法
☑	1926	1930	无结论	19_完井油气显...	2018/12/18...	岩性法
☑	1974	1976	无结论	19_完井油气显...	2018/12/18...	岩性法
☑	1996.5	2000.5	无结论	19_完井油气显...	2018/12/18...	岩性法
☑	2016.5	2018	无结论	19_完井油气显...	2018/12/18...	岩性法
☑	2051	2059	无结论	19_完井油气显...	2018/12/18...	岩性法
☑	2147	2148.5	无结论	19_完井油气显...	2018/12/18...	岩性法
☑	2152.5	2161	无结论	19_完井油气显...	2018/12/18...	岩性法
☑	2217	2220	无结论	19_完井油气显...	2018/12/18...	岩性法
☑	2249	2251	无结论	19_完井油气显...	2018/12/18...	岩性法
☑	2258	2262	无结论	19_完井油气显...	2018/12/18...	岩性法

确定(S) 取消(C)

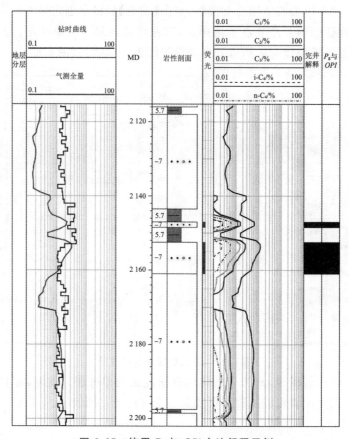

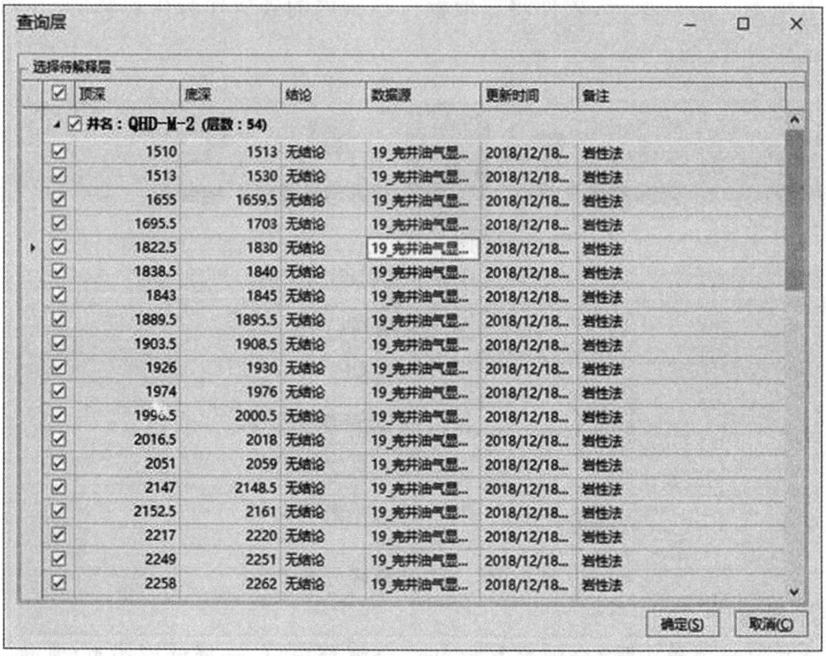

图 6-86 选择待解释层

点击【确认】,弹出方法选择对话框,软件将获取待解释层对应信息,如是否取心、是否含有荧光、是否气层、是否生物降解等,同时,软件允许用户根据储层情况进行修改。软件会根据待解释层信息得到录井技术资料使用顺序,如"地化>三维>气测",然后根据方法优选系数选择并采用最优单项方法进行解释(图6-87)。

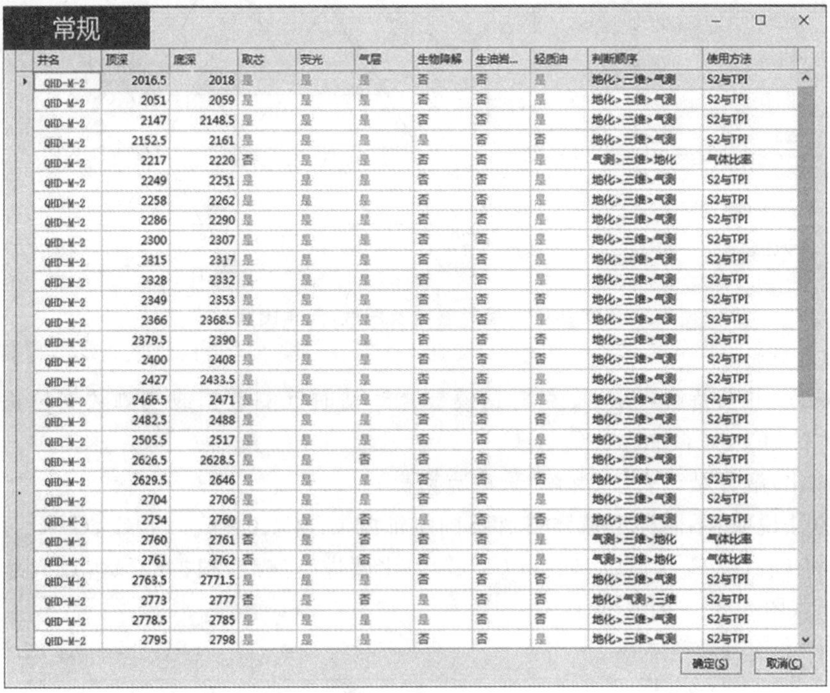

常规

井名	顶深	底深	取芯	荧光	气层	生物降解	生油岩	轻质油	判别顺序	使用方法
QHD-M-2	2016.5	2018	是	是	是	否	否	是	地化>三维>气测	S2与TPI
QHD-M-2	2051	2059	是	是	是	否	否	是	地化>三维>气测	S2与TPI
QHD-M-2	2147	2148.5	是	是	是	否	否	是	地化>三维>气测	S2与TPI
QHD-M-2	2152.5	2161	是	是	是	是	否	否	地化>三维>气测	S2与TPI
QHD-M-2	2217	2220	否	是	是	是	否	否	气测>三维>地化	气体比率
QHD-M-2	2249	2251	是	是	是	是	否	否	地化>三维>气测	S2与TPI
QHD-M-2	2258	2262	是	是	是	是	否	是	地化>三维>气测	S2与TPI
QHD-M-2	2286	2290	是	是	是	否	否	是	地化>三维>气测	S2与TPI
QHD-M-2	2300	2307	是	是	是	是	否	否	地化>三维>气测	S2与TPI
QHD-M-2	2315	2317	是	是	是	是	否	否	地化>三维>气测	S2与TPI
QHD-M-2	2328	2332	是	是	是	是	否	否	地化>三维>气测	S2与TPI
QHD-M-2	2349	2353	是	是	是	是	否	否	地化>三维>气测	S2与TPI
QHD-M-2	2366	2368.5	是	是	是	是	否	否	地化>三维>气测	S2与TPI
QHD-M-2	2379.5	2390	是	是	是	是	否	是	地化>三维>气测	S2与TPI
QHD-M-2	2400	2408	是	是	是	是	否	是	地化>三维>气测	S2与TPI
QHD-M-2	2427	2433.5	是	是	是	是	否	否	地化>三维>气测	S2与TPI
QHD-M-2	2466.5	2471	是	是	是	是	否	否	地化>三维>气测	S2与TPI
QHD-M-2	2482.5	2488	是	是	是	是	否	是	地化>三维>气测	S2与TPI
QHD-M-2	2505.5	2517	是	是	是	是	否	否	地化>三维>气测	S2与TPI
QHD-M-2	2626.5	2628.5	是	是	否	是	否	是	地化>三维>气测	S2与TPI
QHD-M-2	2629.5	2646	是	是	是	否	否	是	地化>三维>气测	S2与TPI
QHD-M-2	2704	2706	是	是	是	否	否	是	地化>三维>气测	S2与TPI
QHD-M-2	2754	2760	是	是	是	是	否	否	地化>三维>气测	S2与TPI
QHD-M-2	2760	2761	否	是	否	是	否	是	气测>三维>地化	气体比率
QHD-M-2	2761	2762	否	是	否	是	否	是	气测>三维>地化	气体比率
QHD-M-2	2763.5	2771.5	是	是	否	是	否	否	地化>三维>气测	S2与TPI
QHD-M-2	2773	2777	是	是	是	是	否	否	地化>气测>三维	S2与TPI
QHD-M-2	2778.5	2785	是	是	是	否	否	否	地化>三维>气测	S2与TPI
QHD-M-2	2795	2798	是	是	是	否	否	是	地化>三维>气测	S2与TPI

确定(S)　取消(C)

图 6-87　方法选择-常规

4)成果输出

综合解释完成后,用户可通过解释成果图和解释成果表导出功能输出成果。

三、单项解释方法说明

1. 常规气测

1)三角图版

(1)输入:井及待解释层、三角图版模板、06_钻时气测数据或气测数据校正数据表数据(T_g、C_1、C_2、C_3、i-C_4、n-C_4)。

(2)输出:解释结论表(录井解释_三角图版)。

(3)方法说明:三角形顶点朝上为正三角形,朝下为倒三角形;边长与图版三角形比值小于25%为小三角形,25%~75%为中三角形,大于100%为大三角形。

(4)正三角形为气层,倒三角形为油层。

大三角形表示气体来自干气或低油气比储层;小三角形表示气体来自湿气层或高油气比油层(图6-88)。

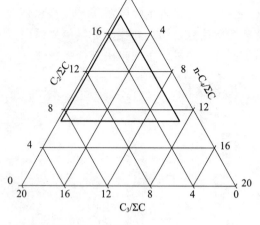

小三角	边长比: <25%
中三角	边长比: 25% - 10...
大三角	边长比: >100%
油层	倒三角
气层	正三角
干气或低油气比	大三角
湿气或高油气比	小三角

图 6-88　运行参数及图版(三角图版)

2)皮克斯勒

(1)输入:井及待解释层、皮克斯勒模板、06_钻时气测数据或气测数据校正数据表数据(T_g、C_1、C_2、C_3、$i\text{-}C_4$、$n\text{-}C_4$、$i\text{-}C_5$、$n\text{-}C_5$)。

(2)输出:解释结论表(录井解释_皮克斯勒)。

(3)方法说明:不同类型流体具有不同特征的 C_1/C_2、C_1/C_3、C_1/C_4、C_1/C_5 比值,皮克斯勒方法将 C_1/C_2、C_1/C_3、C_1/C_4 和 C_1/C_5 的比值进行连线,根据线段落点判断待解释层的流体性质(图 6-89～图 6-90)。

解释结论	C1/C2		C1/C3		C1/C4		C1/C5	
	下限	上限	下限	上限	下限	上限	下限	上限
▸ 油层	2	10	2	19	2	37	2	70
气层	10	60	19	155	37	400	70	∞

图 6-89　运行参数(皮克斯勒)

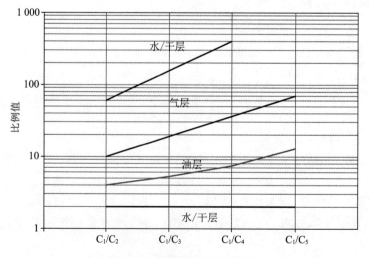

图 6-90　运行结果(皮克斯勒)

3）3H 比值

（1）输入：井及待解释层、3H 比值模板、06_钻时气测数据或气测数据校正数据表数据（T_g、C_1、C_2、C_3、i-C_4、n-C_4、i-C_5、n-C_5）。

（2）输出：解释结论表（录井解释_3H 比值）。

（3）方法说明：根据气测组分数据，计算出烃湿度比、烃平衡比、烃特征比，然后用三者比值大小及其数据组合综合判断地层含油气情况（图 6-91～6-92）。

分析结果		WH		BH		CH	
解释结论	油气类别	下限	上限	下限	上限	下限	上限
干层	非可采天然气	-∞	0.5	100	正无穷大	-∞	∞
气层	可采天然气	0.5	5	WH	100	-∞	∞
气层	可采湿气	5	12.5	WH	正无穷大	-∞	0.6
油层	可采轻质油	12.5	17.5	WH	正无穷大	0.6	∞
油层	可采石油	17.5	40	WH	正无穷大	-∞	∞
干层	非可采稠油或残余油	40	∞	WH	正无穷大	-∞	∞

图 6-91　运行参数（3H 比值）

顶深	底深	结论	C1	C2	C3	iC4	nC4	iC5	nC5	WH	BH	CH	备注
1510	1513	气层	0.9295	0.0212	0.0003	0.0006	0.0005	0.0017	0.0000	2.55	306.67...	9.3333	可采天然气
1513	1530	气层	1.1439	0.0099	0.0008	0.0049	0.0010	0.0066	0.0004	2.02	84.219	16.125	可采天然气
1655	1659.5	气层	0.6822	0.0239	0.0009	0.0108	0.0002	0.0031	0.0001	5.41	46.7616	15.7778	可采湿气
1695.5	1703	气层	0.4841	0.0098	0.0005	0.0016	0.0012	0.0012	0.0000	2.63	149.66...	5.6	可采天然气
1822.5	1830	干层	1.0941	0.2680	0.3643	0.1094	0.2473	0.0864	0.1108	52.02	1.4834	1.5205	非可采稠油或残余油
1838.5	1840	干层	0.2046	0.0334	0.0349	0.0121	0.0361	0.0193	0.0269	44.3	1.8407	2.7049	非可采稠油或残余油

图 6-92　运行结果（3H 比值）

4）气体比率

（1）输入：井及待解释层、气体比率模板、06_钻时气测数据或气测数据校正数据表数据（T_g、C_1、C_2、C_3、i-C_4、n-C_4、i-C_5、n-C_5）。

（2）输出：解释结论表（录井解释_气体比率）。

（3）方法说明：气体比率根据轻中比、轻重比和重中比三个气体组分比值来判断流体性质。解释标准（图 6-93～6-94）如下：

① 当无重组分时，$HM=0$，LH 无意义，此时的气体异常为干气。

② HM 小幅上升，LH、LM 快速下降，LM 较 LH 幅度明显大，是湿气特征。

③ HM 大幅上升，LH、LM 快速下降，且 LM、LH 幅度接近，是油层特征。

④ 在储层里，HM 下降，LH、LM 上升，是水层特征，并且可据此确定油水界面。

气体比例	下限	上限
LH	0.0001	100
LM	0.01	1000
HN	0.01	10000

图 6-93　运行参数（气体比率）

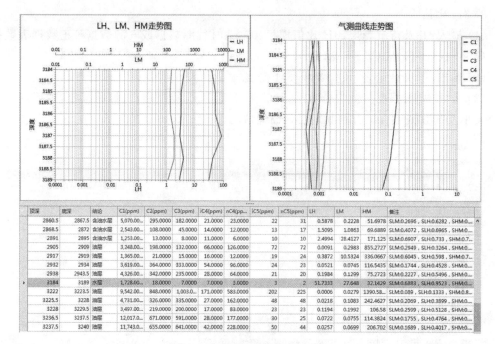

图 6-94　运行结果(气体比率)

5) 特征参数流程(图 6-95)

(1) 输入:井及待解释层、特征参数模板、06_钻时气测数据或气测数据校正数据表数据(T_g、C_1、C_2、C_3、i-C_4、n-C_4、i-C_5、n-C_5)、常规气测异常倍数数据、04_现场岩心岩屑录井原始数据表(荧光面积)或 18_岩心岩屑录井成果数据表(荧光面积)。

(2) 输出:解释结论表(录井解释_特征参数)如图 6-96 所示。

(3) 方法说明:选取储集层上部稳定泥岩段的一组气体值为基值,选取储集层内气体组分最大一组数据值为峰值,用峰值除以基值得出气体组分的倍数,即异常倍数。特征参数的核心即利用异常倍数特征值的大小判断流体性质。

(4) 异常倍数计算。

应用特征参数方法前,用户需导入或计算异常倍数。异常倍数计算过程如下:在单井窗口激活后,点击录井解释菜单中【异常倍数】,软件将弹出异常倍数计算对话框,如图 6-97、图 6-98 所示。

① 数据表选择:异常倍数输出针对"06_钻时气测数据"或"59_FLAIR 气体组分数据"。

② 深度设置:深度包括待解释层范围和泥岩深度范围,可输入,也可在单井图上选择。鼠标激活列表中某个单元格后,在单井中拖拉,会将所拾取的深度范围数据传到对话框中,对话框中数据可以编辑。

③ 同步待解释层数据:将待解释树上勾选的井和层读取值深度设置列表中。

④ 自动选取背景值:将解释层上方最近的厚度大于 5 m 的泥岩作为各层背景值。

⑤ 阈值设置:当参数小于阈值时,背景值默认取值。阈值列表中参数需随数据表选择不同而不同。

⑥ 重新计算:修改阈值、深度范围等信息后,重新进行计算。

⑦ 输出异常倍数表:输出异常倍数表。

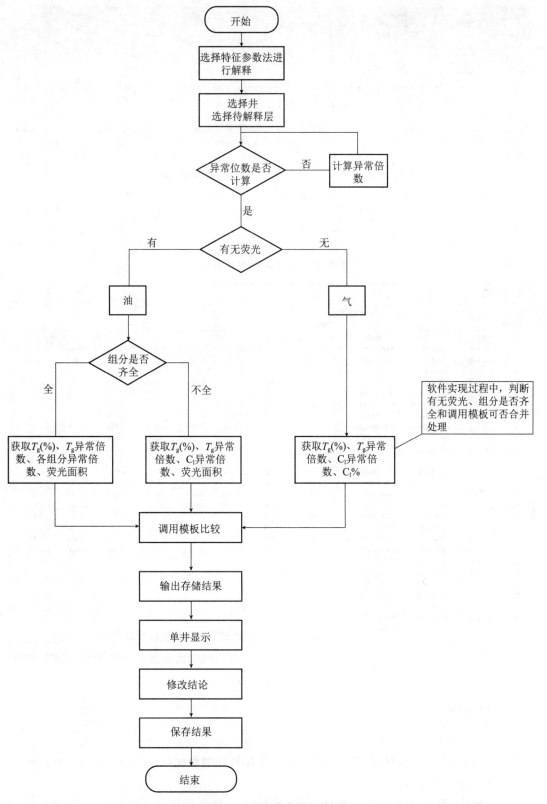

图 6-95　特征参数运行流程

解释结论	荧光面积		组分齐全		TG(%)		TG异常倍数		C1(%)		C1异常倍数		iC4异常倍数		nC4异常倍数		iC5异常倍数		nC5异常倍数	
	下限	上限	下限	上限	下限	上限	下限	上限	上限	下限	上限	下限	上限	下限	上限	下限	上限	下限	上限	下限
油层	5	∞	-∞	25	2	∞	5	∞	∞	-∞	∞	5	∞	-∞	∞	-∞	∞	-∞	∞	-∞
	5	∞	25	∞	2	∞	4	∞	∞	-∞	∞	5	∞	5	∞	5	∞	4	∞	2
含油水层	5	∞	-∞	25	0.8	∞	2	∞	∞	-∞	∞	3	∞	-∞	∞	-∞	∞	-∞	∞	-∞
	5	∞	25	∞	0.5	∞	2	∞	∞	-∞	∞	3	∞	2	∞	2	∞	4	∞	2
水层	5	∞	-∞	25	0.3	∞	1	∞	∞	-∞	∞	1.5	∞	-∞	∞	-∞	∞	-∞	∞	-∞
	5	∞	25	∞	0.3	∞	2	∞	∞	-∞	∞	2	∞	-∞	∞	-∞	∞	-∞	∞	-∞
	-∞	∞	-∞	∞	0.3	∞	2	∞	∞	-∞	∞	2	∞	-∞	∞	-∞	∞	-∞	∞	-∞
气层	-∞	∞	-∞	∞	5	∞	6	∞	∞	80	∞	7	∞	-∞	∞	-∞	∞	-∞	∞	-∞
含气水层	-∞	∞	-∞	∞	3	∞	3	∞	∞	-∞	∞	5	∞	-∞	∞	-∞	∞	-∞	∞	-∞

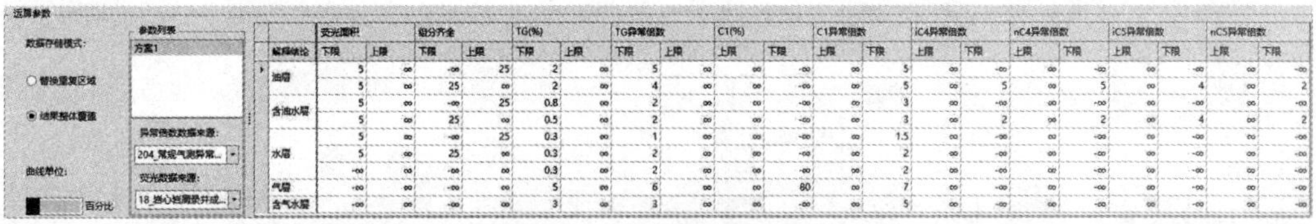

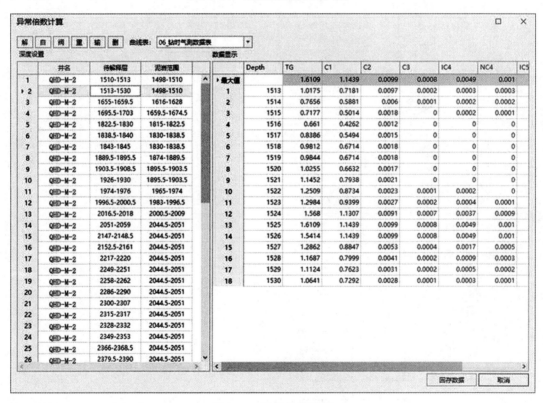

图 6-96 运行参数(特征参数)

顶深	底深	结论	C1	C1异常倍数	C2	C3	iC4	iC4异常倍...	nC4	nC4异常...	iC5	iC5异常...	nC5	nC5异常倍数	TG	TG异常倍数	荧光面积
3237.5	3240	含油...	1.17...	12.5235	0.06...	0.06...	0.0042	9.3333	0.02...	83.8421	0.0050	19.2857	0.0044	37.5000	1.99...	9.1747	5.0000
3236.5	323...	含油...	1.20...	12.5235	0.06...	0.05...	0.0028	9.3333	0.01...	83.8421	0.0030	19.2857	0.0025	37.5000	1.88...	9.1747	5.0000
3228	322...	含油...	0.34...	4.9304	0.02...	0.02...	0.0017	9.0000	0.00...	76.7368	0.0023	30.8571	0.0023	72.0000	0.80...	5.5236	5.0000
3225.5	3228	含油...	0.47...	3.6444	0.03...	0.03...	0.0027	5.6667	0.01...	39.3158	0.0048	14.7857	0.0048	34.5000	1.13...	3.8994	5.0000
3222	322...	水层	0.95...		0.08...	0.10...	0.0171		0.05...		0.0202		0.0225		2.13...		6.0000
3184	3189	水层	0.17...	2.6170	0.00...	0.00...	0.0007	0.8909	0.00...	0.6364	0.0003	0.7368	0.0002	0.8400	0.35...	1.6140	5.0000
2938	294...	水层	0.43...	3.7465	0.03...	0.02...	0.0028	1.7500	0.00...	4.5714	0.0021	1.4157	0.0020	1.1765	1.03...	2.6518	5.0000
2932	2934	水层	0.36...	3.1342	0.03...	0.03...	0.0054	3.3750	0.00...	6.8571	0.0024	1.6180	0.0023	1.3529	1.05...	2.7054	6.0000
2917	2919	水层	0.13...	1.1822	0.00...	0.00...	0.0016	1.5000	0.00...	1.3571	0.0019	1.6854	0.0024	1.9412	0.47...	1.2401	6.0000
2905	2909	含油...	0.32...	2.8129	0.01...	0.01...	0.0066	4.1250	0.01...	9.0000	0.0072	4.8539	0.0072	4.3529	1.05...	2.6853	6.0000

图 6-97 运行结果(特征参数)

	井名	待解释层	泥岩范围
1	QHD-M-2	1510-1513	1498-1510
2	QHD-M-2	1513-1530	1498-1510
3	QHD-M-2	1655-1659.5	1616-1628
4	QHD-M-2	1695.5-1703	1659.5-1674.5
5	QHD-M-2	1822.5-1830	1815-1822.5
6	QHD-M-2	1838.5-1840	1830-1838.5
7	QHD-M-2	1843-1845	1830-1838.5
8	QHD-M-2	1889.5-1895.5	1874-1889.5
9	QHD-M-2	1903.5-1908.5	1895.5-1903.5
10	QHD-M-2	1926-1930	1895.5-1903.5
11	QHD-M-2	1974-1976	1965-1974
12	QHD-M-2	1996.5-2000.5	1983-1996.5
13	QHD-M-2	2016.5-2018	2000.5-2009
14	QHD-M-2	2051-2059	2044.5-2051
15	QHD-M-2	2147-2148.5	2044.5-2051
16	QHD-M-2	2152.5-2161	2044.5-2051
17	QHD-M-2	2217-2220	2044.5-2051
18	QHD-M-2	2249-2251	2044.5-2051
19	QHD-M-2	2258-2262	2044.5-2051
20	QHD-M-2	2286-2290	2044.5-2051
21	QHD-M-2	2300-2307	2044.5-2051
22	QHD-M-2	2315-2317	2044.5-2051
23	QHD-M-2	2328-2332	2044.5-2051
24	QHD-M-2	2349-2353	2044.5-2051
25	QHD-M-2	2366-2368.5	2044.5-2051
26	QHD-M-2	2379.5-2390	2044.5-2051

	Depth	TG	C1	C2	C3	IC4	NC4	IC5
最大值		1.6109	1.1439	0.0099	0.0008	0.0049	0.001	
1	1513	1.0175	0.7181	0.0097	0.0002	0.0003	0.0003	
2	1514	0.7656	0.5881	0.006	0.0001	0.0002	0.0002	
3	1515	0.7177	0.5014	0.0018	0	0.0002	0.0001	
4	1516	0.661	0.4262	0.0012	0	0	0	
5	1517	0.8386	0.5494	0.0015	0	0	0	
6	1518	0.9812	0.6714	0.0018	0	0	0	
7	1519	0.9844	0.6714	0.0018	0	0	0	
8	1520	1.0255	0.6632	0.0017	0	0	0	
9	1521	1.1452	0.7938	0.0021	0	0	0	
10	1522	1.2509	0.8734	0.0023	0.0001	0.0002	0	
11	1523	1.2984	0.9399	0.0027	0.0002	0.0004	0.0001	
12	1524	1.568	1.1307	0.0091	0.0007	0.0037	0.0009	
13	1525	1.6109	1.1439	0.0099	0.0008	0.0049	0.001	
14	1526	1.5414	1.1439	0.0099	0.0008	0.0049	0.001	
15	1527	1.2862	0.8847	0.0053	0.0004	0.0017	0.0005	
16	1528	1.1687	0.7999	0.0041	0.0002	0.0009	0.0003	
17	1529	1.1124	0.7623	0.0031	0.0002	0.0005	0.0002	
18	1530	1.0641	0.7292	0.0028	0.0001	0.0003	0.0001	

图 6-98 异常倍数计算

2. FLAIR

1) 全烃流体

(1) 输入:井及待解释层、全烃流体模板、FLAIR 气测数据(C_1、C_2、C_3、i-C_4、n-C_4、i-C_5、n-C_5、n-C_6、n-C_7、n-C_8)。

(2) 输出:解释结论表(录井解释_全烃流体)。

(3) 方法说明：全烃流体包含全烃和流体类型两个计算参数，全烃值反映储层孔隙内烃类物质的丰度，全烃值越高，说明储层中烃类物质越富集；流体类型则表征储层孔隙内油质的丰富程度，流体类型值越高储层中含油比例越高，反之则说明孔隙内烃类气体所占比例越高。计算公式如下：

全烃：$C_1+2C_2+3C_3+4(i\text{-}C_4+n\text{-}C_4)+5(i\text{-}C_5+n\text{-}C_5)+6n\text{-}C_6+7n\text{-}C_7+8n\text{-}C_8$；

流体类型：$10\times(n\text{-}C_6+n\text{-}C_7+n\text{-}C_8)/(C_4+C_5)$。

软件根据数据在图版上的落地位置判断流体性质(图 6-99、图 6-100)。

解释结论	全烃 下限	全烃 上限	流体类型 下限	流体类型 上限
油层	9000	∞	0.02	∞
气层	9000	∞	-∞	0.02
含油水层	4000	9000	-∞	∞
水层	-∞	4000	-∞	∞

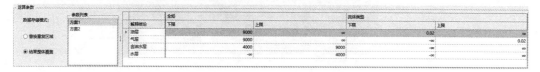

图 6-99　运行参数(全烃流体)

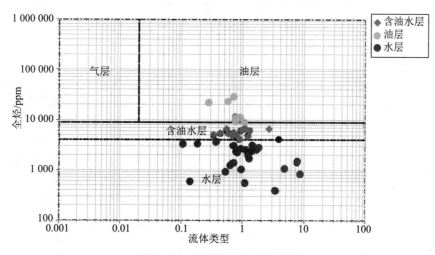

图 6-100　运行结果(全烃流体)

2) 新皮克斯勒

(1) 输入：井及待解释层、新皮克斯勒模板、FLAIR 气测数据(C_1、C_2、C_3、$i\text{-}C_4$、$n\text{-}C_4$、$i\text{-}C_5$、$n\text{-}C_5$、$n\text{-}C_6$、$n\text{-}C_7$、$n\text{-}C_8$)

(2) 输出：解释结论表(录井解释_新皮克斯勒)

(3) 方法说明：新皮克斯勒与皮克斯勒类似，新皮克斯勒扩展至 C_6 以上的重组分，引入 C_1/C_{6^+} (其中 $C_{6^+}=n\text{-}C_6+n\text{-}C_7+n\text{-}C_8$)参数(图 6-101、图 6-102)。

	C1/C2		C1/C3		C1/C4		C1/C5		C1/C6+	
解释结论	下限	上限	下限	上限	下限	上限	下限	上限	下限	上限
油层	5	40	5	101	5	290	5	800	5	2000
气层	40	300	101	790	290	2000	-∞	∞	-∞	∞

图 6-101　运行参数(新皮克斯勒)

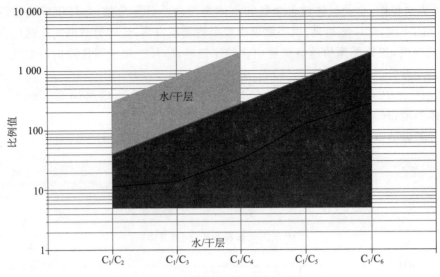

图 6-102　运行结果(新皮克斯勒)

3）异常倍数

（1）输入：井及待解释层、异常倍数模板、FLAIR 气测数据（C_1、C_2、C_3、$i\text{-}C_4$、$n\text{-}C_4$、$i\text{-}C_5$、$n\text{-}C_5$、$n\text{-}C_6$、$n\text{-}C_7$、$n\text{-}C_8$）、FLAIR 异常倍数、04_现场岩心岩屑录井原始数据表（荧光面积）或 18_岩心岩屑录井成果数据表（荧光面积）。

（2）输出：解释结论表（录井解释_异常倍数）（图 6-103）。

解释结论	深度		荧光面积		C1(%)		C2(%)		C6+(%)		C6+		TG		C1异常倍数		iC4异常倍数		nC4异常倍数		iC5异常倍数		nC5异常倍数	
	下限	上限	下限	上限	下限	上限	下限	上限	下限	上限	下限	上限	下限	上限	下限	上限	下限	上限	下限	上限	下限	上限
气层	-∞	2000	-∞	∞	5	∞	80	∞	-∞	∞	0.8	∞	0.8	∞	5	∞	0	∞	0	∞	-∞	∞
含气水层	-∞	2000	-∞	∞	5	∞	80	∞	-∞	∞	0.5	0.8	5	∞	0	∞	0	∞	-∞	∞		
水层	-∞	2000	-∞	∞	5	∞	-∞	∞	-∞	∞	0.05	0.5	3	1	0	∞	0	∞	-∞	∞		
油层	-∞	2000	5	∞	-∞	∞	6	5	-∞	∞	5	∞	-∞	∞	3	∞	0	∞	5	∞		
含油水层	-∞	2000	5	∞	5	3	-∞	∞	-∞	∞	5	∞	-∞	∞	0	∞	0	∞	-∞	∞		
水层	-∞	2000	5	∞	3	1	-∞	∞	-∞	∞	5	∞	-∞	∞	0	∞	0	∞	-∞	∞		
油层	-∞	2000	∞	∞	-∞	∞	-∞	∞	-∞	∞	5	∞	-∞	∞	3	∞	0	∞	5	∞		
含油水层	-∞	2000	∞	∞	-∞	∞	5	3	-∞	∞	5	∞	-∞	∞	3	∞	0	∞	-∞	∞		
水层	-∞	2000	∞	∞	-∞	∞	-∞	∞	-∞	∞	5	∞	-∞	∞	2	∞	0	∞	-∞	∞		
气层	2000	∞	∞	∞	-∞	∞	80	∞	-∞	∞	0.8	∞	0.8	∞	5	∞	0	∞	0	∞	-∞	∞
含气水层	2000	∞	∞	∞	-∞	∞	80	∞	-∞	∞	0.8	∞	0.5	0.8	5	∞	0	∞	0	∞	-∞	∞
水层	2000	∞	∞	∞	-∞	∞	-∞	∞	-∞	∞	0.05	0.5	3	1	0	∞	0	∞	-∞	∞		
油层	2000	∞	∞	∞	-∞	∞	-∞	∞	-∞	∞	5	∞	-∞	∞	3	6	0	∞	5	4		
含油水层	2000	∞	∞	∞	-∞	∞	-∞	∞	-∞	∞	5	∞	-∞	∞	2.5	∞	0	∞	2	∞		
水层	2000	∞	∞	∞	-∞	∞	-∞	∞	-∞	∞	5	∞	-∞	∞	0	∞	0	-∞	∞			

图 6-103　运行参数(异常倍数)

（3）方法说明：异常倍数与特征参数类似，对于埋深≤2 000 m 的储集层，评价解释流程如图 6-104 所示。

对于井深＞2 000 m 的储集层，评价解释流程如图 6-105 所示。

4）流体指数

（1）输入：井及待解释层、流体指数模板、FLAIR 气测数据（C_1、C_2、C_3、$i\text{-}C_4$、$n\text{-}C_4$、$i\text{-}C_5$、$n\text{-}C_5$、$n\text{-}C_6$、$n\text{-}C_7$、$n\text{-}C_8$）。

（2）输出：解释结论表（录井解释_流体指数）。

（3）方法说明：流体指数定义了气指数（I_g）、油指数（I_o）和水指数（I_w）三个衍生参数，通过判断气指数、油指数和水指数的大小、是否交会等判断流体性质。衍生参数计算公式如下：

油指数 $I_o = 10 \times (n\text{-}C_5 + n\text{-}C_6 + n\text{-}C_7 + n\text{-}C_8 + C_7H_{14})^2 / (C_1 + C_2 + C_3)$

气指数 $I_g = 100 \times C_1 / (C_1 + C_2 + C_3 + C_4 + C_5 + C_6 + C_7 + C_8 + C_6H_6 + C_7H_8 + C_7H_{14})$

水指数 $I_w = (C_6H_6 + C_7H_8) / (a \times n\text{-}C_6 + n\text{-}C_7)$

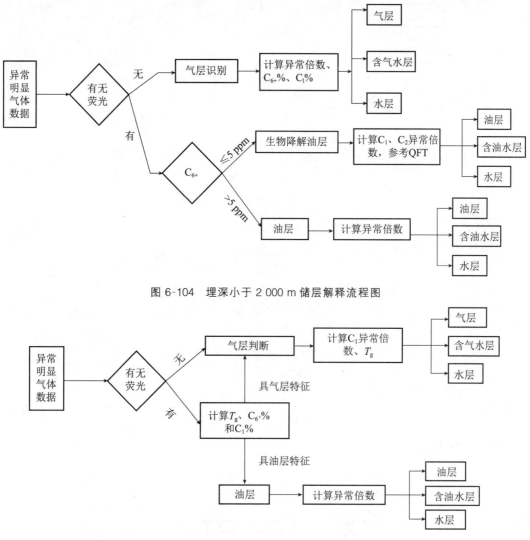

图 6-104 埋深小于 2 000 m 储层解释流程图

图 6-105 埋深大于 2 000 m 储层解释流程图

判断规则(图 6-106、图 6-107)如下:

① 气层:全烃高值,无荧光,组分以 C_1 为主,少量 C_2,C_3;$I_g>95\%$。

② 油层:相对于上部地层,荧光显示好,I_g 大幅度降低,I_o 大幅度升高,两者形成交会,同时 I_w 降低。

③ 含油水层:有荧光显示,相对于上部油层,全烃值明显降低,I_g 降低,I_o 小幅升高,两者未形成交会,一般情况下 $I_w<2.0$;若 I_g 和 I_o 未交会,I_w 升高不明显,$I_o>20$,储集层多为含油水层上限。

④ 水层:相对于上部地层 I_g 降低,I_o 无明显升高,$I_w>2.0$ 并且增加明显。

⑤ 水层:相对于上部地层 n-C_6、n-C_7 和 C_7H_{14} 等组分很低,I_g 降低,I_o 无明显升高,储集层为纯水层。

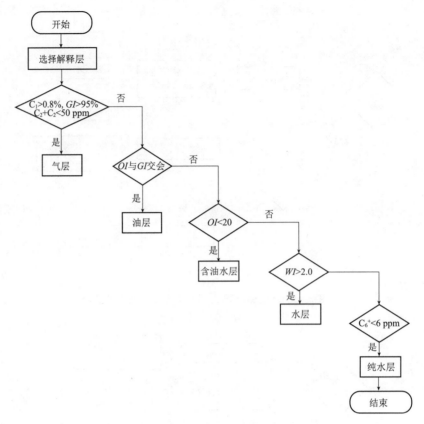

图 6-106 流体指数判断流程

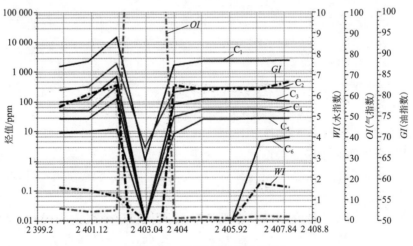

图 6-107 运行结果(流体指数)

3. 地化

1) P_g 与 OPI

(1) 输入:井及待解释层、P_g 与 OPI 模板、43_储集岩热解分析数据、50_岩石热蒸发烃气相色谱分析数据。

(2) 输出:解释结论表(录井解释_P_g 与 OPI)。

（3）方法说明："P_g 与 OPI"以 OPI 的值为横坐标，反映油显示特征，P_g 的值为纵坐标，反映不同油显示情况下的含油气总量值。按统计规律分为油区、含油水层区和水层区，判断流程（图 6-108、图 6-109）如下：

① 从"43_储集岩热解分析数据表"获取样品类型、S_1、S_2、P_g、OPI 等值，从"50_岩石热蒸发烃气相色谱分析表"获取主峰碳数。

② 根据 $PS(S_1/S_2)$ 和主峰碳数判断油质。

③ 根据油质、样品类型信息在 P_g 与 OPI 模板中查找"油层-含油水层"和"含油水层-水层"判断趋势线。将 OPI 的值分别带入"油层-含油水层趋势线"和"含油水层-水层趋势线"，将 P_g 实际值与公式计算值比较，P_g 实际值大于"油层-含油水层趋势线"计算值为油层，P_g 实际值小于"含油水层-水层趋势线"计算值为水层，P_g 实际值小于"油层-含油水层趋势线"计算值、大于"含油水层-水层趋势线"计算值为含油水层。

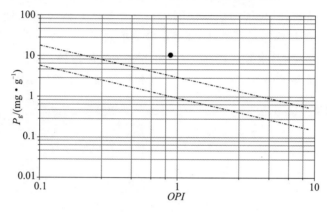

图 6-108 运行结果（P_g 与 OPI）

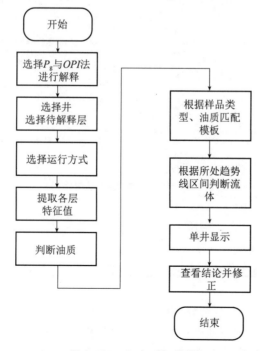

图 6-109 P_g 与 OPI 流程

"S_2 与 TPI"和"P_g 与 S_1"两种方法与"P_g 与 OPI"类似(图 6-110)。

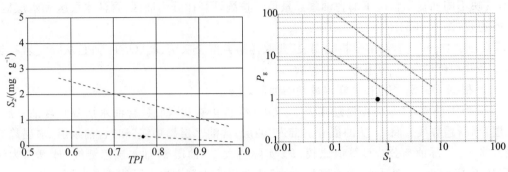

图 6-110 "S_2 与 TPI"与"P_g 与 S_1"

2)地化谱图比对

(1)输入:井及待解释层、气相色谱谱图库、43_储集岩热解分析数据、50_岩石热蒸发烃气相色谱分析表、气相色谱谱图文件、轻烃组分分析数据。

(2)输出:解释结论表(录井解释_地化谱图比对)(图 6-111)。

(3)方法说明:请参考第五章第三节"基于气相色谱谱图比对技术的综合解释方法"。

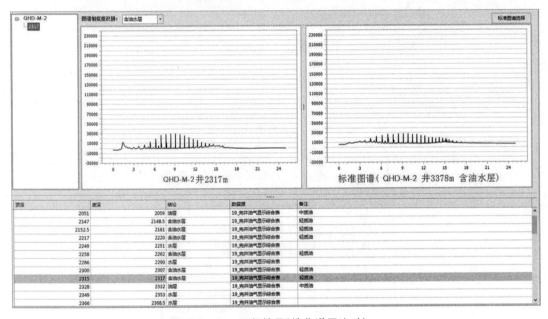

图 6-111 运行结果(地化谱图比对)

4. 三维

1)对比级别与油性指数

(1)输入:井及待解释层、对比级别与油性指数模板、57_三维定量荧光分析数据表(对比级别、油性指数)。

(2)输出:解释结论表(录井解释_对比级别与油性指数)。

(3)方法说明:对比级别与油性指数以对比级别作为横坐标、油性指数作为纵坐标,能很好地反映储层的流体类型和油质。软件获取待解释层的对比级别和油性指数数据,在对比级别与油性指数图版上投点,根据点所处区域判断油气水(图 6-112)。

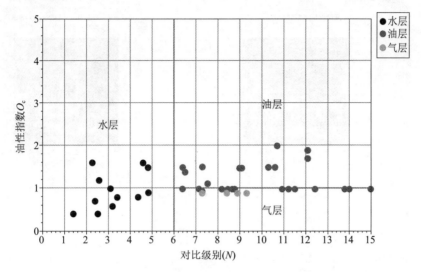

图 6-112　运行结果(对比级别与油性指数)

"最佳发射波长和相当油含量"与"对比级别与油性指数"类似,运行结果如图 6-113 所示。

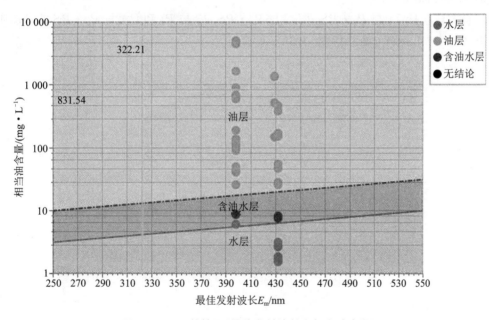

图 6-113　运行结果(最佳发射波长和相当油含量)

2)三维谱图比对

(1)输入:井及待解释层、三维定量荧光谱图库、57_三维定量荧光分析数据表、三维定量荧光谱图。

(2)输出:解释结论表(录井解释_三维谱图比对)。

(3)方法说明:请参考第五章第三节"基于三维定量荧光谱图特征的油气水解释方法"。

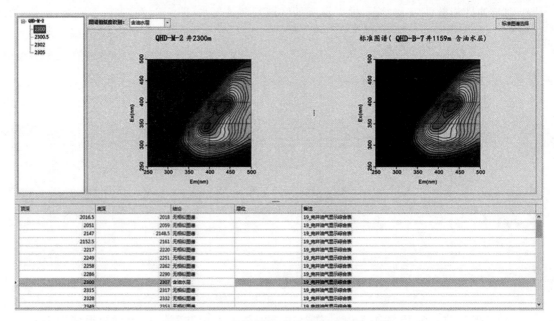

图 6-114　运行结果(三维定量荧光谱图比对)

3) 组合方法

组合方法包括 T_g 与 $P_g \cdot PS$、$T_{g\text{-}Corr}$ 与 $P_g \cdot PS$、T_g 与 P_g 和 $C_2{}^+$ 与 $P_g \cdot PS$ 四种图版,操作方法与"对比级别与油性指数"类似。

第七章
录井油气水定量评价技术

油气水层解释主要是对储层流体性质、含油气丰度及储层物性等储层特征参数进行综合分析的过程。储层流体定量评价是对储层含油气丰度、地层油气密度及物性参数进行量化评价的过程,其中含油气丰度指储层孔隙空间中油气的相对含量,是影响储层产能的重要因素。在油气层评价过程中,现场录井中的油气发现信息难以直接作为判断油气层的标准,含油气丰度是各项录井技术的集合反应,参数值大小和油气层具有非常好的相关性,因此,含油气丰度的计算是定量评价的关键之一。

在复杂岩性、物性以及存在低对比度油气层等情况下,测井解释评价储层难度较大,此时录井参数评价储层流体的优势更为明显。而现阶段用录井方法评价油气层整体处于定性阶段,主要是从岩心和岩屑油气显示级别、气测值高低及异常幅度、三维定量荧光相当油含量、地化热解 P_g 值等指标出发,利用井间横向对比与单井纵向对比等方法,定性或半定量分析储层的含油气饱满程度。但是由于各项录井方法的局限性,指示储层含油气丰度的各项参数受到各种因素影响,精度较低,同时难以建立统一的定量解释模型。比如气测数据受地层因素、钻井参数以及钻井液性能等多方面因素影响,直接使用气测值高低来表征储层含油气丰度存在较大的误差。

因此,录井油气水定量评价的关键在于建立录井参数与储层含油气丰度或含水饱和度的数学关系模型。在此介绍两种录井油气水定量评价模型。

第一节　储层综合含水率参数解释评价技术

综合含水率的解释评价技术通过建立水层和油层之间的对比关系来进行含水率定量评价,主要包含气测参数和地化参数,该方法还综合考虑荧光面积、气测组分、气测后效、槽面显示、含油钻井液添加剂、岩性、原油性质和污染程度等无法定量但和油气显示密切相关的指标,通过专家评分方法对各指标进行定量化,加入综合含水率解释评价中,提高了模型的解释精度。该方法在黄河口凹陷、渤中凹陷、辽东凹陷、秦南凹陷的油气水解释评价得到广泛应用,符合率得到大幅度提高,例如对黄河口凹陷 28 口井进行了储层综合含水率的应用,解释 82 层,其中有 73 层解释结论与试油结论相符合,符合率为 89.0%,较传统方法提高了 7.3%。

一、计算公式

储层综合含水率是综合考虑录井和地化的参数,选择储层全烃值和储层地化 P_g 值,通过和相邻水层的对比,和工区综合系数校正,计算得到的储层综合含水率。其公式如下:

$$C_w = f_q \sqrt[i]{\frac{Q_w}{k_1 Q_t}} + f_d \sqrt[j]{\frac{D_w}{k_2 D_t}} \qquad (7\text{-}1)$$

式中　C_w——储层综合含水率;

　　　f_q——所在工区气体数据解释权重系数;

　　　f_d——所在工区地化数据解释权重系数;

　　　i——气态含烃饱和度指数;

　　　j——液态含烃饱和度指数;

　　　Q_w——与解释储层同一组内,水层气体全烃平均值;

　　　D_w——工区内水层地化 P_g 值;

　　　Q_t——储层气体全烃值最大值;

　　　D_t——储层地化 P_g 值;

　　　k_1、k_2——影响因素综合系数。

二、油层气测和地化录井响应特征

录井人在定量化资料处理上做了很多工作,由于在前端的数据采集上的定量化程度不够,导致很多定量化解释方法很难得到业内的广泛认可,石油行业把录井资料定义为现场的第一手资料,是油气发现的最直接者,获得的信息具有实时性和直观性,但是很少和定量化解释评价联系起来,所以录井的定量化解释评价需要从前端采集来突破,同时结合石油地质理论,这样才能做出准确有效的模型。

气测录井技术主要通过检测油藏中天然气溶解在钻井液中的丰度和组分组成,来反映储层的含油气丰度和流体类型,是应用最广泛的录井手段。目前,气测的检测技术已经定量化,例如 Reserval 和配套使用的 GZG 脱气器,脱取钻井液数量为 1.5 L/min,定量化进行样品分析,大幅度提高了数据质量,对数据井间、层间和层内对比结果可信度有了非常大的提高。

地化录井技术中的岩石热解分析技术通过对样品进行加热,使岩石中的烃类热蒸发成气体,并使高聚合的有机质(干酪根、沥青质、胶质)热裂解成挥发性的烃类,通过检测石油中不同相态的组分含量来对储层的含油气丰度和类型进行分析。岩石热解技术对样品进行定量化分析,一般情况下,取 100 mg 岩屑(岩心)样品进行分析,定量化进行样品分析同样大幅度提高了数据质量,对数据井间、层间和层内对比结果可信度有了非常大的提高。

石油无论在成分上还是在相态上都极其复杂,其成分以烃类为主,含有数量不等的非烃化合物和多种微量元素;在相态上以液态为主,溶有大量烃类气体及少量的非烃气体,并溶解有数量不等的烃类和非烃类的固态物质。碳、氢两种主要元素以各种碳氢化合物的形式存在于石油中,按照本身的结构可以分为烷烃、环烷烃和芳香烃三类,烷烃分子特点是碳原子间都以 C—C 相连,排成直链式,有支链者为异构烷烃,石油中不同碳数的正构烷烃的分布特征反映石油的成因和油质轻重。任一油藏中的石油总是溶解有数量不等的天然气，每吨石油溶解气的数量少则几到几十立方米，多可达数百到上千立方米。

综上，公式(7-1)中参数选择的气测和地化录井参数，分别从石油组成的气态和液态角度反映储层的含油气丰度；前端测量手段定量化的改进，结合石油本身含烃丰度和油藏的耦合关系，形成了储层综合含水率定量化计算模型，该模型把气测和地化结合起来地用于定量化反映储层内石油的丰度和流体类型，如图 7-1 所示。

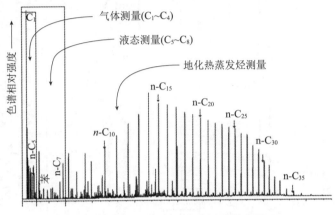

图 7-1　气测、地化录井检测碳数范围

三、储层综合含水率参数

1. 气测参数

气测录井优选的计算参数为全烃值，在进行储层综合含水率计算时，考虑的是水层和油层之间含气丰度的对比关系。对于储层来讲，当储层全部为水时，那么气测检测到的气体主要为水溶气，对于大部分储层来讲，水溶气含气量一般在 $1\sim5\ m^3/t$，相对于油溶气含气量低了很多，所以当储层含油饱和度增加后，明显气测值也会出现响应的增加。

Q_t 为解释层的全烃值最大值。

Q_w 为水层全烃值平均值，一般选择没有荧光显示的层，且和解释层位于同一组内，具有相同的岩性，如图 7-2 所示。

i 为气态含烃饱和度指数，反映石油成因对于解释参数的影响，一般原生油藏泥质胶结的砂岩取 2，对于遭受生物降解的砂岩，根据生物降解的程度取 $2.2\sim2.5$。

f_q 为所在工区气体数据解释权重系数，计算公式如下：

$$f_q = Q_c/(Q_c + D_c) \tag{7-2}$$

式中　Q_c——解释工区气测解释符合率；

　　　D_c——解释工区地化解释符合率。

2. 地化参数

地化录井优选的计算参数在进行储层综合含水率计算时，考虑的是水层和油层之间含油丰度的对比关系。对于纯岩石，当储层全部为水时，那么地化热解录井不会检测到含油信息，

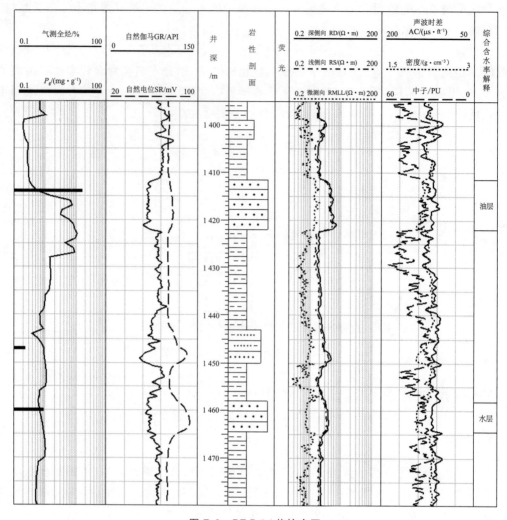

图 7-2　BZ-P-3d 井综合图

当储层中含油饱和度增加后，地化热解录井检测到的 P_g 值会随着含油丰度的增加而增加。

D_t 为储层地化 P_g 值。P_g 值以岩心分析的数据为最好，如果缺少壁心、岩心数据时，使用岩屑的烃损失校正值。

D_w 为工区内水层地化 P_g 值。一般情况下，水层地化 P_g 值非常低，接近于 0，所以标准水层地化 P_g 值，应该选择水层和含油水层的分界值，往往取工区内统计的 P_g 值，是一个数据统计值。

j 为液态含烃饱和度指数，反映原油后期改造程度对于解释参数的影响，一般对于轻质和中质油，j 值选择为 2，对由于水洗或者生物降解作用导致的储层内胶质和沥青质组分增加，而 P_g 值出现高值的情况，根据水洗或者生物降解作用的轻重，一般选择 2.4～2.7 之间。

f_d 为所在工区气体数据解释权重系数。计算公式如下：

$$f_d = D_c/(Q_c + D_c) \qquad (7\text{-}3)$$

式中　Q_c——解释工区气测解释符合率；

D_c——解释工区地化解释符合率。

3. k_1、k_2 系数

使用专家评分法对 k_1 和 k_2 系数进行确定,专家评分法也是一种定性描述定量化方法,它首先根据评价对象的具体要求选定若干个评价项目,再根据评价项目制订出评价标准,聘请若干代表性专家凭借自己的经验按此评价标准给出各项目的评价分值,然后对其进行结集。专家评分法是在定量和定性分析的基础上,以打分等方式做出定量评价,其结果具有数理统计特性。

表 7-1　专家评分法参数表

系数	评　分	1.2	1.1	1.0	0.9	权重系数
k_1	荧光面积/%	(100,40]	(40,20]	(20,5]	(5,0)	1.2
	气测组分	齐全超高值	齐全高值	齐　全	不齐全	1.0
	气测后效	好	中	差	无	1.0
	槽面显示	油　带	油　花	无		1.0
	含油钻井液添加剂		无	少　量	影响气测值	0.9
	岩　性	中—粗砂岩	中砂岩	细砂岩	粉砂岩	1.0
	储层厚度	>6	(6,4]	(4,2]	<2	1.0
	胶结情况		泥　质	部分灰质	灰　质	0.9
	地层含油性	主力产油区	主要产油区	产油区	未证实区	1.0
k_2	放置时间		3 h	3~6 h	超过 6 h	1.0
	原油性质	轻	中	重		1.0
	污染程度		无	一　般	严　重	1.0

如表 7-1 所示,对于 k_1 系数,综合考虑荧光面积、气测组分、气测后效、槽面显示、含油钻井液添加剂、岩性、储层厚度、胶结情况和地层含油性等情况。对于 k_2 系数,综合考虑放置时间、原油性质和污染程度等情况。

将评价对象中的各项指标项目依照评价指标的重要程度,给出不同的权重系数,即对各因素的重要程度做区别对待。k_1 和 k_2 系数的计算公式如下:

$$S = \frac{1}{n} \sum_{i=1}^{n} A_i S_i \tag{7-4}$$

式中　S——k_1 系数或者 k_2 系数;

　　　A_i——评价参数中 i 指标项得分;

　　　S_i——评价参数中 i 指标项的权重系数。

4. 解释评价标准

对黄河口凹陷 80 层测试层进行数据分析,找到既有气测数据又有地化数据的共 28 层,利用储层综合含水率公式进行计算分析,得到油层、油水同层(含油水层)、水层的评价阈值,具体阈值见表 7-2。经过回归分析,仅有 2 层不符合,符合率为 92.8%,实用效果非常好,并建立了录井定量解释评价的方法。

表 7-2 储层综合含水率解释阈值表

含水率	解释结论
$C_w \leqslant 45\%$	油 层
$45\% < C_w \leqslant 50\%$	油水同层
$50\% < C_w < 65\%$	含油水层
$C_w \geqslant 65\%$	水 层

录井和测井技术从不同技术角度来发现储层,同时根据采集的数据可对储层油气进行识别与评价。其中,测井技术测得的信息是地层物理性质或者物理参数的反映;地质录井资料是识别储层最直观、最重要的第一手资料,是储层含油气最直接的标志,也是测井解释判断储层流体性质的依据之一。

随着勘探的深入,低阻油层、砂砾岩油气层、致密砂岩等复杂非常规油气层越来越受到勘探的重视。综合测录资料,充分发掘储层特点,找到和常规储层的不同点,不漏掉油气层,不错失油田发现是当前渤海勘探的重点之一。勘探形式需要把测井和录井结合起来,做到测录一体化,两者资料相互补充,让对方技术薄弱点得到补充和验证。储层综合含水率参数解释评价技术,在录井定量化解释道路上迈出了坚实的一步,让测井资料存在疑惑的情况,给出录井定量化解释依据,有助于作业者正确决策,有利于油田对于非常规储层的勘探开发。

四、应用实例

BZ-P-3d 井,属于黄河口凹陷的一口井,井段 1 411.5~1 422.0 m,岩性为细砂岩,浅灰色,成分以石英为主,少量长石及暗色矿物,细粒为主,部分粉粒,次棱角~次圆状,分选中等,泥质胶结,疏松;荧光显示:湿照暗黄色,面积 25%,D 级,A/C 反应中速,乳白色。

Q_t 选择井段 1 411.5~1 422.0 m 中全烃值最大值 8.81%;Q_w 选择 1 458.0~1 465.0 m 的全烃值平均值 0.778 4%;D_t 选择壁心 1 414.0 m 数据,地化热解分析 P_g 值为 16.401 mg/g;D_w 数值选择工区标准水层为 1.5 mg/g。

图 7-3 为 1 414.0 m 地化热蒸发烃气相色谱图,正构烷烃呈梳状,碳数范围 n-C_{12} ~ n-C_{38},主峰碳为 C_{25},井段 1 411.5~1 422.0 m 原油性质为中质油,未受到生物降解的影响,所以 i,j 取值都为 2。

工区内气测解释符合率为 86%,地化解释符合率为 75%,计算权重系数 f_q 和 f_d 分别为 53.4% 和 46.6%。

考虑井段 1 411.5~1 422.0 m 荧光面积、气测组分、气测后效、槽面显示、含油钻井液添加剂、岩性、储层厚度、胶结情况和地层含油性等情况,k_1 系数计算值为 1.09;考虑放置时间、原油性质和污染程度等情况,k_2 系数计算值为 1.03。

将上面的数值带入综合含水率公式:

$$C_w = f_q \sqrt[i]{\frac{Q_w}{k_1 Q_t}} + f_d \sqrt[j]{\frac{D_w}{k_2 D_t}} \tag{7-5}$$

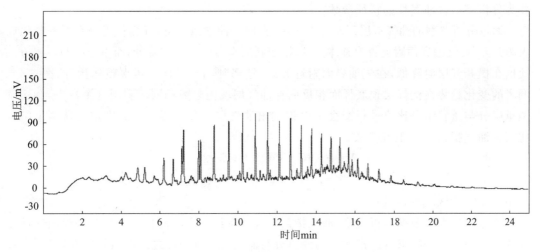

图 7-3　1 414.0 m 地化热蒸发烃气相色谱图

计算得到综合含水率为 24.5%，按照储层综合含水率解释标准，小于 45%，解释为油层。此储层测试，产油 39.2 m³/d，产气 1 513 m³/d。

第二节　基于气测烃组分的油气定量评价技术

常用于储层流体评价的录井技术有常规气测、FLAIR 实时流体分析、地化录井以及三维定量荧光等技术。利用录井参数建立各种解释图版定性解释储层流体性质具有一定效果，但是不同地质条件的油气层适用的图版及方法不同，难以形成统一、有效的一套储层流体评价体系。同时，储层流体解释还停留在定性阶段，难以建立起录井测量参数与储层的含油气饱和度的关系，使录井解释进入了瓶颈期。在没有随钻测井资料或测井数据不能满足储层快速评价要求的情况下，开展储层流体录井定量化评价具有积极意义，而录井定量评价的难点在于建立录井测量参数与储层含油气丰度的数学关系。通过对大量气相烃类及其衍生参数的特征分析，发现气测烃组分中的重组分与油气指数在油气层段交会特征与储层含油气性具有相关性。据此，利用油气指数与重烃组分拟合出能定量评价储层含油气性的新参数含油气丰度 S_H，并尝试建立了基于气相烃类的渤海油田常规储层含油气性定量解释标准。经多个构造不同层位的油气水层验证，与测井测试结论符合度较高。该方法为录井定量评价储层流体提供了一种新思路，可提高储层流体快速评价符合率，同时在低对比度等疑难储层的解释方面应用效果较好。

一、储层含油气性录井定量评价模型

常规气测录井主要从两个方面评价储层流体，一是气测值的高低，二是烃组分比值的变化规律。气测值在纵向上的变化能在一定程度上反映地层含油气性的变化，可以用来定性解释储层流体性质。气测烃组分比值主要与地层油气的组分特征及流体在储层内垂向分异特征有关，烃组分比值的变化对储层垂向上含油气性的变化具有较强指示意义，可以作为分析储层含油气性的特征参数。

通过分析典型的油气水层剖面可以看出,在同一油水系统下,气测重组分在揭开气层时大幅升高,在气油界面附近再次整体抬升,钻遇到油水界面后迅速降低;而重组分与轻组分的比值在揭开气层时降低,在气油界面附近升高,钻遇到油水界面后再次整体抬升(图 7-4)。两者的变化趋势在油气层顶底界面相反而在油气层段内趋势相同。利用这个特点,利用气测重组分与重轻组分比值进行交会可以识别出油气层的顶底界面。分别定义这两个组分比值为油气指数 Y 与油气指数 Z:

$$Y = k_1(4C_4 + 5C_5)/(C_1 + 2C_2)$$

$$Z = k_2(C_4 + C_5)/(C_1 + C_2)$$

其中,k_1、k_2 为区域性常数;

通过油气水层数据分析发现,油气指数与气测重组分交会面积大小与储层含油气性存在关联。利用这一特点可以搭建气测烃组分与储层含油气丰度之间的数学关系,得到一种定量评价储层含油气性的模型。由于不同构造及不同层位油气层烃类组分构成的差异性,综合利用两个油气指数与气测烃类组分中的重组分 C_3 及 $C_4 + C_5$ 分别进行交会得到 4 个交会因子,并最终拟合成一个综合性参数——含油气丰度 S_H(图 7-4),以适应不同类型油气层的评价。

参考彩图

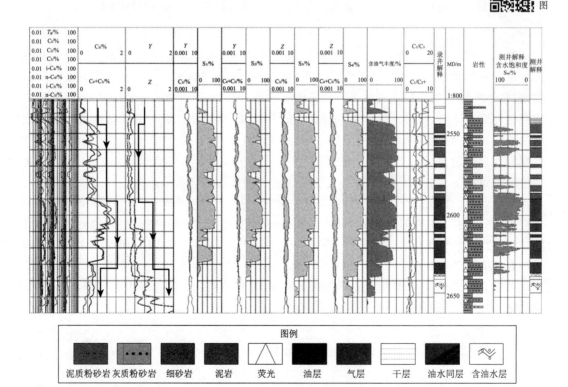

图 7-4 含油气丰度计算模型

交会因子 S_1:$S_1 = (C_3 - Y)/C_3 \times 100\%$;

交会因子 S_2:$S_2 = (C_4 + C_5 - Y)/(C_4 + C_5) \times 100\%$;

交会因子 S_3：$S_3 = (C_3 - Z)/C_3 \times 100\%$；

交会因子 S_4：$S_4 = (C_4 + C_5 - Z)/(C_4 + C_5) \times 100\%$；

含油气丰度 $S_H = (S_1 + S_2 + S_3 + S_4)/4$。

含油气丰度 S_H 是利用气测重组分与重轻组分比值交会关系计算出来的反映储层含油气性的一个量化指标。经渤海油田多个井区不同层位的油气水层统计规律显示，含油气丰度 S_H 与测井解释含油饱和度具有较高的可比性，并据此建立了渤海油田常规储层流体定量解释标准。在利用含油气丰度 S_H 快速评价储层流体性质时，只需参考储层厚度及含油气丰度 S_H 的大小（表 7-3）。

表 7-3　渤海油田常规储层流体定量解释标准

解释结论	含油气丰度 S_H	
	储层厚度≥3 m	储层厚度＜3 m
油层/气层	50%～100%	30%～100%
油水同层/气水同层/差油层	20%～50%	10%～30%
含油水层/干层/水层	0～20%	0～10%

二、应用实例

1. 新近系油气水层解释

1）高阻水层（LK-N-2 井）

LK-N-2 井新近系馆陶组 2 055.0～2 145.0 m 井段录井油气显示活跃，气测录井气全量 T_g 为 3.5%～5.9%，烃组分齐全，地化热解 S_1 最高 2.0 mg/g，S_0 最高 0.17 mg/g；同时层段①、②、③电阻率达 20～30 Ω·m，层段④气测及地化值低，电阻率 4.0 Ω·m，为标准水层。从常规资料来看，层段①、②、③为油气层特征，层段④为水层特征。但是通过含油气丰度的计算可以看出层段②含油气丰度达 60%，且 C_1/C_3 值为高值，为气层特征，而层段①、③与层段④一样，油气指数与重烃组分未交会，反映储层含油气丰度低，达不到油气层标准。针对录测解释的矛盾，在井深 2 062.1 m 取样得到气 50 mL、油 0 mL、水 400 mL，在井深 2 128.0 m 取样得到气 400 mL、油 50 mL、水 100 mL，取样结果与录井解释结论相符（图 7-5）。

2）低对比度油层（LK-A-1 井）

LK-A-1 井新近系馆陶组根据油气显示特征可以分为 3 个层段，层段①、③油气显示较好，气测录井气全量 10.0%～20.0%、组分齐全，计算含油气丰度 65.0%～90.0%（薄层 40.0%～50.0%），结合 C_1/C_3 比值可知层段①、③表现为油气层特征；但是该井段地化热解值 S_1 普遍小于 1.0 mg/g、S_0 最高 0.04 mg/g，同时电阻率值在 10.0 Ω·m 左右，特别是层段③底部两层油气层的电阻率约 5.0 Ω·m，部分录测特征与层段②没有明显区别，录测资料存在明显矛盾（图 7-6）。对此，本井在 1 796.5～1 809.8 m 进行地层测试，日产原油 113.52 m³、日产气 9 171 m³、日产水 0 m³，测试结论为低对比度油层，与含油气丰度计算结论相符。同时可以看出，本井储层段平均机械钻速超 100 m/h，由于机械钻速快，基于岩屑的地化录井受岩屑样品代表低的影响，不能有效地反映储层含油气性的变化，此时基于钻井液的气测录井具有明显的优势。该方法为渤海油田浅层探井优快钻井条件下录井解释符合率低提供了有效的配套解决方案。

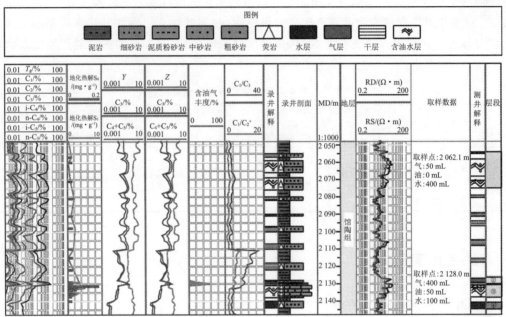

图 7-5　LK-N-2 井油气水层解释成果

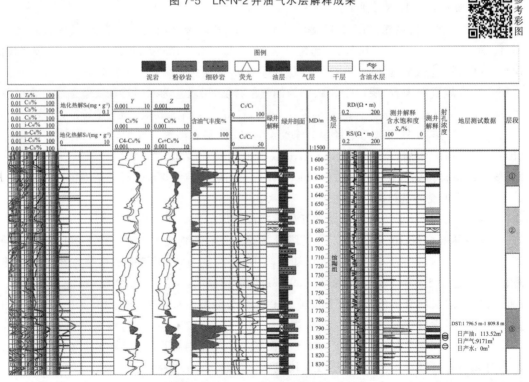

图 7-6　LK-A-1 井油气水层解释成果

对龙口-A 及龙口-N 构造主要油气显示层进行统计,共统计 29 层,解释符合层数 27 层,符合率 93.1%,计算含油气丰度与测井解释含油饱和度吻合度高(表 7-4、表 7-5),同时对于低对比度等疑难储层的解释方面效果较好。

表 7-4　龙口-A 及龙口-N 构造新近系储层流体录测解释对比

井　名	顶深/m	底深/m	储层厚度/m	层　位	含油气丰度（录井解释）	含油饱和度（测井解释）	解释结论	是否符合
LK-A-1	1 290.0	1 296.0	6.0	明化镇组	54.0	39.5	油　层	符　合
	1 305.0	1 309.0	4.0	明化镇组	51.0	46.6	油　层	符　合
	1 328.0	1 332.0	4.0	明化镇组	6.0	5.8	含油水层	符　合
LK-A-1	1 360.0	1 362.0	2.0	明化镇组	2.6	1.9	含油水层	符　合
	1 384.0	1 385.0	1.0	明化镇组	12.0	9.1	含气水层	符　合
	1 408.0	1 409.0	1.0	明化镇组	22.9	60.1	油　层	不符合
	1 480.0	1 485.0	5.0	馆陶组	53.0	63.7	油　层	符　合
	1 513.0	1 517.0	4.0	馆陶组	57.0	48.7	油　层	符　合
	1 533.0	1 536.0	3.0	馆陶组	20.0	32.6	干　层	符　合
	1 543.0	1 545.0	2.0	馆陶组	31.0	35.0	油　层	符　合
	1 570.0	1 577.0	7.0	馆陶组	41.0	25.0	含油水层	不符合
	1 608.0	1 610.0	2.0	馆陶组	43.0	44.4	气　层	符　合
	1 614.0	1 617.0	3.0	馆陶组	62.0	72.0	气　层	符　合
	1 617.0	1 620.0	3.0	馆陶组	60.0	65.0	气　层	符　合
	1 628.0	1 630.0	2.0	馆陶组	44.0	52.2	油　层	符　合
	1 675.0	1 680.0	5.0	馆陶组	19.0	17.9	含油水层	符　合
	1 772.0	1 777.0	5.0	馆陶组	52.0	41.2	油　层	符　合
	1 788.0	1 792.0	4.0	馆陶组	80.0	65.1	气　层	符　合
	1 795.0	1 800.0	5.0	馆陶组	59.0	44.8	油　层	符　合
	1 805.0	1 808.0	3.0	馆陶组	62.0	46.2	油　层	符　合
	1 817.0	1 820.0	3.0	馆陶组	18.0	23.9	含油水层	符　合
LK-N-2	1 972.0	1 979.0	7.0	馆陶组	19.0	21.0	含油水层	符　合
	2 055.0	2 057.0	2.0	馆陶组	0.0	8.0	含油水层	符　合
	2 059.0	2 066.0	7.0	馆陶组	0.0	6.0	含油水层	符　合
	2 069.0	2 076.0	7.0	馆陶组	0.0	5.0	含油水层	符合
	2 128.0	2 129.0	1.0	馆陶组	60.0	78.0	气　层	符　合
	2 131.0	2 138.0	7.0	馆陶组		5.0	含油水层	符合
	2 447.0	2 449.0	2.0	馆陶组	61.0	38.0	油　层	符　合
	2 453.0	2 455.0	2.0	馆陶组	62.0	43.0	油　层	符　合

表 7-5　龙口-A 及龙口-N 构造新近系储层录测解释符合率统计

构　造	井　名	层　位	统计层数	符合层数	符合率
龙口-A 及龙口-N	LK-A-1	明化镇组	6	5	83.33%
		馆陶组	15	14	93.33%
	LK-N-2	馆陶组	8	8	100.00%

2. 古近系油气水层解释(以垦利-M 构造为例)

经钻探证实,垦利-M 构造油气显示活跃,东营组东二下段发育多套油气层,由于气层岩屑荧光微弱,同时烃损速度较快,地化热解等基于岩屑的评价方法应用效果差。通过计算储层含油气丰度并结合 C_1/C_3 比值快速定性及定量评价储层含油气性,录井综合解释上部以气层为主,下部以油层为主。在 1 478.5 m 电缆取样:气 40 mL、油 600 mL 以及钻井液滤液 200 mL,与录井解释相符。对垦利-M 构造主要油气显示层进行统计,共统计 45层,解释符合层数 40 层,符合率 88.9%,计算含油气丰度与测井解释含油饱和度可对比性较好(图 7-7,表 7-6)。

参考彩图

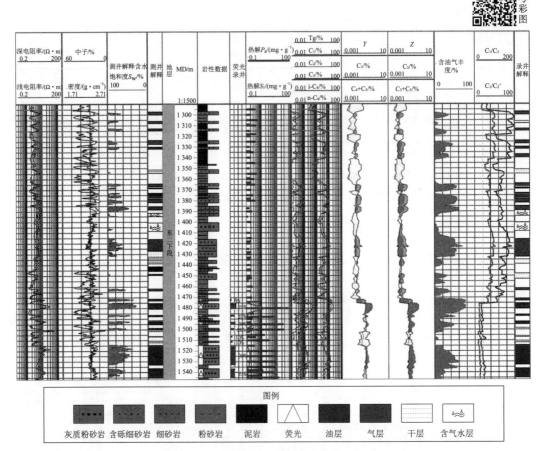

图 7-7　KL-M-3Sa 井油气水层解释成果

表 7-6　垦利-M 构造古近系储层录测解释符合率统计

构　造	井　名	层　位	统计层数	符合层数	符合率
垦利-M	KL-M-3	东二下段	20	18	90.00%
	KL-M-3Sa	东二下段	25	22	88.00%

储层中烃类因垂向分异作用呈现一定的规律性特征,导致气相烃类与其衍生参数的交会特征与储层含油气性具有相关性,利用油气指数与重烃组分拟合出能定量评价储层含油气性的新参数含油气丰度 S_H,并建立了渤海油田常规储层含油气性定量解释标准。经多个构造不同层位的油气水层验证,与测井、测试结论符合度较高。这种录井定量解释模型的建立为录井评价储层流体性质提供了一种新思路。

第八章
技术应用实例

为了全面介绍渤海油田油气水快速评价技术,本章特介绍一些不同类型油气层录井解释评价典型技术应用实例,主要介绍各种类型油气层解释评价的主要识别技术和应用效果等内容。每项技术的解释方法和综合运用方法在前面章节都进行了系统全面的介绍,本章主要以实例分析为主,希望能为录井油气层解释工作提供帮助与借鉴。

一、低对比度油层发现与评价实例

由于各种复杂的油藏地质原因,勘探开发中常会遇到测井难以识别与评价的低对比度油层等测井瓶颈问题,给勘探开发带来了一定的风险。低对比度油层一般是指在同一油水系统内,与水层的电阻率、孔隙度测井结果差异小,含烃特征不明显的油层。近些年渤海油田馆陶组获得了一系列低对比度油层的发现,其中不乏较高产能的低阻油层。主要成因为岩性细、分选差、束缚水含量高、黏土矿物附加导电作用、岩性复杂等,造成测井电阻率曲线的多解性。录井以油气烃类检测为手段,不受储层电性的影响。录井油气水定量评价技术中的储层含油气性定量评价模型、录井油气水综合解释评价技术中的气测与地化参数组合解释方法、指纹谱图分析储层流体性质等多项技术在低对比度油层识别上效果显著。所举实例表明,利用录井资料识别低对比度油层效果十分明显,可以有效减少测井识别低对比度油层瓶颈问题带来的勘探风险。

1) 新近系 KL-X-1 井馆陶组实例

KL-X-1 井位于渤海油田莱州湾凹陷南部斜坡带垦利-X 构造,馆陶组油气显示较为活跃,受高束缚水含量与油藏构造幅度的影响,低对比度油层(低阻油层)较为发育。

KL-X-1 井,井段 1 011.0~1 018.0 m,岩性为含砾细砂岩,浅灰色,成分以石英为主,少量暗色矿物,细粒为主,少量中粒,次棱角—次圆状,分选差。砾石成分主要为石英,少量燧石,砾径一般 2~3 mm,最大 4 mm,次棱角—次圆状,泥质胶结,疏松;荧光湿照暗黄色,面积 5%~20%,D 级,A/C 反应慢,乳白色。气测全烃值 T_g:15.59%,气测组分 C_1:7.862 5%,C_2:0.343 5%,C_3:0.558 4%,i-C_4:0.196 5%,n-C_4:0.287 6%,i-C_5:0.164 5%,n-C_5:0.097 1%,全烃和组分相对于基值异常明显,T_g 和 C_1 异常倍数分别为基值的 34 倍和 38 倍,该储层气体表现为油层特征(图 8-1)。

利用录井油气水定量评级技术中的储层含油气性录井定量化评价模型,获得该段储层的油气指数 $Y=(4C_4+5C_5)/(C_1+2C_2)$、$Z=(C_4+C_5)/(C_1+C_2)$,分别为 0.379、0.091,交会

因子 $S_1 = (C_3 - Y)/C_3 \times 100\%$，计算结果为 32%，交会因子 $S_2 = (C_4 + C_5 - Y)/(C_4 + C_5) \times 100\%$，计算结果为 48.5%，交会因子 $S_3 = (C_3 - Z)/C_3 \times 100\%$，计算结果为 84.2%，交会因子 $S_4 = (C_4 + C_5 - Z)/(C_4 + C_5) \times 100\%$，计算结果为 87.9%，最终拟合成综合性参数含油气丰度 S_H，计算结果为 63.15%。

根据渤海油田常规储层流体定量解释标准(表 8-1)，本段储层的解释结论为油层。

表 8-1　渤海油田常规储层流体定量解释标准

解释结论	含油气丰度 S_H	
	储层厚度≥3 m	储层厚度<3 m
油层/气层	50%~100%	30%~100%
油水同层/气水同层/差油层	20%~50%	10%~30%
含油水层/干层/水层	0~20%	0~10%

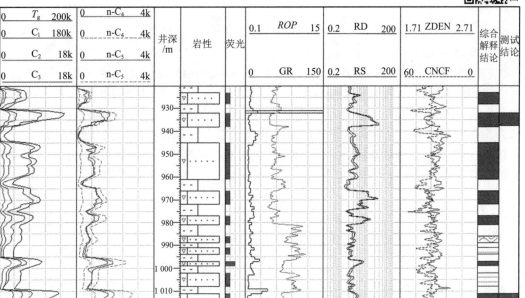

图 8-1　KL-X-1 井 920.00~1 030.00 m 录测综合图

地化岩屑热解分析结果，S_0:0.004~0.029 mg/g，S_1:2.314~4.306 mg/g，S_2:3.700~6.332 mg/g，TPI:0.35~0.41，含油丰度中等，依据热解值判断该段储层为油层特征。

基于气相谱图谱对比技术的综合解释方法，运用谱图比对法利用气相色谱组分峰数据与标准图谱进行对比，获取相似度以判断油质，主要运用相关系数法、曲线分布法，相似度达 95%，本层段热蒸发烃气相色谱图符合标准中质油的特征，碳数范围在 n-C_{13}~n-C_{38} 之间，主峰碳为 n-C_{30}，色谱峰面积较好，热蒸发烃气相色谱综合分析显示该段储层油质中质(图 8-2)。

1 011.0~1 018.0 m 井段，测井电阻率值较低为 3.1~4.5 Ω·m，围岩电阻率为 2~3 Ω·m，为典型低对比度油层。本层进行地层测试，日产油 41.28 m³，测试结论为油层，录井综合解释与测试结论一致。这证实了运用录井油气水定量评价技术中的储层含油气性定量评价模型以及指纹谱图分析储层流体性质技术中的基于气相谱图谱对比技术的综合解释方法对低对比度油层识别的准确性。

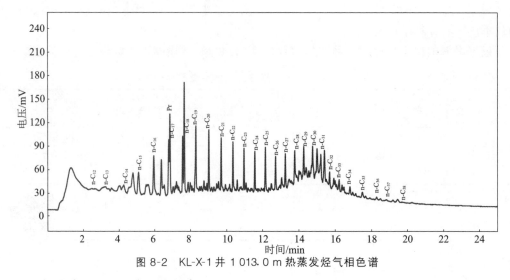

图 8-2　KL-X-1 井 1 013.0 m 热蒸发烃气相色谱

2）新近系 LK-X-1 井馆陶组实例

LK-X-1 井目的层馆陶组发育低对比度油层（低阻油层），油层电阻率在 3.0～5.0 Ω·m 之间，测井低对比度油层识别难度大。本井浅层为疏松砂岩，由于受生物降解和次生改造等影响，气测组分单一，C_1 为主，重组分缺失。受成岩性差的影响，现场岩屑荧光面积较低为 5％，依据本井录井资料特征利用录井油气水综合解释评价方法优选的原则、方法及流程，优选生物降解油解释评价方法与模型，利用壁心资料的含油性对储层进行评价，解释评价中提高气测解释权重，采用"气测＋荧光＋壁心"方法对储层进行评价（图 8-3）。

参考彩图

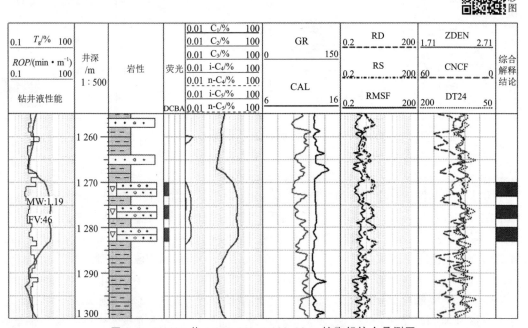

图 8-3　LK-X-1 井 1 270.00～1 280.00 m 馆陶组综合录测图

　　1 275.00～1 278.00 m 井段荧光含砾细砂岩,浅灰色,成分以石英为主,次为长石,少量暗色矿物,细粒为主,部分中粒;砾石成分主要为石英,砾径一般2～3 mm,最大6 mm;次棱角—次圆状,分选差,泥质胶结,疏松;荧光直照暗黄色,面积5%,D级,A/C反应慢,乳白色。

　　T_g:8.04%,C_1:5.069 5%,C_2:0.019 0%,C_3:0.010 2%,i-C_4:0.001 3%,n-C_4:0.007 0%,气体组分较齐全,受生物降解的影响,组分以C_1为主,气测曲线形态欠饱满,绝对值及异常幅度较高,T_g异常倍数为7.0,C_1异常倍数为7.9。依据本层气测资料特征已达本构造油层解释标准。

　　岩屑地化热解 S_0:0.029 5 mg/g,S_1:0.504 9 mg/g,S_2:0.340 5 mg/g,P_g:0.874 9 mg/g;气相色谱峰面积较小,色谱峰形较低,含油信息较弱(图8-4)。壁心地化热解 S_0:0.030 4 mg/g,S_1:8.775 1 mg/g,S_2:21.172 4 mg/g,P_g:29.977 9 mg/g;气相色谱峰面积较大,色谱峰形较高,重质油特征(图8-5)。

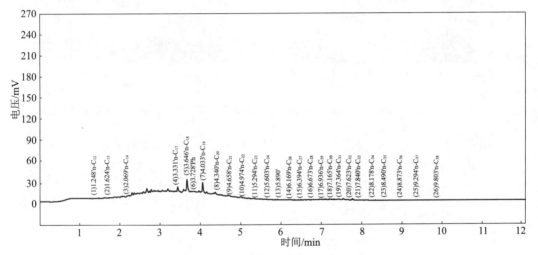

图 8-4　1 278.00 m 岩屑地化气相色谱图

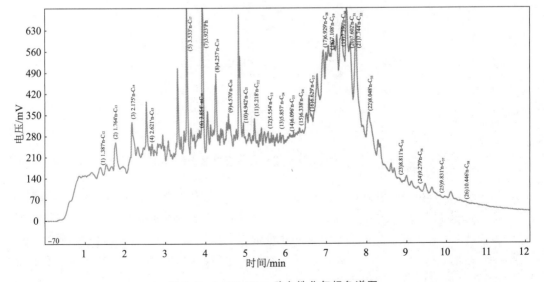

图 8-5　1 277.00 m 壁心地化气相色谱图

三维定量荧光:岩屑相当油含量 1.33 mg/L,对比级 2.1,荧光强度 57.2,含油信息较弱(图 8-6)。壁心相当油含量 515.7 mg/L,对比级 10.7,荧光强度 901.3,表现为油层特征(图 8-7)。

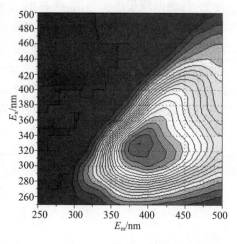 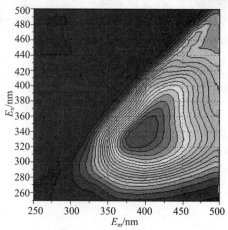

图 8-6 1 275.00 m 岩屑三维定量荧光谱图   图 8-7 1 277.00 m 壁心三维定量荧光谱图

运用录井油气水综合解释评价技术中的气测与地化参数组合解释方法,本井录井参数投点落入油区(图 8-8),符合本构造流体解释评价标准,录井综合解释为油层。

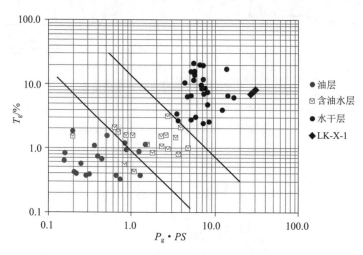

图 8-8 1 275.00~1 278.00 m 气测与地化参数组合图版

1 270.00~1 283.00 m 井段录井综合解释为油层,电阻率为 3.8 Ω·m,围岩电阻率为 2~3 Ω·m,为典型低对比度油层。本层段进行测压取样,样桶容积 550 mL,其中,气 200 ml,油 350 ml,取样证实该层段为低对比度油层。取样结果与录井综合解释结论一致,证实了录井油气水综合解释评价技术中的气测与地化参数组合解释方法、指纹谱图分析储层流体性质技术对低阻油层识别的可靠性。

二、高阻水层发现与评价实例

勘探开发过程中常会遇到测井难以识别及评价的问题,以高阻水层为例,一般定义同等物性下电阻率指数大于 3 的水层为高阻水层。该类水层在各大含油气盆地均有发现,上部高阻水层、下部正常水层是最常见的组合形式,常规测井资料对于高阻水层的含油饱和度评价过高,导致油水层识别受到影响,依据测井资料的电性特征会造成油层的误判。录井与测井观测角度不同,录井资料解释以储层赋存油气中的烃类检测为手段,对于储层的油水层的敏感度较高。采用录井油气水综合解释评价技术中的录井参数组合图版方法、录井油气水定量评价技术中的储层综合含水率参数方法可对高阻油水层进行有效识别。本节所举实例表明,依据录井资料可对高阻水层进行有效识别,通过录井与测井的互补优势进行综合评价,可有效提高录测井资料在油气水层解释评价的精准度。

以 LD-H-2 井为例,储层井段 2 778.0~2 780.0 m,岩性为砂砾岩,灰色为主,部分褐色,砾石成分以石英及长石为主,少量火山岩块及燧石,局部含灰质,砾径一般 2~5 mm,最大 10 mm,次棱角一次圆状;砂质成分以石英为主,次为长石及暗色矿物,次棱角一次圆状,分选差,高岭土质一泥质胶结;荧光湿照暗黄色,面积 5%,D 级,A/C 反应慢,乳白色。气测全烃值 T_g:0.70%、气测组分 C_1:0.272 9%、C_2:0.028 6%、C_3:0.008 7%、i-C_4:0.000 9%、n-C_4:0.001 3%、i-C_5:0.000 3%、n-C_5:0.000 3%,全烃和组分相对于基值异常不明显,T_g 和 C_1 异常倍数分别为 2.67 倍和 2.63 倍,气测表明该储层无含油特征(图 8-9)。

参考彩图

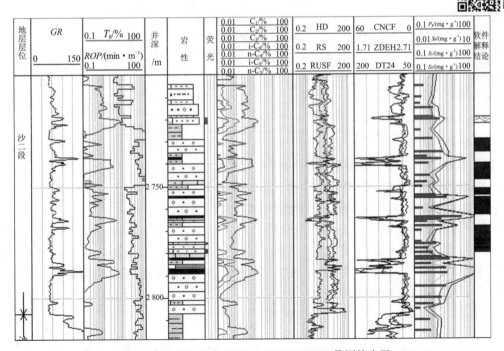

图 8-9 LD-H-2 井 2 700.00~2 780.00 m 录测综合图

地化岩屑热解分析结果 S_0：0.05 mg/g，S_1：0.824 mg/g，S_2：0.484 mg/g，TPI：0.64；不具有含油特征，热解分析显示该段储层为水层特征。热蒸发烃气相色谱分析，碳数范围在 n-C_{12}～nC_{38} 之间，主峰碳为 n-C_{17}，$\sum$n-C_{22^-} / $\sum$n-C_{22^+}：0.31，不具有含油特征，热蒸发气相色谱解释，该段储层解释为水层（图 8-10）。

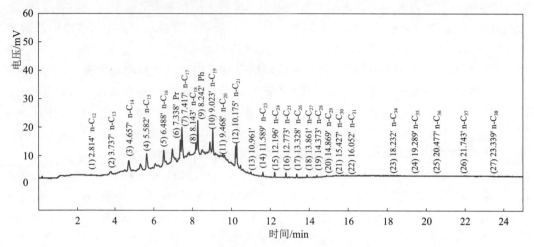

图 8-10　LD-H-2 井 2 780.0 m 热蒸发烃气相色谱

运用录井油气水综合解释评价技术中的录井参数组合图版方法，将该层投入区域 T_g/($P_g \cdot PS$)与 T_g/P_g 解释图版，数据点落入水层区域（图 8-11、8-12）。

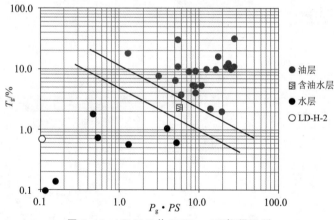

图 8-11　LD-H-2 井 T_g/($P_g \cdot$ PS)解释图版

运用录井油气水定量评价技术中的储层综合含水率参数方法，优选气测录井、地化录井的计算参数再进行储层综合含水率计算，所计算的权重系数 f_q 和 f_d 分别为 66.3% 和 33.7%。考虑本段储层的荧光面积、气测组分、气测后效、槽面显示、含油钻井液添加剂、岩性、储层厚度、胶结情况和地层含油性等情况，使用专家评分法对 k_1 和 k_2 系数进行确定，k_1 系数计算值为 0.9；考虑放置时间、原油性质和污染程度等情况，k_2 系数计算值为 1，将上面的数值带入综合含水率公式：

$$C_w = f_q \sqrt[i]{\frac{Q_w}{k_1 Q_t}} + f_d \sqrt[j]{\frac{D_w}{k_2 D_t}}$$

计算得到综合含水率为 74.5%，按照储层综合含水率解释标准，解释为水层。

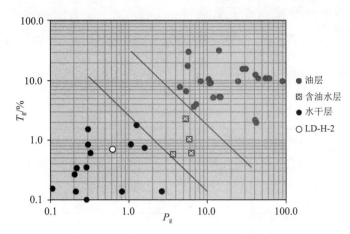

图 8-12　LD-H-2 井与 T_g/P_g 解释图版

2 778.0～2 780.0 m 井段储层电阻率为 21.4 Ω·m,电阻率较高,测井解释为可疑油层。2 733.00～2 782.70 m 储层进行地层测试,产水 40.8 m³/d,测试结论为水层。录井综合解释结论与测试结论一致。证实运用录井油气水综合解释评价技术中的录井参数组合图版方法、录井油气水定量评价技术中的储层综合含水率参数方法可对高阻油水层进行有效识别。

三、高显示水层识别与评价实例

随着勘探开发的不断深入,录井会遇到诸多疑难油气层,油气层评价难度随之增大。疑难油气层主要为油气藏地质条件变化产生的疑难层,如高显示水层,会给常规录井解释评价造成混乱,对录井解释评价的难度增大。高显示水层主要表现为录井油气显示级别较高,岩心、岩屑观察具有明显的油层录井特征,测试结论为水层或以产水为主的储层。它一般可以归纳为三种类型:重质氧化油层造成的高显示水层,残余油形成的高显示水层以及低孔隙度、低渗透率的致密粉、细砂岩储集层形成的束缚油的高显示水层。该类储层在解释评价前必须进行储层原油性质的准确判别,进而选择相应的解释评价方法进行有效识别。本节案例采用录测参数组合图版油气水评价技术中的新三组合耦合评价图版,该方法对于高显示水层识别与评价应用效果较好,有效解决了勘探开发中该类疑难层的评价问题。

以 PL-H-1d 井为例探讨高显示水层有效识别方法。

井段一:2 670.00～2 677.00 m,2 679.00～2 683.00 m,岩性为细砂岩,浅灰色,成分以石英为主,次为长石,少量暗色矿物,细粒为主,部分粉粒,次棱角－次圆状,分选中等,泥质胶结,疏松;荧光直照暗黄色,面积 10%～20%,D 级,A/C 反应慢,滴照乳白色。气测全烃值 T_g:18.41%,气测组分 C_1:6.779 5%、C_2:0.975 3%、C_3:0.671 3%、$i\text{-}C_4$:0.167 1%、$n\text{-}C_4$:0.286 6%、$i\text{-}C_5$:0.105 9%、$n\text{-}C_5$:0.101 7%,全烃和组分相对于基值异常非常明显,T_g 和 C_1 异常倍数分别为 8.9 倍和 9.1 倍,该储层气体表现为油层特征(图 8-13)。

地化岩屑热解分析结果 S_0:0.058 mg/g,S_1:1.405 mg/g,S_2:1.181 mg/g,TPI:0.55;含油丰度较高,显示该段储层具有含油特征。热蒸发气相色谱分析,碳数范围在 $n\text{-}C_{12}$～$n\text{-}C_{38}$ 之间,主峰碳为 $n\text{-}C_{16}$,具有含油特征,正构组分峰齐全,呈规则梳状,整体丰度较高,

n-C$_{18}$～n-C$_{25}$ 之间未分辨化合物含量较低,n-C$_{17}$/Pr:2.20,n-C$_{18}$/Ph:4.86,$\sum$n-C$_{21}^-$/$\sum$n-C$_{22}^+$:4.64,不具有含水特征,热蒸发气相色谱解释该段储层为油层,储层原油性质为轻质(图 8-14)。

参考彩图

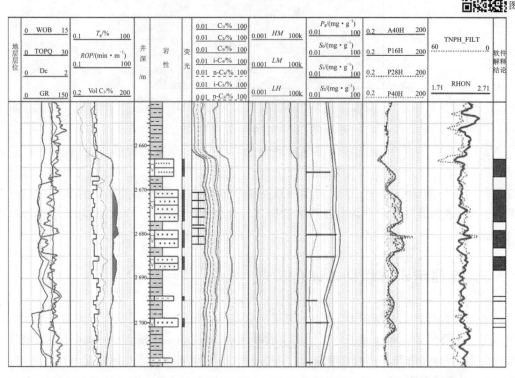

图 8-13　PL-H-1d 井 2 670.00～2 677.00 m、2 679.00～2 683.00 m 录测综合图(MD)

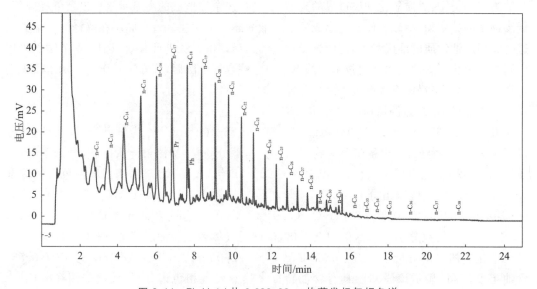

图 8-14　PL-H-1d 井 2 680.00 m 热蒸发烃气相色谱

将该层投入图 8-15 利用该区块已钻井所建立的 $P_g \cdot PS$ 与 T_g 解释图版,该层数据点落入油层区域。

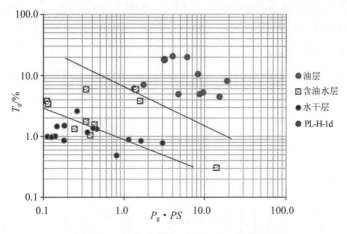

图 8-15　PL-H-1d 井 $T_g/(P_g \cdot PS)$解释图版

因此,通过以上录井资料综合解释为油层。该套储层 2 670.00~2 677.00 m 、2 679.00~2 683.00 m 经测试为油层,平均日产油 233.64 m³,平均日产气 46 053 m³,气油比 197,原油密度 0.813 1 g/cm³,为轻质油。

井段二:2 832.00~2 840.00 m,2 845.00~2 860.00 m,岩性为细砂岩,浅灰色,成分以石英为主,次为长石,少量暗色矿物,细粒为主,部分粉粒,次棱角—次圆状,分选中等,泥质胶结,疏松;荧光直照暗黄色,面积 10%,D 级,A/C 反应慢,滴照乳白色。气测全烃值 T_g:11.27%、气测组分 C_1:5.387 1%,C_2:0.871 8%,C_3:0.507 8%,i-C_4:0.093 5%,n-C_4:0.183 5%,i-C_5:0.055 2%,n-C_5:0.053 7%,全烃和组分相对于基值异常非常明显,T_g 和 C_1 异常倍数分别为 4.6 倍和 9.4 倍,该储层气测异常特征与上段测试层相似,表现为油层特征(图 8-16)。

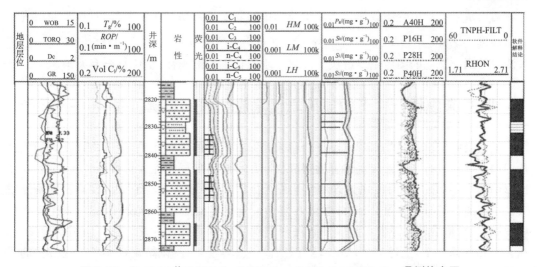

图 8-16　PL-H-1d 井 2 832.0~2 840.0 m、2 845.0~2 860.0 m 录测综合图

地化岩屑热解分析结果 S_0:0.025~0.032 mg/g,S_1:0.679~0.918 mg/g,S_2:0.827~0.855 mg/g,TPI:0.46~0.53,含油丰度相对一般,显示该段储层具有含油特征。热蒸发气相色谱分析,碳数范围在 n-C_{12}~n-C_{38} 之间,主峰碳在 n-C_{15}~n-C_{16} 之间,具有含油特征,正构组分峰齐全,整体丰度一般,n-C_{18}~n-C_{25} 之间未分辨化合物含量较低,n-C_{17}/Pr:0.45~1.55,n-C_{18}/Ph:0.61~4.32,$\sum$ n-C_{21^-}/$\sum$ n-C_{22^+}:1.44~4.66,不具有含水特征,热蒸发气相色谱解释该段储层与上段测试层相似为油层,储层原油性质为轻质(图 8-17)。

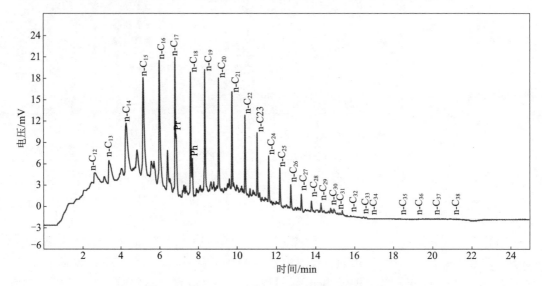

图 8-17　PL-H-1d 井 2 835.00 m 热蒸发烃气相色谱

井段二各项录井资料与井段一测试层特征相似,表现为油层。然而,本套储层 2 832.0~2 840.0 m、2 845.0~2 860.0 m 经测试却为水层。两层出现差异,推测下部测试产水的储层为油气运移的通道,残余油导致的录井显示较高。此类由于残余油导致的高显示水层钻前应对邻井资料进行充分分析,从细微中找差异(如本例 T_g 异常的差异),才能更好地识别储层的流体性质。

运用录测参数组合图版油气水评价技术中的新三组合耦合评价图版,对该类储层进行有效评价,形成了该构造全烃 $T_g \cdot R_t$-$\sum$ 异常倍数・电阻率 R_t 交会图版(图 8-18),利用录测参数耦合建立的图版主要解决了高显示水层识别的准确性,整体符合率大于 95%。

四、复杂物性条件下的砂砾岩储层流体识别实例

基于录井资料的油气水层解释评价结果是录井成果的主要体现,储层物性及含油气性认识的准确性直接影响油气层解释的可靠性。录井资料储层物性评价难度较大,主要受物性影响的储层,录井资料表现为含油气性较为微弱,基于录井资料的流体性质识别难度增大。本节通过充分挖掘录井、测井参数在复杂物性下对储层流体评价的优势,采用皮克斯勒图版、异常倍数及测录参数组合图版法对储层流体性质进行有效识别。应用结果显示,在复杂物性条件下,上述方法能够有效识别储层流体性质,测试结论证实了上述方法的可靠性。

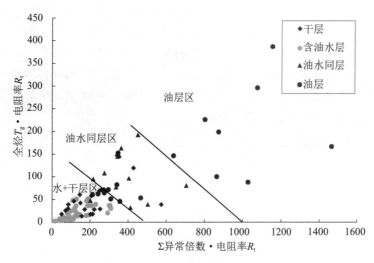

图 8-18　蓬莱 -H 构造全烃 T_g·电阻率 R_t-$\sum$ 异常倍数·电阻率 R_t 交会图版

以 BZ-N 构造的孔店组低渗砂砾岩储层为例,BZ-N 构造处于渤海湾盆地渤中西南洼和渤中主洼之间的近南北向构造脊上,整体为受基底和走滑控制、具有多个独立高点、被后期断裂复杂化的具有背斜背景的断块圈,其主要含油气层系孔店组砂砾岩储层渗透率低,最小为 0.145 mD,地层流体以凝析气为主,由于砂砾岩岩性及储集空间具有很强的非均质性,常规的测录井评价手段对于储层流体识别较为困难,受埋深及储层物性的影响,常规测井取样作业难度较大,因此基于录测井资料对该类储层流体进行评价意义重大。以 BZ-N-5 井为例,孔店组砂砾岩储层段气测 C_1 异常倍数大于 1.5 倍,顶部 C_1 百分含量随着深度增加,重组分含量呈减少趋势,之后各组分含量趋于稳定,3 691 m 以上井段含烃丰度指数明显为高值(图 8-18),综合录测井资料评价方法对该段储层流体进行识别。

(1)皮克斯勒图版法。皮克斯勒图版是将烃比值绘制在半对数坐标上,图版划分为油区、气区和两个非产区。不同类型流体具有不同特征的 C_1/C_2、C_1/C_3、C_1/C_4、C_1/C_5 比值,反过来也可以反推地层流体类型和性质。皮克斯勒图版对气体组分齐全的储层进行流体性质的识别效果好,本构造孔店组砂砾岩储层气体组分齐全,可以使用此方法进行流体性质识别。通过对 BZ-N 构造孔店组凝析气层与上覆地层的油层进行对比分析,总结出 BZ-N 构造皮克斯勒图版响应特征(表 8-2)。

BZ-N-5 井中途测试井段气测数据,C_1/C_2 变化范围为 5.2～7.9,C_1/C_3 变化范围 10.2～14.3,C_1/C_4 变化范围 21.1～32.2,C_1/C_5 变化范围 78.9～132.2,按照 BZ-N 构造皮克斯勒图版法响应特征,本段储层流体识别结果为凝析气层。

表 8-2　BZ-N 构造皮克斯勒图版法响应特征

气体比	上覆油层	凝析气层
C_1/C_2	<5	>5
C_1/C_3	<10	>10
C_1/C_4	<20	>20
C_1/C_5	<80	>80

（2）异常倍数法。烃组分异常倍数法的定义为储层和上部盖层气体全烃（T_g）或组分的比值，通常取气测各组分最大一组峰值数据与其邻近单层厚度大于 5 m 的稳定泥岩各组分平均值的比值。流体性质不同，异常倍数具有明显的差异性。在 BZ-N 构造的复杂储层评价中，通过 T_g 和 C_1 异常倍数交会图版可以有效识别气层、干层，并且根据异常倍数的高低，可以定性判断储层含油气丰度高低。将 BZ-N-5 井中途测试井段数据投入本交会图主要分布在气层区，综合解释为气层（图 8-19）。

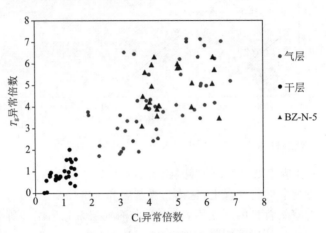

图 8-19　BZ-N 构造孔店组气测异常倍数解释图版

（3）测录参数组合图版法。通过深入分析 BZ-N 构造孔店组测录井参数特征，发现录井参数中全烃 T_g 和电阻率曲线耦合性较高，可以用来随钻评价含油气性，而核磁资料中的核磁可动孔隙度（PMF）则可以反映储层有效性空间特征，据此建立"全烃 T_g 与核磁可动孔隙度（PMF）关系定量评价图版"，如图 8-20 所示，孔店组气层的物性较好、含烃丰度高，数据点主要分布于图版右上方气层区。将 BZ-N-5 井中途测试井段数据投入本交会图主要分布在气层区，综合解释为气层。

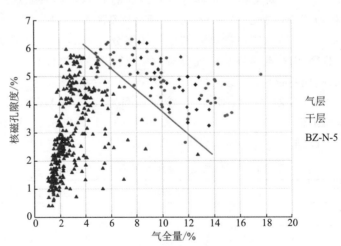

图 8-20　BZ-N 构造孔店组砂砾岩全烃 T_g-核磁可动孔隙度 PMF 交会图版

BZ-N-5 井孔店组 3 500～3 566 m 层段经 DST 测试求产，最高测试压差为 17 MPa，日产油 233 m³，日产气 3×10^5 m³，测试结论为凝析气层，上述分析方法对储层流体性质的识别结果与最终测试结果一致。针对 BZ-N 构造复杂物性储层，通过对皮克斯勒图版、异常倍数以及录测参数进行挖潜分析，有效解决了油气层正确解释评价的难题，通过深度挖掘测录井参数流体响应特征，建立了适用效果较好的测录井参数耦合识别评价图版，进一步提高了研究区流体评价的准确性，要进一步提高复杂储层的流体评价准确性，还需要继续结合储层有效性进行综合研究。

五、裂缝性潜山储层实例

随着渤海油田勘探开发的深入，先后在渤中-N 构造太古界变质岩潜山、曹妃甸-X 构造古生界碳酸盐岩潜山取得了重大突破，这些潜山油气藏储量大且油气产能高，目前已经成为渤海油田的主要产能建设区块。潜山油气藏的特点是平面及纵向上储层非均质性强、储集空间类型复杂，多属于裂缝性油藏，储层快速评价和钻井地质决策面临诸多挑战，勘探过程中基于录井资料对储层裂缝的评价以及流体性质评价起到了至关重要的作用，本节所展示案例基于录井资料特征对潜山储层流体性质及优质储层发育情况进行了精准、快速的评价，取得了较好应用效果，为井场作业提供了关键性的技术支撑。

1) 渤中-N 变质岩潜山储层评价实例

裂缝性潜山主要利用气测评价储层流体性质。以渤中-N 构造为例，对已钻井潜山的气测资料进行统计分析，建立了气测流体性质评价图版。首先是对流体类型的判断，利用三角图版、Bar 图、3H 图版法和星形图与已测试井同层位特征对比判断流体性质（图 8-21～图 8-24）。

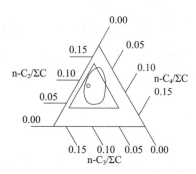

图 8-21　渤中-N 构造潜山凝析气气测三角图版

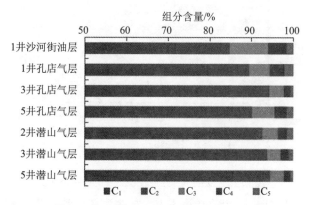

图 8-22　渤中-N 构造轻质油、凝析气层气测组分特征 Bar 图

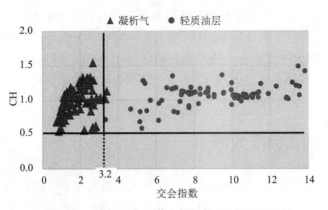

图 8-23　渤中-N 构造潜山凝析气 3H 解释图版

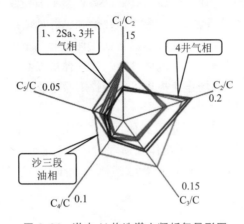

图 8-24　渤中-N 构造潜山凝析气星形图

　　在相同条件下,气层与干层的录井差异表现为钻进过程中进入钻井液中的油气量不同。气层裂缝较为发育,且多为有效缝,由储层进入钻井液中油气较多,气测值较高。通过优选参数分析发现气测全烃 T_g 异常倍数及 C_1 异常倍数两次气测关键参数可以对储层裂缝发育及含油气性进行定性评价,建立储层评价图版(8-25)。

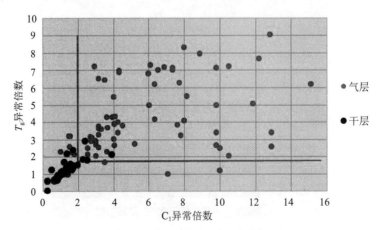

图 8-25　渤中-N 构造潜气层、干层识别图版

　　BZ-N-11 井,4 612.00～4 625.00 m 井段,岩性为花岗片麻岩,浅灰色,成分主要为石

英及长石,少量黑云母等暗色矿物,显晶质结构,致密,坚硬;部分长石风化严重,手捻呈粉末状;荧光湿照浅黄色,少量亮白色,面积5%,D级,A/C反应慢,乳白色。气测全烃值T_g:2.28%,气测组分C_1:1.429 7%,C_2:0.154 3%,C_3:0.055 8%,i-C_4:0.009 1%,n-C_4:0.019 5%,i-C_5:0.007 7%,n-C_5:0.009 0%(图8-26)。全烃和组分相对于基值异常明显,T_g和C_1异常倍数分别为3.96倍和4.44倍。该气测组分三角图版表现为正三角形,为凝析气特征(图8-27)。气测组分特征Bar图表明该层段整体气测组分稳定,变化不大(图8-28)。将该层数据点投入3H解释图版落入凝析气层区域(图8-23)。由星形图可以看到,BZ-N-11井气测组分与BZ-N-4井、BZ-N-2井存在明显差异,BZ-N-11井轻组分含量高,更偏于气相,其次是BZ-N-4井,BZ-M-2井重组分含量高,更偏于油相,推测该井气油比更高(图8-29)。该层气测全烃T_g和C_1异常倍数投入图8-25气层、干层识别图版,落入气层区域,因此本层录井综合解释为气层。

参考彩图

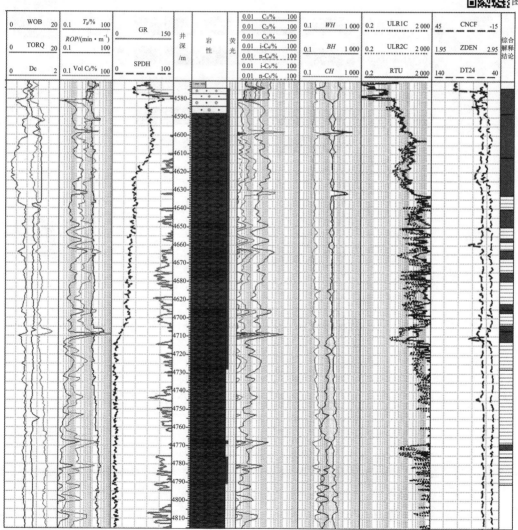

图8-26 BZ-N-11井4 574.00～4 817.00 m录测综合图

BZ-N-11 井 4 578.64～4 817.00 m 进行测试,日产油 111.06 m³,日产气 113 516 m³,油密度 0.799 3 g/cm³,气油比 1 022,为凝析气。而 BZ-M-2 井 4 382.37～4 702.00 m 进行测试,日产油 314.88 m³,日产气 148 672 m³,油密度 0.789 7 g/cm³,气油比 472,为挥发油。本井录井综合解释结论与测试结论相符,证实了录井解释的可靠性。

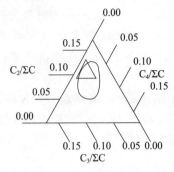

图 8-27　BZ-N-11 井 4 612.00～4 625.00 m 井段气测三角图版

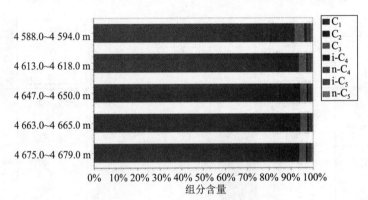

图 8-28　BZ-N-11 井气测组分 Bar 图

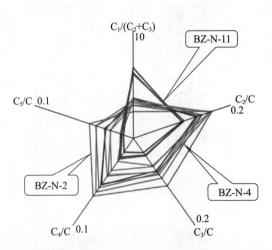

图 8-29　BZ-N-11 井 4 612.00～4 625.00 m 井段星形图

2)古生界曹妃甸-X 碳酸盐潜山储层评价实例

以 CFD-X-3 井为例,本井为古生界碳酸盐潜山储层,储层发育有裂缝、孔洞。3 619.00～3 627.00 m 荧光白云岩,褐灰色,主要成分为白云石,少量方解石,泥晶－微晶结构,块状构造,性硬,致密,与冷稀盐酸反应弱,与热稀盐酸反应剧烈;局部见孔洞和含油痕迹,荧光直照黄色,面积20％,D级,A/C反应慢快,乳白色(图8-30)。

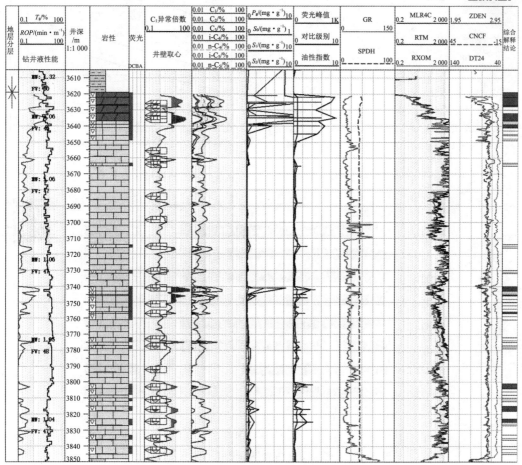

图 8-30　CFD-X-3 井 3 605.00～3 850.00 m 录测综合图

T_g:2.02％,C_1:0.625 6％,C_2:0.143 4％,C_3:0.108 3％ i-C_4:0.016 8％,n-C_4:0.049 6％,i-C_5:0.014 6％,n-C_5:0.016 3％,T_g 异常倍数:2.4,C_1 异常倍数:3.2,i-C_4 异常倍数:3.2,n-C_4 异常倍数:2.5,i-C_5 异常倍数:2.0,n-C_5 异常倍数:1.7,气体组分齐全,气测绝对值较高,异常幅度较高(图8-30)。该气测组分三角图版和皮克斯勒图版表现为油层特征(图8-31)。气测组分特征 Bar 图表明该层段整体气测组分稳定,且重组分含量更高,更偏于油相特征(图8-32)。由星形图可以看到,CFD-X-3 井流体相与 CFD-Y-8h 井、CFD-X-2 井油层组分特征相似(图8-33)。将该层数据点投入烃类比值图版落入油层区域(图8-34)。因此,本层气测特征表明流体性质为油层特征。气测异常幅度较高,达到潜山油气层标准。

岩屑地化热解 S_0:0.007 2 mg/g,S_1:6.574 8 mg/g,S_2:1.555 5 mg/g,P_g:8.137 5 mg/g;气相色谱峰面积较大,色谱峰形较高(图8-35、图8-36)。

三维定量荧光:岩屑相当油含量 29.15 mg/L,荧光对比级 6.6,荧光强度 873.6,含油特征较好(图 8-37、图 8-38)。

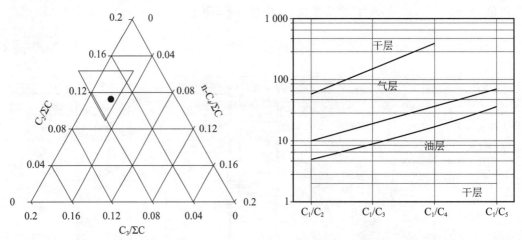

图 8-31 CFD-X-3 井 3 619.00~3 622.00 m 井段气测三角图版 & 皮克斯勒图版

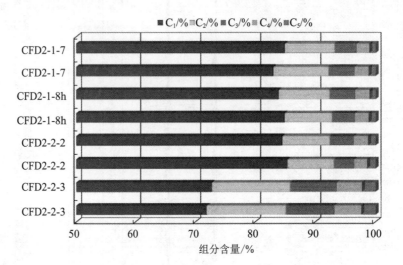

图 8-32 CFD-X-3 井古生界与邻井油层 Bar 图对比

参考彩图

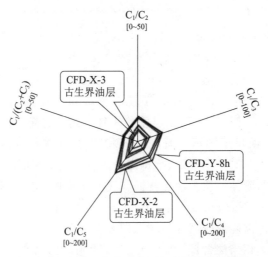

图 8-33 CFD-X-3 井古生界与邻井星形图对比

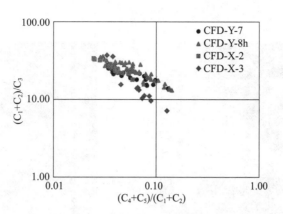

图 8-34　CFD-X-3 井古生界油层烃类比值图版

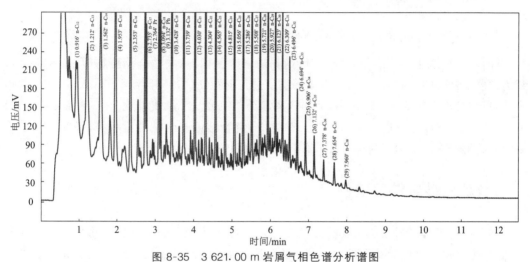

图 8-35　3 621.00 m 岩屑气相色谱分析谱图

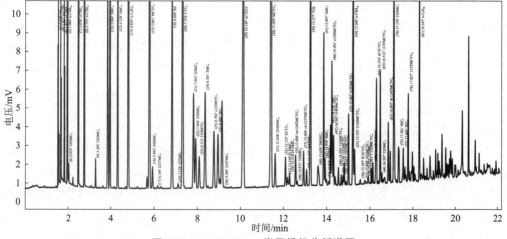

图 8-36　3 621.00 m 岩屑轻烃分析谱图

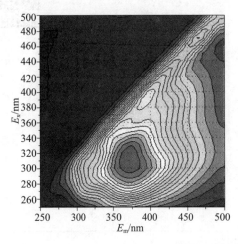 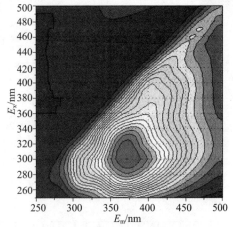

图 8-37　3 622.00 m 岩屑三维定量荧光图谱　　图 8-38　3 625.00 m 岩屑三维定量荧光图谱

综合气测、地化和三维荧光特征，均达到油层解释标准，并结合储层物性，录井综合解释为油层，与测井解释结论一致。古生界潜山进行射孔测试，一开井用 10.32 mm PC 油嘴求产，平均日产油量 309.36 m³/d，平均日产气量 49 102 m³/d，气油比 159，油密度（20 ℃）0.834 g/cm³，气相对密度 0.786。本井录井综合解释结论与测试结论相符，证实了基于录井资料的解释对潜山储层流体性质及优质储层识别的可靠性。

六、疏松砂岩储层实例

渤海油田疏松砂岩储层主要的油藏类型为稠油油藏，其所含原油由严重生物降解性原油组成，主要由异构烷烃及环烷烃组成，不含正构烷烃。其原油的特殊性使得疏松砂岩储层在流体评价过程中表现出油水关系不明显或油水关系较为复杂的特征，使得应用地球物理方法解释储层流体性质会出现一定误差。录井技术以储层中烃类检测为特点，在不同流体上表现出明显的差异性，所形成的解释评价技术在疏松砂岩储层解释评价中应用效果较好。本节所举案例主要以地化录井技术为主导，利用录井油气水综合评价技术对疏松砂岩稠油油藏进行精准评价，储层解释符合率得到明显提高，为试油提供了有效依据。

1）渤中-L 明下段稠油实例

该实例主要利用录井油气水综合解释评价技术中的气测与地化参数组合解释评价方法及基于数学算法的油气水评价技术中的 Fisher 判别分析方法。

BZ-L-1Sa 井，井段 1 777.00～1 807.00 m，明下段疏松砂岩储层，岩性为细砂岩，浅灰色，成分以石英为主，次为长石，少量暗色矿物，细粒为主，部分中粒，次棱角—次圆状，分选较好，泥质胶结，疏松；荧光直照暗黄色，面积 10%，D 级，A/C 反应慢，乳白色。气测全烃值 T_g：14.94%，气测组分 C_1：11.697 4%，C_2：0.107 0%，C_3：0.011 9%，i-C_4：0.003 7%，n-C_4：0.004 5%，i-C_5：0.002 1%，n-C_5：0.001 2%，气测组分不齐全，主要以轻组分 C_1 为主，重组分含量较低，怀疑受生物降解作用影响严重。T_g 和 C_1 异常明显，异常倍数分别为

18.68 倍和 27.08 倍。该类储层可以利用较高的 C_1 异常倍数结合较好的荧光显示进行综合判断,该套储层为油层(图 8-39)。

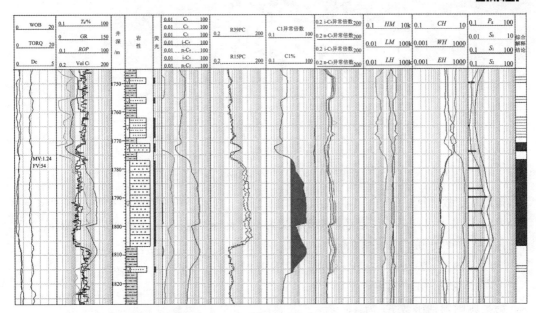

图 8-39 BZ-L-1Sa 井 1 777.00～1 807.00 m 录测综合图(MD)

岩屑热解分析结果 S_0:0.020～0.026 mg/g,S_1:0.512～1.662 mg/g,S_2:0.484～0.889 mg/g,TPI:0.47～0.58,含油丰度相对一般,显示该段储层具有含油特征。岩屑热蒸发气相色谱分析,碳数范围在 n-C_{12}～n-C_{38} 之间,主峰碳在 n-C_{30}～n-C_{35} 之间,具有含油特征,基线发生明显隆起,正构组分遭到破坏,n-C_{17}/Pr:0.22～9.18,n-C_{18}/Ph:1.48～5.80,$\sum$n-C_{21^-}/$\sum$n-C_{22^+}:0.81～9.85,不具有含水特征,热蒸发气相色谱解释该段储层为生物降解油层,储层原油性质为重质。

利用气测与地化参数组合解释方法,主要运用 T_g/P_g 图版及 $T_g/(P_g \cdot PS)$ 图版进行解释评价,通过参数投点判断,均落入油层区域,综合解释本段储层为油层(图 8-40)。

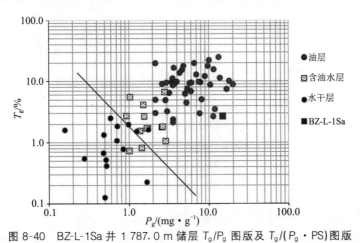

图 8-40 BZ-L-1Sa 井 1 787.0 m 储层 T_g/P_g 图版及 $T_g/(P_g \cdot PS)$ 图版

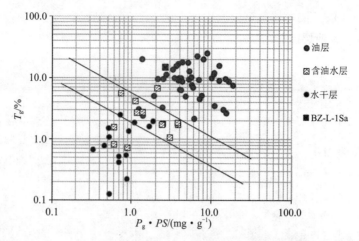

续图 8-40　BZ-L-1Sa 井 1 787.0 m 储层 T_g/P_g 图版及 $T_g/(P_g \cdot PS)$ 图版

运用基于数学算法的油气水评价技术中的 Fisher 判别分析法对该段储层进行快速流体解释评价,以黄河口凹陷中部走滑带解释模型为标准化分类模型,第一典则判别函数 F_1 为:

$$F_1 = 0.592a - 0.249b + 0.92c + 0.769d - 6.209e + 3.058f + 2.617g + 0.033h + 0.297i - 0.108j + 0.646k + 0.007l + 0.093m - 0.598n - 0.296o + 0.081p - 0.046q + 0.234r$$

第二典则判别函数 F_2 为:

$$F_2 = -0.439a - 0.081b + 0.051c - 1.228d - 0.147e - 1.606f + 2.383g + 1.647h + 0.185i - 0.369j + 0.409k + 0.052l + 0.348m + 0.670n - 1.408o - 0.353p - 0.163q + 0.873r$$

式中:a=荧光面积,$b=T_g$ 绝对值,$c=C_1$ 绝对值,$d=C_2$ 绝对值,$e=C_3$ 绝对值,$f=$ i-C_4 绝对值,$g=$n-C_4 绝对值,$h=C_1/C_2$,$i=C_1/C_3$,$j=C_1/$i-C_4,$k=C_1/$n-C_4,$l=T_g$ 异常倍数,$m=C_1$ 异常倍数,$n=C_2$ 异常倍数,$o=C_3$ 异常倍数,$p=$i-C_4 异常倍数,$q=$n-C_4 异常倍数,$r=C_1\%$。

将本层段各类衍生参数计算结果带入黄河口凹陷中部走滑带解释模型中,其分类结果如图 8-41 所示,Fisher 判别结果为油层。

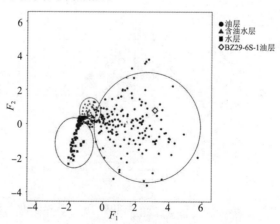

图 8-41　BZ-L-1Sa 井 1 777.00～1 807.00 m 储层流体 Fisher 判别效果图

综合以上分析,该段储层流体为油层,储层原油性质为重质油。

1 779.00~1 805.00 m 井段进行测试,平均日产油 64.14 m³,平均日产气 1 230.00 m³,气油比 19,原油密度 0.983 3 g/cm³,黏度 2 787 mPa·s,为重质稠油。录井综合解释结论与测试结论相符。

2)曹妃甸-P 馆陶组低气测稠油实例

该区块新近系储层稠油气测绝对值普遍偏低,解释评价中录井资料权重需斟酌类比。CFD-P-1d 井,井段 1 587.00~1 651.00 m,岩性为荧光细砂岩,浅灰色,成分以石英为主,少量长石及暗色矿物,细粒为主,部分粉粒,次棱角—次圆状,分选中等,泥质胶结,疏松;荧光湿照暗黄色,面积 10%,D 级,A/C 反应慢,乳白色。T_g:0.98%,C_1:0.96%,气体组分不齐全,气测全量 T_g 绝对值非常低,但异常幅度较高。T_g 异常倍数:26.3,C_1 异常倍数:49.6。曲线形态欠饱满,气测解释为油层(图 8-42)。

参考彩图

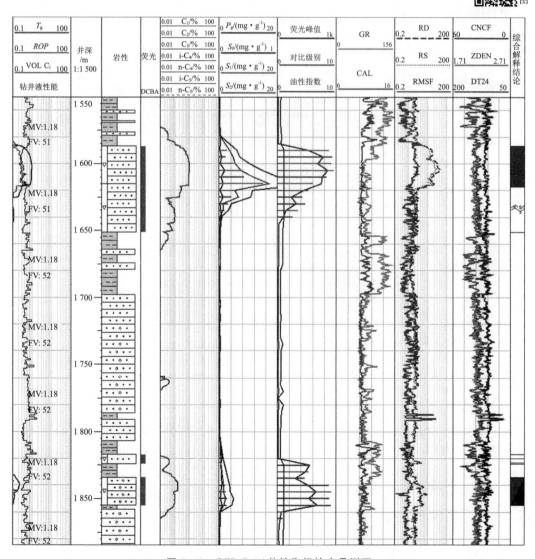

图 8-42　CFD-P-1d 井馆陶组综合录测图

岩屑地化热解 S_0:0.067 7 mg/g,S_1:15.003 5 mg/g,S_2:17.089 9 mg/g,P_g:32.161 1 mg/g;地化热解值较高,表现为明显的油层特征。热解色谱谱图基线隆起,明显受生物降解作用,为重质油特征(图 8-43)。三维定量荧光强度:855.9,对比级别:9.5,相当油含量:218.2 mg/L,表现为油层特征(图 8-43)。

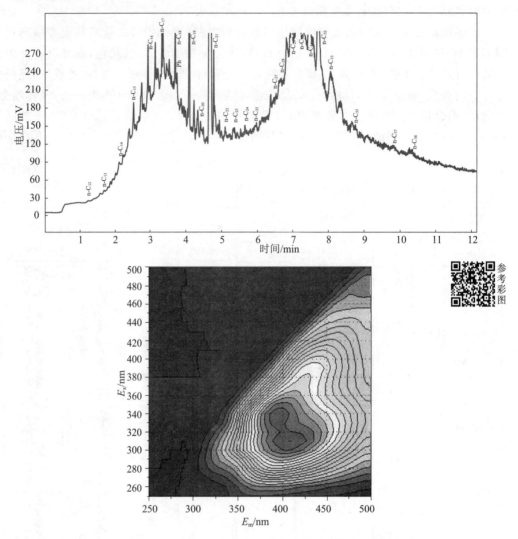

图 8-43　1 605.00 m 岩屑地化气相色谱图及岩屑三维定量荧光图谱

本构造带整体气测全烃值较低,这种情况容易造成油气层评价结论偏低,以地化录井、三维定量荧光录井技术中的参数建立评价标准,有效进行低气测稠油识别,录井综合解释为油层,与测井解释结论一致。1 586.80~1 607.00 m 井段进行测试,平均日产油 20.54 m³,原油密度 0.992 7 g/cm³,黏度 7 026 mPa·s,为重质稠油。录井综合解释结论与测试结论相符。

七、轻质油气识别实例

井场对于轻质油气流体识别的难度主要表现为油气界面不清、流体评价难度大,对后期油气分布与储量规模的落实造成极大困扰。井场主要依靠气测录井资料来解决轻质油气识别的难题,气层与油层在气测组分上表现为不同的特征。本节所展示的案例,以气测录井技术作为识别轻质油气的主导技术,充分利用气测录井烃组分特征,在轻质油气识别中取得了较好的应用效果。

以蓬莱-X构造馆陶组为例,该区块油气相对富集,流体性质较复杂,主要表现为馆陶组为高气油比流体。通过对蓬莱-X构造已钻井油气显示录井响应特征分析,该区凝析气与轻质油录井特征极为相似。荧光强弱常被作为区分油与气的重要特征,而在该区凝析气与轻质油的荧光面积10%～30%,根据荧光显示根本无法区分。两者皆有明显的气测异常特征,气体组分齐全,全烃曲线多呈箱形,油层全烃值 T_g 一般大于5%,气层阈值相对偏高,全烃值 T_g 一般大于10%,两者的 T_g 异常倍数(T_g 峰值/T_g 基值)大于5。轻质油层中 C_1 的相对百分含量(C_1%)为45%～88%,而气层中一般为80%～90%。当 C_1% 极高时,说明气体成分以 CH_4 为主,为干气特征,而凝析气的 C_1% 值相对偏低,与轻质油较接近,参考价值不大。

PL-X-1井,井段2 605～2 619 m,测试结论为轻质油气层,由于井眼条件差,测井资料不全,未识别出气层及气层油层分异界面。依据气测录井资料分析,纵向气测轻组分 C_1 明显下降,重组分 C_5 明显增加(图8-44a)。根据以上气测录井资料的烃类组分特征,可采用以钻井液为载体的烃组分储层流体识别技术对储层流体界面进行有效识别,主要利用3H比值法。根据本井的气测组分及3H参数特征,可初步判断3H参数组合在2 614 m存在明显的流体界面,依据烃组分特征建立的衍生参数星型图反映两流体相差异十分明显(图8-44b),层内组分特征差异反应流体性质的变化,因此,录井综合解释2 614 m为湿气与轻质油流体界面。

参考彩图

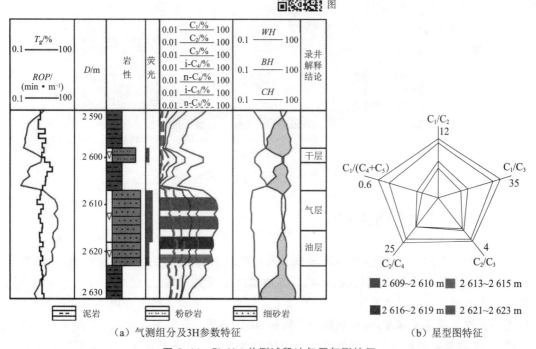

(a)气测组分及3H参数特征   (b)星型图特征

图8-44   PL-X-1井测试段油气层气测特征

基于以上规律分析,气体轻重组分变化和 3H 特征对轻质流体的识别和区分有很好的效果。将流体轻-重组分构成、3H 特征及流体相分析法相结合,识别轻质油、气的效果普遍较好。综合已经钻井建立轻－重组分构成图版和 3H 量化图版,油、气分布呈现出很好的区间性(图 8-45、图 8-46)。2 605.00～2 619.00 m 井段进行测试,平均日产油 213.6 m³,平均日产气 83 925 m³,气油比 393,原油密度 0.8101 g/cm³,测试结论为油气层。

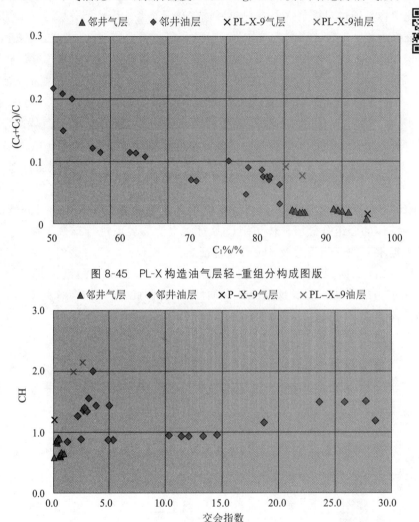

图 8-45 PL-X 构造油气层轻－重组分构成图版

图 8-46 PL-X 构造油气层 3H 量化图版

八、复杂气油界面实例

渤海油田在勘探开发过程中,许多以开发目的层为油气同层或带气层顶油层,开发过程中面临气采油及高气液比情况,影响后期油层产量,随钻评价过程中的油气界面准确识别对于降本增效及高质量勘探意义重大。气层与油层在录井资料上表现为不同的特征,气层主要表现为荧光无异常,地化热解值呈低值,油层表现为热解值呈高值,定量荧光分析异常明显,气测录井资料在油气分异界面中表现为气测组分出现明显变化。本节案例主要利用录井资料的差异特征,采用以钻井液为载体的烃组分储层流体识别技术中的特征参数异常倍数法、其他衍生参数法以及以岩屑为载体的烃组分储层流体性质识别技术中的热蒸发烃气相色谱分析及三维定量荧光含油性评价参数纵向差异特征对储层流体界面进行识别,有效解决了复杂气油界面识别难题。

以渤中-F构造为例,该区断裂体系发育,油源断层活动性强,新近系极浅水三角洲砂体规模大,圈闭规模较大,具有油气复式聚集的优越条件。渤中-F构造新近系普遍发育湿气层,其气测全烃值较高,组分齐全,岩屑具荧光,与油层的气测及岩屑特征相似,随钻评价较为困难,直接影响该区储层规模落实。以BZ-F-8井为例,分别利用烃组分衍生参数法、热蒸发烃气相色谱分析及三维定量荧光含油性评价方法,对储层流体界面进行识别。储层井段1 357.00～1 363.00 m,储集层岩性为粉砂岩,浅灰色,泥质胶结,疏松;荧光直照暗黄色,面积10%,D级,A/C反应慢,滴照乳白色。气测全烃值T_g:18.28%、气测组分C_1:11.095 7%,C_2:0.283 2%,C_3:0.078 6%,i-C_4:0.005 8%,n-C_4:0.023 8%,i-C_5:0.002 8%,n-C_5:0.002 2%。储层井段1 363.00～1 370.00 m,储集层岩性为细砂岩,浅灰色,成分以石英为主,次为长石,少量暗色矿物,细粒为主,部分粉粒,次棱角—次圆状,分选中等,泥质胶结,疏松;荧光直照暗黄色,面积20%,D级,A/C反应慢,滴照乳白色(图8-25)。气测全烃值T_g:18.10%,气测组分C_1:11.025 3%,C_2:0.329 4%,C_3:0.098 4%,i-C_4:0.007 8%,n-C_4:0.032 1%,i-C_5:0.004 6%,n-C_5:0.003 2%。

两段储层气测全量及异常倍数、岩屑荧光显示特征较为相似(图8-47～图8-49),气体组分特征差异明显,主要表现为上部烃组分衍生参数C_1百分含量高,下部C_1百分含量明显降低,C_4+C_5的百分含量明显升高(图8-50),主要参考烃类衍生参数为$C_1\%=C_1/(C_1+C_2+C_3+i$-C_4+n-C_4+i-C_5+n-$C_5)$。

参考彩图

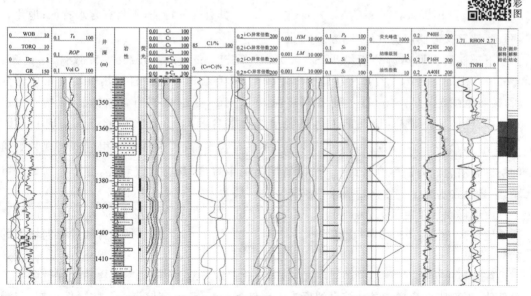

图8-47　BZ-F-8井1 357.00～1 363.00 m录测综合图

图 8-48　BZ-F-8 井 1 355.0～1 360.0 m
岩屑荧光显示

图 8-49　BZ-F-8 井 1 360.0～1 365.0 m
岩屑荧光显示

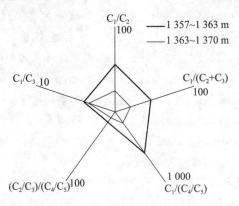

图 8-50　BZ-F-8 井 1 357.00～1 363.00 m 与 1 363.00～1 370.00 m 流体相星型图

上部储层岩屑热解分析结果：S_0：0.016 mg/g，S_1：1.587 mg/g，S_2：0.621 mg/g，TPI：0.72，含油丰度一般，具有含油特征。岩屑热蒸发气相色谱分析，碳数范围在 n-C_{12}～n-C_{38} 之间，主峰碳为 n-C_{29}，具有含油特征，整体丰度较低，谱图前部可见气态联合峰，n-C_{17}/Pr：2.77，n-C_{18}/Ph：0.09，$\sum$n-C_{21^-}/$\sum$n-C_{22^+}：0.49，具有含气特征，不具有含水特征；地化岩屑录井解释该段储层为气层（图 8-51）。

下部储层岩屑热解分析结果 S_0：0.011～0.558 mg/g，S_1：4.758～8.878 mg/g，S_2：4.600～9.158 mg/g，TPI：0.51，含油丰度较高，具有含油特征。岩屑热蒸发气相色谱分析，碳数范围在 n-C_{12}～n-C_{38} 之间，主峰碳在 n-C_{26}～n-C_{32} 之间，具有含油特征，正构组分遭到破坏，整体丰度较高，谱图前部可见轻质组分混合峰，n-C_{17}/Pr：0.93，n-C_{18}/Ph：0.78，$\sum$n-C_{21^-}/$\sum$n-C_{22^+}：0.43，具有含气特征，不具有含水特征，热蒸发气相色谱表现为重质油层。岩屑轻烃分析可检测到 C_9，谱图有明显的甲烷峰，具有含气特征，可检测到苯和甲苯，不具有含水特征。地化岩屑录井解释该段储层为生物降解油层（图 8-52）。

上部储层三维定量荧光强度 182.2，对比级别 4.0，相当含油量 4.88 mg/L，下部储层三维定量荧光强度 630.6，对比级别 6.7，相当含油量 32.68 mg/L，具有含油性纵向增大的趋势。

综合以上分析，气测组分差异明显，岩屑地化热解参数及谱图、三维含油性评价参数上部低值，下部明显升高。录井综合解释为上部储层为气层，下部储层为生物降解油层，与测井解释结论及取样结果一致。

1 365m 测井取样结果见气 900 cm^3，与测井解释结论及取样结果一致。

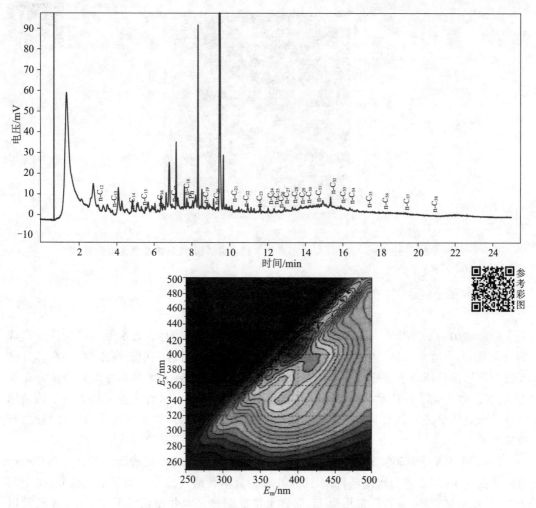

图 8-51　BZ-F-8 井 1 360.0 m 热蒸发气相色谱谱图、三维定量荧光指纹谱图

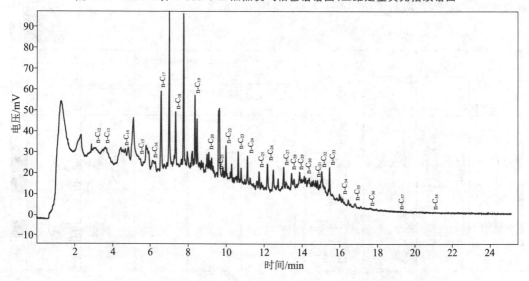

图 8-52　BZ-F-8 井 1 365.0 m 热蒸发气相色谱谱图、三维定量荧光指纹谱图

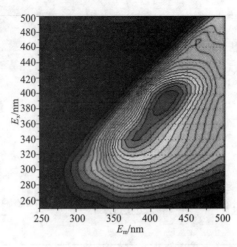

续图 8-52 BZ-F-8 井 1 365.0 m 热蒸发气相色谱谱图、三维定量荧光指纹谱图

九、水淹层实例

渤海油田的主要开采方式为注水开发,以曹妃甸-M 油田为例,底水油藏剩余油分布较为复杂,作为主力生产油层之一的馆陶组油层,部分产油井已进入中—高水期,存在部分已开发砂体局部动用程度较低或剩余油富集的难题,为了实现控水增油和厘清剩余油分布及水淹状况,以地化录井技术为主导技术综合利用录井技术结合水淹机理实现了储层的精细评价及水淹情况评价。本节案例主要利用录井资料有效识别储层流体性质及水淹情况,有效提高了储量,为该油田开发中剩余油评价及控水增油提供了有效的技术支持。

CFD-M-A28 井 1 509.00~1 543.00 m 井段 2 套砂岩体电阻率值较低为 2.4~3.7 Ω·m,且整体变化不大,表现为水淹层特征,而录井资料显示其油气具有上油下水的分异性,上部为油层,水淹影响小,具有开采价值,下部含水特征明显。本井使用了 FLAIR 流体录井以及地化录井技术,其对水淹层均有不同程度的响应(图 8-53)。

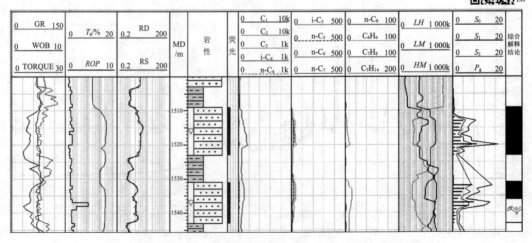

图 8-53 CFD-M-A28 井 1 509.00~1 543.00 m 录测综合图

　　如图 8-53 所示,井段 1 531.00~1 543.00 m,荧光细砂岩,浅灰色,成分以石英为主,次为长石,少量暗色矿物,细粒为主,部分中粒,次棱角—次圆状,分选中等,泥质胶结,疏松;荧光直照亮黄色,面积 20%,D 级,A/C 反应慢,乳白色。整套砂体电阻率、气测全量 T_g 变化不大,对比度不明显。但 FLAIR 所检测的油层重要指示参数 C_7H_{14} 较高,表现为油层特征,自 1 536.00 m 气测组分值均有所下降,油层重要指示参数 C_7H_{14} 降低,气体比率 LM 与 HM 交汇面积减小,综合气测特征表明上部为油层,下部储层含水(图 8-53)。

　　同样,上部地化岩屑热解分析值 S_0、S_1、S_2、P_g 整体较高,达到油层标准,局部受物性影响有所降低。自 1 538.00 m S_0、S_1、S_2、P_g 出现降低,表明储层含底水。从热蒸发气相色谱谱图来看,1 538.00 m 以上组分峰型饱满,而 1 538.00 m 以下组分峰型有所变化,正构烷烃基本消失,姥鲛烷、植烷部分消失,差异明显,表明储层下部含底水(图 8-54)。对于轻烃分析,轻烃组分具有以下几个特征:① C_6 类烃中,在正常石油中,异构己烷有下列浓度系列:$2MC_5 > 3MC_5 > 23DMC_4 > 22DMC_4$;② C_7 类烃中支链烷烃,单甲基链烷烃比双甲基链烷烃优先降解,$2MC_6$ 比 $3MC_6$ 优先降解;③ C_7 类烃中正庚烷对生物降解作用最为敏感,环烷烃具有较强的抗生物降解能力。如图 8-55 所示,本层砂体 1 535.00 m 处 C_6 类烃 $2MC_5$ 浓度含量大于 $3MC_5$,$2MC_6$ 浓度含量比 $3MC_6$ 高,降解程度不明显,为油层特征;下部 1 539.00 m 处 $2MC_5$ 浓度含量小于 $3MC_5$,$2MC_6$ 含量浓度比 $3MC_6$ 低,正庚烷浓度含量明显较上部 1 535.00 m 低,生物降解作用更为严重,受水淹影响,为含油水层特征。

　　综合以上特征,录井综合解释 1 536.00 m 为油水界面,上部为油层,下部具有底水特征。2018 年 12 月 17 日,本井 1-1400 砂体进行投产,日产油 40 m³,日产水 0 m³。由此可以看出,利用录井资料对水淹层进行评价具有巨大优势,可为油田开发提供更好的技术支持。

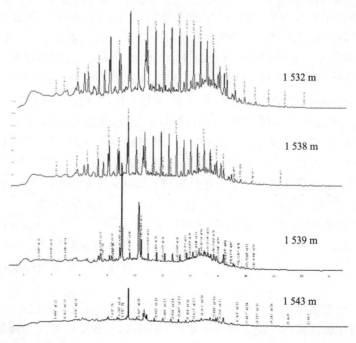

图 8-54　CFD-M-A28 井 1 531.00~1 543.00 m 热蒸发气相色谱图

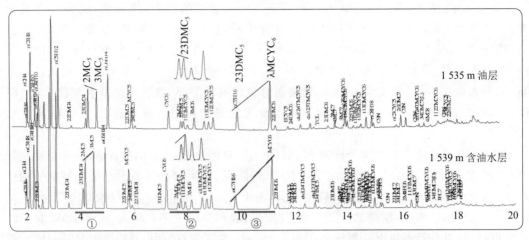

图 8-55 CFD-M-A28 井 1 531.00～1 543.00 m 轻烃色谱谱图

十、原油密度定量化预测实例

原油密度是油藏工程计算和石油储量评价中不可缺少的重要物性参数,它对重质油、稠油层的产能起着决定性作用。基于地化热解参数建立原油相定量化预测模型是一种既简便又经济的方法,该技术能够满足油气勘探开发的作业需求,随钻过程预测储层原油密度,为后续测试工具选择提供合理依据,有助于油气藏发现和节约作业成本。本节案例证明了基于地化热解参数建立原油相定量化预测模型的准确性,在科研与生产中具有较好的推广应用前景。

垦利-P 构造位于渤海南部海域,浅层油气显示较为活跃,油气运移通畅,构造区新近系馆陶组为辫状河流相沉积,发育(含砾)砂岩与泥岩互层的储盖组合,新近系成藏背景良好,勘探评价潜力较大。为确定评价目标的含油气性揭示成藏模式,钻探 KL-P-2d 井,本井在 1 998.00～2 024.00 m 井段钻遇较好油气显示,储集层岩性为荧光细砂岩,浅灰色,成分以石英为主,次为长石,少量暗色矿物,细粒为主,少量中粒,次棱角一次圆状,分选中等,泥质胶结,疏松;荧光直照暗黄色,面积 20%,D 级,A/C 反应快,乳白色(图 8-56)。气测曲线形态饱满,气体组分齐全,气测全烃值 T_g:29.51%、气测组分 C_1:23.859 7%、C_2:0.617 4%、C_3:0.034 7%、i-C_4:0.041 5%、n-C_4:0.012 5%、i-C_5:0.006 9%、n-C_5:0.002 4%(图 8-57)。全烃和组分相对于基值异常明显,T_g 异常倍数:23.90,C_1 异常倍数:27.70,i-C_4 异常倍数:39.80,n-C_4 异常倍数:11.90,i-C_5 异常倍数:6.60,n-C_5 异常倍数:2.40。岩屑地化热解 S_0:0.053 5 mg/g,S_1:4.844 3 mg/g,S_2:3.031 9 mg/g,P_g:7.929 7 mg/g;气相色谱图出峰较高,含油丰度较高(图 8-57)。三维定量荧光:岩屑相当油含量 261.37 mg/L,荧光对比级 9.7,荧光强度 990.9,含油丰度高。综合气测、地化和三维荧光特征,录井综合解释为油层。

根据录井资料原油性质评价技术的地化谱图分类及总体特征,该段储层的地化气相色谱图及地化热解参数特征反映储层油质为重质油/稠油,且遭受严重生物降解,主要表现为正构组分缺失严重,"基线鼓包"明显,但仍有少量正构烷组分残留,Pr、Ph 很小甚至难以辨认;异构烷烃及一些未分辨化合物含量较大,重质及胶质沥青质含量增加。

参考彩图

图 8-56 KL-P-2d 井 2 005.00～2 010.00 m 岩屑荧光扫描照片

参考彩图

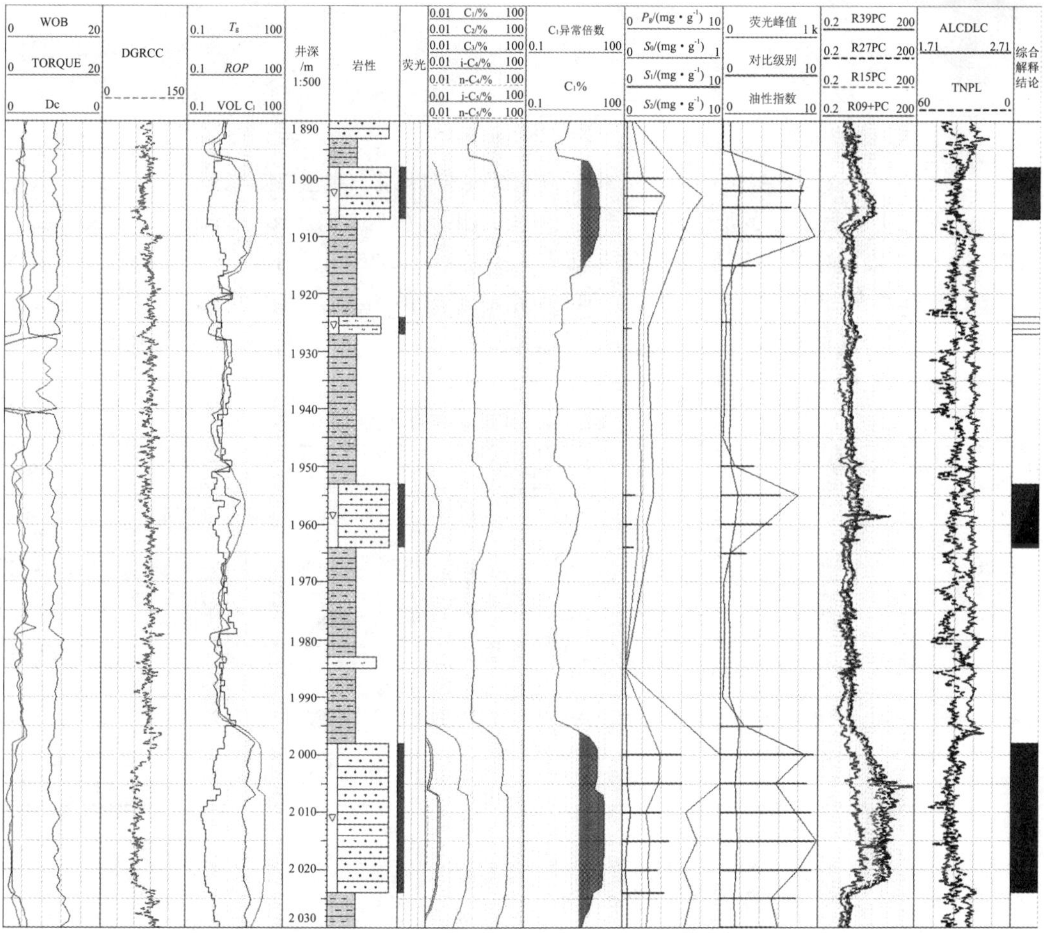

图 8-57 KL-P-2d 井 1 890.00～2 030.00 m 录测综合图

基于地化岩石热解参数的原油密度定量化预测技术,对该段储层油质进行定量化预测,获取较为精准的原油密度,对于测试工艺的选择及后期稠油产能的释放具有标志性意义。按照随钻储层原油密度定量化预测方法及标准化流程,通过开展理论研究、基础实验、数据分析,以地化录井数据为基础,运用最小二乘法作为核心函数建立了原油密度预测多元线性回归模型 $D_{en}=0.053\ 5\times S_1+0.053\ 1\times S_2-0.052\ 4\times P_g+0.073\ 1\times OPI-0.286\ 0\times TPI+0.998\ 6$。

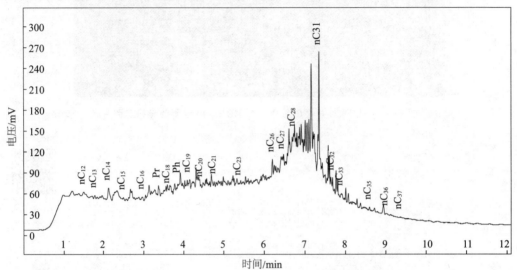

图 8-58　KL-P-2d 井 2 005.00 m 岩屑地化气相色谱图

KL-P-2d 井该段储层的原油密度定量化预测结果为 0.956 4 g/cm³(表 8-2)。1 997.80～2 021.60 m 井段储层最终地层测试结果显示:日产油 79.36 m³,日产气 1 714 m³,油密度 0.959 4 g/cm³,气油比 22,测试结论为油层,原油密度预测与实测误差为 0.003 0,实现了随钻储层原油密度的精准预测,提高了对储层原油性质的综合认识,为测试及开发措施、方案的确定提供了强有力的依据。

表 8-2　KL-P-2d 井原油密度预测

井深/m	S_1	S_2	P_g	OPI	TPI	预测密度	平均值
2 000.00	6.060 6	3.859 6	9.966 2	0.608 1	0.612 7	0.976 3	
2 005.00	6.176 0	3.713 3	9.940 4	0.621 3	0.626 4	0.975 0	
2 010.00	3.999 1	2.414 9	6.499 3	0.615 3	0.628 4	0.940 7	
2 015.00	4.791 1	2.834 1	7.676 3	0.624 1	0.630 8	0.952 4	0.956 4
2 020.00	3.675 2	2.584 6	6.291 5	0.584 2	0.589 2	0.944 1	
2 024.00	4.363 9	2.784 6	7.204 2	0.605 7	0.613 4	0.949 7	

十一、软件系统综合解释实例

目前,渤海油田开发设计了《RISExpress 井场油气水快速识别与评价系统》,该系统软件能够实现井场油气水层的快速化及定量化解释与综合评价。下面以 BZ-B-4d 井为例并结合《RISExpress 井场油气水快速识别与评价系统》操作介绍录井综合解释评价流程。

渤中-B 构造位于渤海油田西南部,渤西南构造脊北端,夹持在渤中凹陷主洼和西南洼之间。渤中-B 构造区为继承性发育的构造脊,发育东三段和沙河街组两套烃源岩,含油气构造的原油表现为东三段和沙河街组的混源特征。本区块自西南向东北依次分布 BZ-B-2d、BZ-B-3d、BZ-B-4d、BZ-B-5d 井,目的储层为明下段、馆陶组,油质特征从横向上来看,明下段储层 BZ-B-2d、BZ-B-4d 井为重质油,BZ-B-3d 井未见油气显示,而 BZ-B-5d 井变化为轻质油。由于油源特征复杂,录井资料不同层位差异明显,有时与测井资料出现矛盾,给测试方案制订带来很大困难。为此,需将气测录井、地化录井、三维定量荧光录井等多种技术结合进行综合解释,提高油气水层解释符合率。BZ-B-4d 井钻遇明下段、馆陶组地层,油气显示丰富,该井解释流程、成果如下。

1. 解释流程

BZ-B-4d 井录井解释包括区域知识库建立→数据收集、整理、导入→数据预处理→单项解释→综合解释→成果输出等步骤。软件操作过程如下:

(1)创建项目。

(2)根据该区块 5 口预探井的录井、测井和测试资料,总结出不同层位储层气测烃组分及派生参数特征、地化录井参数特征、三维定量荧光参数特征,建立该区块油气水层解释评价模板。

(3)收集、整理井基础、常规气测、地化、三维定量荧光、岩心岩屑录井、工程参数录井等数据,并将数据加载至解释软件中。

(4)选择数据预处理方法,对气测、地化和三维定量荧光数据进行校正。

(5)创建单井图,划分待解释层,并选择解释方法进行单项解释。

(6)优选方法,进行综合解释。

(7)输出成果,包括录井综合解释成果图及综合解释成果表。

2. 建立解释模板

明下段和馆陶组流体类型主要包括油层、含油水层、水层和干层(受物性影响不予研究)。从气测参数特征及地化图谱变化特征来看,明下段埋藏浅,普遍受到生物降解作用影响,而馆陶组受生物降解作用影响较少,总体表现为正常原油特征。统计各参数变化规律,T_g、C_1 异常倍数、i-C_4 异常倍数、n-C_4 异常倍数、i-C_5 异常倍数、n-C_5 异常倍数、S_2、TPI、发射波长、相当油含量、$P_g \cdot PS$ 等参数可以有效地区分油层、含油水层、水层,因而选取这些参数建立油水解释模板,并录入软件知识库中,建立的解释模板如下图(图 8-59～图 8-62)所示。

解释结论	荧光面积		组分齐全		TG(%)		TG异常倍数		C1(%)		C1异常倍数		iC4异常倍数		nC4异常倍数		iC5异常倍数		nC5异常倍数	
	下限	上限	下限	上限	下限	上限	下限	上限	上限	下限	下限	上限	下限	上限	下限	上限	上限	下限	上限	下限
油层	5	∞	-∞	25	4	∞	6	∞	∞	-∞	8	∞	-∞	∞	-∞	∞	-∞	∞	-∞	-∞
油层	5	∞	25	∞	4	∞	6	∞	∞	-∞	6	∞	4	∞	4	∞	3	∞	∞	3
含油水层	5	∞	-∞	25	1	∞	2	∞	∞	-∞	3	∞	-∞	∞	-∞	∞	-∞	∞	-∞	-∞
含油水层	5	∞	25	∞	1	∞	2	∞	∞	-∞	3	∞	2	∞	2	∞	1	∞	∞	1
水层	5	∞	-∞	25	0.5	∞	1	∞	∞	-∞	1	∞	-∞	∞	-∞	∞	-∞	∞	-∞	-∞
水层	5	∞	25	∞	0.2	∞	1	∞	∞	-∞	1	∞	-∞	∞	-∞	∞	-∞	∞	-∞	-∞
水层	-∞	∞			0.2	∞	1	∞	∞	-∞	1	∞	-∞	∞	-∞	∞	-∞	∞	-∞	-∞
气层	-∞	4	-∞	∞	2.5	∞	5	∞	∞	90	6	∞	-∞	∞	-∞	∞	-∞	∞	-∞	-∞
含气水层	-∞	4	-∞	∞	2	∞	2	∞	∞	-∞	2	∞	-∞	∞	-∞	∞	-∞	∞	-∞	-∞

图 8-59　渤中-B 区块特征参数解释模板

解释参数

样品类型	油质	公式(油-含油水)	A(油-含油水)	B(油-含油水)	公式(含油水-水)	A(含油水-水)	B(含油水-水)
壁心	轻质油	直线方程	-10.545	12.018	直线方程	-10.143	8.1286
	中质油	直线方程	-10	10.5	直线方程	-4	3.3
	重质油	直线方程	-15.455	15.364	直线方程	-6.4615	5.4692
岩屑	轻质油	直线方程	-3.6667	3.7173	直线方程	-3.4118	2.4335
	中质油	直线方程	-7.5602	6.4924	直线方程	-4.4786	3.1175
	重质油	直线方程	-13.531	10.61	直线方程	-4.7481	2.609

油质类型

油质	PS下限	PS上限	MCP下限	MCP上限
轻质油	1.9	∞	C1	nC19
中质油	1.2	1.9	nC19	nC27
重质油	-∞	0.85	nC27	nC36

图 8-60　渤中-B 区块 S_2 与 TPI 解释模板

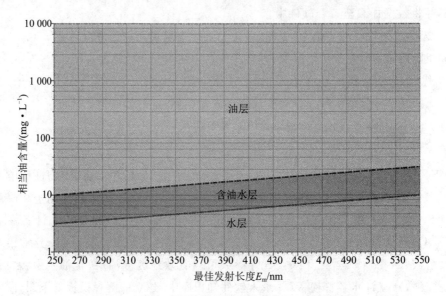

图 8-61　渤中-B 区块最佳发生波长与 TPI 解释模板

解释参数

样品类型	油质	A(油-含油水)	B(油-含油水)	A(含油水-水)	B(含油水-水)
▶ 通用	通用	17.166	-0.507	0.4328	-0.841

油质类型

油质	PS下限	PS上限	MCP下限	MCP上限
▶ 轻质油	1.7	∞	C1	nC19
中质油	0.85	1.7	nC20	nC27
重质油	-∞	0.85	nC27	nC36

图 8-62 渤中-B区块 T_g 与 $P_g \cdot PS$ 解释模板

3. 数据预处理

收集、整理并将原始数据加载至软件数据库中后分别对气测、地化、三维定量荧光数据进行处理。其中,对气测录井数据采用单位体积岩石含气量法进行校正(图 8-63),对地化数据进行烃损恢复(图 8-64、图 8-65),对三维定量荧光数据进行主峰、次峰位置重新识别及参数计算(图 8-66、图 8-67),处理过程及结果如下所示。

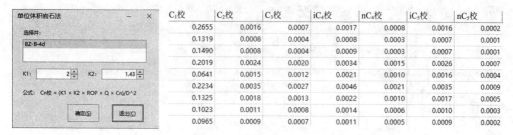

C₁校	C₂校	C₃校	iC₄校	nC₄校	iC₅校	nC₅校
0.2655	0.0016	0.0007	0.0017	0.0008	0.0016	0.0002
0.1319	0.0008	0.0004	0.0008	0.0003	0.0007	0.0001
0.1490	0.0008	0.0004	0.0009	0.0003	0.0007	0.0001
0.2019	0.0024	0.0020	0.0034	0.0015	0.0026	0.0007
0.0641	0.0015	0.0012	0.0021	0.0010	0.0016	0.0004
0.2234	0.0035	0.0027	0.0046	0.0021	0.0035	0.0009
0.1325	0.0018	0.0013	0.0022	0.0010	0.0017	0.0005
0.1023	0.0011	0.0008	0.0014	0.0006	0.0010	0.0003
0.0965	0.0009	0.0007	0.0011	0.0005	0.0009	0.0002

（单位体积岩石法窗口：选择井 BZ-B-4d，K1：2，K2：1.43，公式：Cn校 = (K1 × K2 × ROP × Q × Cn)/D^2）

图 8-63 气测数据校正公式及结果(单位体积岩石法)

明上段	500	930	轻质油	S1	-∞	∞	S1
				S2	-∞	∞	S2
				Pg	-∞	∞	Pg
			中质油	S1	-∞	∞	0.0741*S1-0.1502*S2+0.7652*Pg+102.7646*OPI-99.2959*TPI+2.5113
				S2	-∞	∞	5.4665*S1+8.0326*S2-5.8496*Pg-19.0160*OPI+19.5245*TPI-1.4160
				Pg	-∞	∞	5.5406*S1+7.8824*S2-5.0844*Pg+83.7486*OPI-79.7714*TPI+3.9273
			重质油	S1	-∞	∞	S1/(0.0385*S1+0.1053)
				S2	-∞	∞	S2/(0.0434*S2+0.0705)
				Pg	-∞	∞	S1/(0.0385*S1+0.1053)+S2/(0.0434*S2+0.0705)

图 8-64 烃损恢复公式

气态烃量	液态烃量	裂解烃量	S₂的峰顶温度	含油气总量	气产率指数	油产率指数	油气总产率指数
0.058	0.747	3.017	424.000	3.764	0.151	0.211	0.362
0.094	4.265	4.627	428.000	8.892	0.090	0.517	0.607
0.022	17.742	17.051	444.000	34.792	0.002	0.559	0.561
0.067	15.950	17.301	420.000	33.251	0.011	0.689	0.700
0.358	18.867	16.152	430.000	35.018	0.032	0.647	0.679
0.109	10.916	8.775	412.000	19.691	0.036	0.663	0.699
0.058	22.261	20.031	429.000	42.291	0.002	0.602	0.604

图 8-65 烃损恢复结果

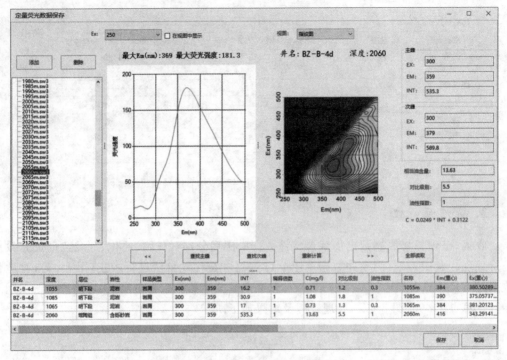

图 8-66　三维定量荧光处理界面

样品类型	Em(实测)	EX(实测)	荧光强度(校正)	相当油含量(校正)	对比级别(校正)	oli_index	荧光强度(水线)	油水变化率	水线偏差距	标准油样主峰偏差距
岩屑	390.000	390.000	492.502	12.580	5.400		362.166	0.735	0.000	95.189
岩屑	380.000	380.000	466.613	11.930	5.300		351.396	0.753	0.000	82.710
岩屑	370.000	370.000	468.177	11.970	5.300		351.182	0.750	0.000	70.859
岩屑	390.000	390.000	472.767	12.080	5.300		356.984	0.755	0.000	95.189
岩屑	370.000	370.000	460.662	11.780	5.300		344.310	0.747	0.000	70.859
岩屑	380.000	380.000	497.720	12.710	5.400		368.711	0.741	0.000	82.710
岩屑	390.000	390.000	476.809	12.180	5.300		355.050	0.745	0.000	95.189
岩屑	380.000	380.000	518.214	13.220	5.400		375.393	0.724	0.000	82.710
岩屑	380.000	380.000	484.683	12.380	5.300		362.733	0.748	0.000	82.710
岩屑	390.000	390.000	467.991	11.970	5.300		354.968	0.758	0.000	95.189
岩屑	380.000	380.000	478.207	12.220	5.300		349.979	0.732	0.000	82.710
岩屑	380.000	380.000	487.877	12.460	5.400		357.531	0.733	0.000	82.710
岩屑	380.000	380.000	477.824	12.210	5.300		358.633	0.751	0.000	82.710
岩屑	390.000	390.000	470.185	12.020	5.300		354.375	0.754	0.000	95.189

图 8-67　三维定量荧光处理结果

4. 单项解释

调用区域解释模板,采用特征参数、S_2 与 TPI、发射波长与浓度、T_g 与 $P_g \cdot PS$ 及地化图谱比对等方法分别进行解释。以井段 1 357.00～1 363.00 m 为例,5 种方法均解释为油层,解释结果分别如图 8-68～图 8-70 所示。

顶深	底深	结论	C1	C1异常倍数	C2	C3	iC4	iC4异常倍数	nC4	nC4异常倍数	iC5	iC5异常倍数	nC5	nC5异常倍数	TG	TG异常倍数	荧光颜积
1864	1865	油层	3.7280	5.1310	0.0030	0.0024	0.0065	8.5560	0.0038	2.1820	0.0054	25.0000	0.0010	1.5000	6.3033	6.6010	5.0000
1869.5	1872.5	油层	7.7784	9.7280	0.0088	0.0049	0.0121	13.4440	0.0084	7.6360	0.0098	49.0000	0.0023	11.5000	13.1120	11.6350	10.0000
1897.5	1905	油层	14.0701	14.5820	0.0167	0.0081	0.0234	9.0000	0.0079	4.3890	0.0172	9.0530	0.0074	24.6670	20.9561	15.5620	20.0000
1918	1928	油层	10.3657	9.7490	0.0087	0.0046	0.0209	5.7500	0.0053	5.2780	0.0153	3.8000	0.0022	17.5000	17.5583	10.9990	10.0000
1928	1936	合油水层	3.8114	3.6000	0.0059	0.0028	0.0112	3.5250	0.0050	3.1110	0.0084	1.4670	0.0006	2.5000	7.1706	2.0720	10.0000
2023	2035	油层	20.8911	112.0070	0.0217	0.0219	0.0651	46.2960	0.0187	34.1820	0.0457	41.6360	0.0028	11.2260	29.5480	91.9310	10.0000
2035	2050	合油水层	14.9141	4.7970	0.0125	0.0163	0.0474	4.7220	0.0111	6.1820	0.0356	3.0910	0.0038	2.7100	22.8035	8.2960	5.0000
2054	2057	油层	8.5405	45.7900	0.0183	0.0252	0.0350	24.9230	0.0136	24.9090	0.0208	19.0000	0.0041	16.2580	15.2060	47.3100	5.0000
2062.5	2073	油层	6.2556	33.5400	0.0201	0.0232	0.0311	22.1540	0.0142	26.0000	0.0175	16.0000	0.0021	8.5160	11.5106	35.8120	5.0000

图 8-68　特征参数法解释结果

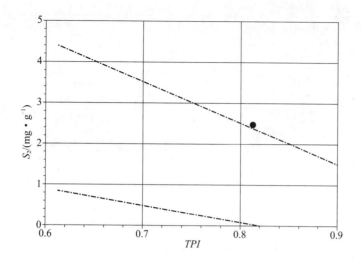

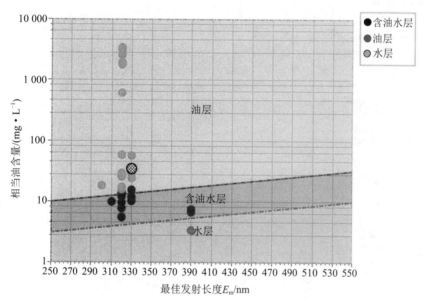

图 8-69 S₂ 与 TPI、发射波长与浓度解释结果

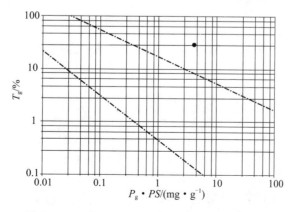

图 8-70 Tg 与 Pg·PS 及地化图谱比对解释结果

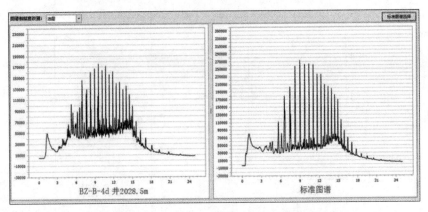

续图 8-70 T_g 与 $P_g \cdot PS$ 及地化图谱比对解释结果

5. 综合解释

按照评价方法优选流程及优选系数，BZ-B-4d 井各层最终使用方法如图 8-71 所示。最终解释结果与完井解释相比，解释层数 35 层，32 层符合，解释符合率为 91.4%，解释评价效果较好（表 8-3）。

井名	顶深	底深	取芯	荧光	气层	生物降解	生油岩...	轻质油	判断顺序	使用方法
BZ-B-4d	1726.5	1728	是	是	否	是	否	否	地化>三维>气测	S2与TPI
BZ-B-4d	1728.5	1729.5	是	是	否	否	否	否	地化>三维>气测	S2与TPI
BZ-B-4d	1751.5	1753	是	是	是	否	否	否	地化>三维>气测	S2与TPI
BZ-B-4d	1761.5	1763	是	是	否	是	否	否	地化>三维>气测	S2与TPI
BZ-B-4d	1774.90...	1779.40...	是	是	否	否	是	否	地化>三维>气测	S2与TPI
BZ-B-4d	1811.5	1817.5	是	是	否	否	否	否	地化>三维>气测	S2与TPI
BZ-B-4d	1817.5	1824.5	是	是	否	否	否	否	地化>三维>气测	S2与TPI
BZ-B-4d	1864	1865	否	是	否	是	否	否	地化>气测>三维	S2与TPI
BZ-B-4d	1869.5	1872.5	是	是	否	否	否	否	地化>三维>气测	S2与TPI
BZ-B-4d	1897.5	1905	是	是	否	否	否	否	地化>三维>气测	S2与TPI
BZ-B-4d	1918	1928	是	是	是	否	否	是	地化>三维>气测	S2与TPI
BZ-B-4d	1928	1936	是	是	否	否	否	否	地化>三维>气测	S2与TPI
BZ-B-4d	2023	2035	是	是	是	否	否	否	地化>三维>气测	S2与TPI
BZ-B-4d	2035	2050	是	是	是	否	否	否	地化>三维>气测	S2与TPI
BZ-B-4d	2054	2057	是	是	否	否	否	否	地化>三维>气测	S2与TPI
BZ-B-4d	2062.5	2073	是	是	否	否	否	否	地化>三维>气测	S2与TPI
BZ-B-4d	2073	2083.39...	否	是	是	否	否	否	气测>地化>三维	特征参数
BZ-B-4d	2138.5	2145	是	是	否	否	否	否	地化>三维>气测	特征参数
BZ-B-4d	2146	2149	否	是	否	否	否	是	气测>三维>地化	特征参数
BZ-B-4d	2149	2155.5	是	是	否	否	否	否	气测>三维>地化	特征参数
BZ-B-4d	2162.5	2170	是	是	否	否	否	否	气测>三维>地化	特征参数
BZ-B-4d	2170	2179	否	是	否	否	否	否	气测>三维>地化	特征参数
BZ-B-4d	2186.5	2188.5	是	是	否	否	否	否	气测>三维>地化	特征参数
BZ-B-4d	2188.5	2196.5	是	是	否	否	否	否	地化>三维>气测	特征参数
BZ-B-4d	2208	2217	是	是	否	否	否	否	地化>三维>气测	特征参数
BZ-B-4d	2258.5	2262	否	是	否	否	否	否	气测>三维>地化	特征参数
BZ-B-4d	2262.5	2265.5	否	是	是	否	否	否	气测>地化>三维	特征参数
BZ-B-4d	2266	2275	是	是	是	否	否	否	地化>三维>气测	特征参数

图 8-71 T_g 与 $P_g \cdot PS$ 及地化图谱比对解释结果

表 8-3 解释结论对比表

顶深/m	底深/m	层位	完井解释	特征参数	S_2 与 TPI	发射波长与相当油含量	T_g 与 $T_g \cdot PS$	地化图谱比对	综合解释
1 589	1 593	明下段	含油水层	水 层	含油水层	含油水层	含油水层	含油水层	含油水层
1 596	1 606	明下段	含油水层	含油水层	水 层	含油水层	水 层	含油水层	水 层
1 612	1 616.5	明下段	含油水层	含油水层	含油水层	含油水层	含油水层	含油水层	含油水层
1 646	1 648.5	明下段	含油水层	含油水层	含油水层	油 层	含油水层	含油水层	含油水层
1 723	1 725	明下段	气 层	气 层	气 层	气 层	气 层	气 层	气 层

续表

顶深/m	底深/m	层位	完井解释	特征参数	S_2 与 TPI	发射波长 与相当油含量	T_g 与 $T_g \cdot PS$	地化图 谱比对	综合解释
1 726.5	1 728	明下段	油层	油层	油层	油层	油层	油水同层	油层
1 728.5	1 729.5	明下段	油层	油层	油层	油层	油水同层	油层	油层
1 751.5	1 753	明下段	气层	气层	气层	气层	气层	气层	气层
1 761.5	1 763	明下段	油层	油层	油层	油层	油层	油层	油层
1 811.5	1 817.5	明下段	油层	油层	油层	油层	油水同层	油层	油层
	...								
2 262.5	2 265.5	馆陶组	含油水层	含油水层	含油水层	水层	含油水层	含油水层	含油水层
2 266	2 275	馆陶组	含油水层	含油水层	水层	含油水层	水层	水层	含油水层
解释符合率				91.4%	88.6%	88.6%	85.7%	85.7%	91.4%

参考文献

［1］ 地球化学录井技术编委会.地球化学录井技术［M］.北京：石油工业出版社，2016.

［2］ AKINLUA A，AJAYI T R，ADELEKE B B. Niger Delta oil geochemistry：Insight from light hydrocarbons［J］. Journal of Petroleum Science and Engineering，2006，50(3-4)：308-314.

［3］ AQUINO NETO F R，TRENDEL J M，RESTLE A，et al. Occurrence and formation of tricyclic and tetracyclic terpanes in sediments and petroleums［C］//Advances in Organic Geochemistry . New York：John Wiley & Sons，1983：659-676.

［4］ BEMENT W O，LEVEY R A，MANGO F D. The temperature of oil generation as defined with C7 chemistry maturity parameter（2，4-DMP/ 2，3-DMP）［M］. Donostian-San Sebastian：European Association of Organic Geochemists，1995：505-507.

［5］ BRASSELL S C ，SHENG G，Fu J，et al. Biological markers in lacustrine Chinese oil shales［C］// FLEET A J，KELTS K，TALBOT M R. Lacustrine Petroleum Source Rocks，London：Geological Society of London：299-308.

［6］ BROOKS J D，GOULD K，SMITH J W. Isoprenoid hydrocarbons in coal and petroleum［J］. Nature，1988(222)：257-259.

［7］ CHANG C T，LEE M R，LIN L H，et al. Application of C7 hydrocarbons technique to oil and condensate from type Ⅲ organic matter in Northwestern Taiwan［J］. International Journal of Coal Geology，2007，71(1)：103-114.

［8］ CHUNG H M，WALTERS C C，BUCK S，et al . Mixed signals of the source and thermal maturity for petroleum accumulations from light hydrocarbons：an example of the Beryl field［J］. Organic Geochemistry，1998，29(1)：381-396.

［9］ CLARK J P，PHILP R P. Geochemical characterization of evaporite and carbonate depositional environments and correlation of associated crude oils in the Black Creek Basin，Alberta［J］. Canadian Petroleum Geologists Bulletin，1989(37)：401-416.

［10］ CONNAN J，DESSORT D. Novel family of hexacyclic hopanoid alkanes（C32-C35）occurring in sediments and oils from anoxic paleoenvironments［J］. Organic Geochemistry，1987(11)：103-113.

［11］ CONNAN J，BOUROULLEC J，DESSORT D，et al. The microbial input in carbonate-anhydrite facies of a sabkha palaeoenvironment from Guatemala：a molecular approach［J］. Organic Geochemistry，1986(10)：29-50.

［12］ CONNAN J，RESTLE A，ALBRECHT P. Biodegradation of crude oil in the Aquitaine Basin［C］// Douglas A G，Maxwell J R. Advances in Organic Geochemistry，Oxford ：Pergamon Press，1980：1-17.

[13] CURIALE J A. Steroidal hydrocarbons of the Kishenehn Formation, northwest Montana[J]. Organic Geochemistry,1987(11): 233-244.

[14] DAI J X. Identification of various alkane gases. Science in China[J],1992,35(10): 1246-1257.

[15] DEMAISON G, HOLCK A J, JONES R W, et al. Predictive source bed stratigraphy: a guide to regional petroleum occurrence[C]//Proceedings of the 11th World Petroleum Congress, London: John Wiley & Sons, 1983(2): 1-13.

[16] ENGLAND W. The organic geochemistry of petroleum reservoirs[J]. Organic Geochemistry, 1990, 16(3): 415-425.

[17] FU J, SHENG G, LIU D. Organic geochemical characteristics of major types of terrestrial source rocks in China[C]// FLEET A J, KELTS K, TALBOT M R. Lacustrine Petroleum Source Rocks Blackwell, London, 1988:279-289.

[18] FU J, SHENG G, PENG P, et al. Peculiarities of salt lake sediments as potential source rocks in China[J]. Organic Geochemistry, 1986(10):119-126.

[19] GALAN V, CARLOS A. Effect of evaporation on C_7 light hydrocarbon parameters[J]. Organic Geochemistry, 2003, 34(6):813-826.

[20] GEORGE S C,BOREHAM C J,MINIFIE S A,et al. The effect of minor to moderate biodegradation on C_5 to C_9 hydrocarbons in crude oils[J]. Organic Geochemistry,2002,33(12): 1293-1317.

[21] GOODWIN N S, MANN A L,PATIENCE R L. Structure and significance of C30 4-methylsteranes in lacustrine shales and oils[J]. Organic Geochemistry, 1988(12):495-506.

[22] GRICE K. δ13C as an indicator of paleoenvironments: a molecular approach//UNKOVICH M J, PATE A M,GIBBS J. Application of Stable Isotope Techniques to Study Biological Processes and Functioning Ecosystems Kluwer Scientific, Dordrecht. The Netherlands, 2001:247-281.

[23] GRICE K, SCHOUTEN S, PETERS K E,et al. Molecular isotopic characterisation of hydrocarbon biomarkers in Palaeocene-Eocene evaporitic, lacustrine source rocks from the Jianghan Basin, China [J]. Organic Geochemistry, 1998(29):1745-1764.

[24] HANTSCHEL T, KAUERAUFA I, WYGRALA B. Finite element analysis and ray tracing modeling of petroleum migration[J]. Marine and Petroleum Geology 2000,17(7): 815-820.

[25] HAVEN H L T. Applications and limitations of Mango's light hydrocarbon parameters in petroleum correlation studies[J]. Organic Geochemistry,1996,24(10): 957-976.

[26] HINDLE A D. Petroleum migration pathways and charge concentration:a three-dimensional model [J]. AAPG Bulletin, 1997(81): 1451-1481.

[27] HINDLE A D. Petroleum migration pathways and charge concentration:a three-dimensional model-reply[J]. AAPG Bulletin ,1999(83):1020-1023.

[28] HOLBA A G, ELLIS L, DZOU I L, et al. Extended tricyclic terpanes as age discriminators between Triassic, Early Jurassic and Middle-Late Jurassic oils[C]. Presented at the 20th International Meeting on Organic Geochemistry, 2001.

[29] HU G Y,JIAN L,JIN L,et al. Preliminary study on the origin identification of natural gas by the parameters of light hydrocarbon[J]. Science in China,2008,51(1): 131-139.

[30] HUANG W Y,MEINSHEIN W G. Sterols as ecological indicators[J]. Geochimica et Cosmochimica Acta, 1979(43): 739-745.

[31] HUNT J M . Generation and Migration of Light Hydrocarbons[J]. Science,1984,226(4680): 1265-1270.

[32] TERKEN J M J, FREWIN N L. The Dhahaban petroleum system of Oman[J]. The American As-

sociation Petroleum Geologists Bulletin,2000(84):523-544.

[33]　LEYTHAEUSER D,SCHAEFER R G,CORNFORD C,et al. Generation and migration of light hydrocarbons ($C_2 \sim C_7$) in sedimentary basins[J]. Organic Geochemistry,1979,1(4): 191-204.

[34]　MACKENZIE A S,MCKENZIE D. Isomerization and aromatization of hydrocarbons in sedimentary basins formed by extension[J]. Geology Magazine, 1983(120):417-470.

[35]　MANGO F D. An Invariance in the Isoheptanes of Petroleum[J]. Science,1987(237): 514-517.

[36]　MANGO F D. The origin of light cycloalkanes in petroleum[J]. Geochimica et Cosmochimica Acta, 1990,54(1): 23-27.

[37]　MANGO F D. The origin of light hydrocarbons in petroleum: Ring preference in the closure of carbocyclic rings[J]. Geochimica et Cosmochimica Acta,1994,58(2): 895-901.

[38]　Mello M R. Geochemical and molecular studies of the depositional environments of source rocks and their derived oils from the Brazilian marginal basins[D]. Unpublished Ph. D. thesis, Bristol University, Bristol, UK,1988.

[39]　MOLDOWAN J M, SEIFERT W K, GALLEGOS E J. Relationship between petroleum composition and depositional environment of petroleum source rocks[J]. American Association of Petroleum Geologists Bulletin, 1985(69): 1255-1268.

[40]　OBERMAJER M, OSADETZ K G, FOWLER M G, et al. Light hydrocarbon (gasoline range) parameter refinement of biomarker-based oil-oil correlation studies: an example from Williston Basin [J]. Organic Geochemistry, 2000,31(10): 959-976.

[41]　OBERMAJER M,OSADETZ K G,FOWLER M G,et al. Light hydrocarbon (gasoline range) parameter refinement of biomarker-based oil-oil correlation studies: an example from Williston Basin [J]. Organic Geochemistry,2000,31(10): 959-976.

[42]　OURISSON G, ALBRECHT P,ROHMER M. The hopanoids. Palaeochemistry and biochemistry of a group of natural products[J]. Pure and Applied Chemistry, 1979(51):709-729.

[43]　OURISSON G, ALBRECHTP, ROHMER M. The microbial origin of fossil fuels[J]. Scientific American, 1984(251):44-51.

[44]　PALACAS J G, ANDERS D E, KING J D. South Florida Basin—a prime example of carbonate source rocks in petroleum// Palacas J G. Petroleum Geochemistry and Source Rock Potential of Carbonate Rocks, American Association of Petroleum Geologists, Tulsa, OK, 1984:71-96.

[45]　PALACAS J G, MONOPOLIS D, NICOLAOU C A,et al. Geochemical correlation of surface and subsurface oils, western Greece[J]. Organic Geochemistry, 1986(10):417-423.

[46]　PETERS K E, MOLDOWAN J M. Effects of source, thermal maturity, and biodegradation on the distribution and isomerization of homohopanes in petroleum[J]. Organic Geochemistry, 1991(17): 47-61.

[47]　PETERS K E, MOLDOWAN J M. The Biomarker Guide. Interpreting Molecular Fossils in Petroleum and Ancient Sediments. Prentice-Hall, Englewood Cliffs, NJ,1993.

[48]　PETERS K E, MOLDOWAN J M,SUNDARARAMAN P. Effects of hydrous pyrolysis on biomarker thermal maturity parameters: Monterey Phosphatic and Siliceous Members[J]. Organic Geochemistry, 1990(15):249-265.

[49]　PHILP R P, GILBERT T D. Biomarker distributions in Australian oils predominantly derived from terrigenous source material[J]. Organic Geochemistry, 1986(10):73-84.

[50]　POWELL T G,MCKIRDY D M. Relationship between ratio of pristane to phytane, crude oil composition and geological environment in Australia[J]. Nature, 1973(243):37-39.

［51］ RUBINSTEIN I,ALBRECHT P. The occurrence of nuclear methylated steranes in a shale［J］. Journal of the Chemical Society, Chemical Communications, 1975:957-958.

［52］ SEIFERT W K,MOLDOWAN J M. Applications of steranes, terpanes and monoaromatics to the maturation, migration and source of crude oils［J］. Geochimica et Cosmochimica Acta, 1978(42): 77-95.

［53］ SEIFERT W K,MOLDOWAN J M. The effect of biodegradation on steranes and terpanes in crude oils［J］. Geochimica et Cosmochimica Acta, 1979(43):111-126.

［54］ SEIFERT W K,MOLDOWAN J M. Paleoreconstruction by biological markers［J］. Geochimica et Cosmochimica Acta, 1981(45):783-794.

［55］ SIESKIND O, JOLY G,ALBRECHT P. Simulation of the geochemical transformation of sterols: superacid effects of clay minerals［J］. Geochimica et Cosmochimica Acta, 1979(43):1675-1679.

［56］ SINNINGHE DAMSTÉ J S,DELEEUW J W. Biomarkers or not biomarkers: a new hypothesis for the origin of pristane involving derivation from methyl trimethyl tridecyl chromans (MTTCs) formed during diagenesis from chlorophyll and alkylphenols. Organic Geochemistry, 1995(23): 1085-1093.

［57］ TEN HAVEN H L, DELEEUW J W, SINNINGHE DAMST J S, et al. Application of biological markers in the recognition of palaeohypersaline environments// FLEET A J, KELTS K, TALBOT M R. Lacustrine Petroleum Source Rocks. London:Blackwell, 1988:123-130.

［58］ HAVEN T, ROHMER H L,RULLKOTTER M J,et al. Tetrahymanol, the most likely precursor of gammacerane, occurs ubiquitously in marine sediments［J］. Geochimica et Cosmochimica Acta, 1988(53):3073-3079.

［59］ TER K J M J, FREWIN N L,INDRELID S L. Petroleum systems of Oman:Charge timing and risks［J］. AAPG Bulletin. 2001,85(10): 1817-1845.

［60］ THOMAS M M, CLOUSE J A. Scaled physical model of secondary migration［J］. AAPG Bulletin 1995(79): 19-29.

［61］ THOMPSON K. Classification and thermal history of petroleum based on light hydrocarbons［J］. Geochimica et Cosmochimica Acta,1983,47(2): 303-316.

［62］ THOMPSON K F M. Light hydrocarbons in subsurface sediments［J］. Geochimica et Cosmochimica Acta,1979,43(5): 657-672.

［63］ THOMPSON K F M. Fractionated aromatic petroleums and the generation of gas-condensates［J］. Organic Geochemistry,1987,11(6): 573-590.

［64］ THOMPSON K F M. Gas-condensate migration and oil fractionation in deltaic systems［J］. Marine and Petroleum Geology,1988,5(3): 237-246.

［65］ TISSOT B P,WELTE D H. Petroleum Formation and Occurrence［M］. New York: Springer-Verlag,1984.

［66］ TRENDEL J M, RESTLE A, CONNAN J,et al. Identification of a novel series of tetracyclic terpene hydrocarbons (C24-C27) in sediments and petroleums［J］. Journal of the Chemical Society, Chemical Communications, 1982:304-306.

［67］ van KAAM-PETERS H M E, HEIDY M E, KOSTTER J, et al. The effect of clay minerals on diasterane/sterane ratios［J］. Geochimica et Cosmochimica Acta, 1998(62):2923-2929.

［68］ VENKATESAN M I. Tetrahymanol: its widespread occurrence and geochemical significance［J］. Geochimica et Cosmochimica Acta, 1989(53):3095-3101.

［69］ VOLKMAN J K, KEARNEY P,JEFFREY S W. A new source of 4-methyl and 5α(H)-stanols in sediments：prymnesiophyte microalgae of the genus Pavlova[J]. Organic Geochemistry, 1990(15)：489-497.

[70] WELTE D H, KRATOCHVIL H, RULLKTTER J, et al. Organic geochemistry of crude oils from the Vienna Basin and an assessment of their origin[J]. Chemical Geology, 1982, 35(1)：33-68.

[71] WITHERS N. Dinoflagellate sterols// Scheuer P J. Marine Natural Products 5. New York：Academic Press, 1983：87-130.

[72] WOLFF G A, LAMB N A, MAXWELL J R. The origin and fate of 4-methyl steroid hydrocarbons 1. 4-methyl sterenes[J]. Geochimica et Cosmochimica Acta, 1986(50)：335-342.

[73] ZUMBERGE J E. Tricyclic diterpane distributions in the correlation of Paleozoic crude oils from the Williston Basin// Bjory M, ALBRECHT C, CORNFORD C, et al. eds., Advances in Organic Geochemistry 1981. New York：John Wiley & Sons, 1983：738-745.

[74] 陈东敬.油气色谱地球化学录井技术的进展及发展方向[J].中国石油勘探,2002,(4):77-80,78.

[75] 韩方,李荣,闫燕,等.利用热蒸发气相色谱鉴别真假油气显示[J].录井技术,1998(4):26-35,60.

[76] 郎东升,岳兴举.储层流体的热解及气相色谱评价技术[M].北京:石油工业出版社,1999.

[77] 李玉桓,夏亮.轻烃分析技术及参数应用[J].录井工程,2002(4):5-12.

[78] 李玉桓.储油岩热解地球化学录井评价技术[M].北京:石油工业出版社,1993.

[79] 林壬子.轻烃技术在油气勘探中的应用[M].武汉:中国地质大学出版社,1992.

[80] 彭文春.地化录井技术在莱州湾凹陷油质类型判别中的应用[J].录井工程,2018,29(1):73-77.

[81] 彭文绪,辛仁臣,孙和风,等.渤海海域莱州湾凹陷的形成和演化[J].石油学报,2009,30(5):654-660.

[82] 邬立言.生油岩热解快速定量评价[M].北京:科学出版社,1986.

[83] 邬立言,丁莲花,李斌,等.油气储集岩热解快速定性定量评价[M].北京:石油工业出版社,2000.

[84] 邬立言,张振芩,黄子舰.地球化学录井[M].北京:石油工业出版社,2011.

[85] 向斌,魏玉堂,陈永胜,等.台北凹陷轻质油储集层热蒸发气相色谱录井综合解释评价方法[J].录井工程,2014,25(4):46-50,102-103.

[86] 徐志明,王廷栋,姜平,等.原油水洗作用与高凝固点原油的成因探讨[J].地球化学,2000,29(6):556-561.

[87] 严继新,贾殿军.岩石热解地球化学录井储层评价技术(上)[J].国外地质勘探技术,1997(4):11-16.

[88] 严继新,贾殿军.岩石热解地球化学录井储层评价技术(下)[J].国外地质勘探技术,1997(5):13-20.

[89] 杨光照,李成军,张宪军.利用热蒸发气相色谱特征识别储集层流体性质,录井技术[J],2004(2):32-36,71.

[90] 余一欣,周心怀,汤良杰,等.渤海海域莱州湾凹陷 KL11-2 地区盐构造特征[J].地质学报,2008(6):731-737.

[91] 张国田,张德武,王力勇,等.辽河油田茨 120 区块储集层岩石热解与热蒸发气相色谱综合解释评价[J].录井工程,2014,25(4):51-53,80,103.

[92] 张居和,方伟,冯子辉.钻井现场有机地球化学录井与油气识别评价技术[J].地球化学,2002,(5):464-472.

[93] 张艳茹,杨雷.稠油储集层热蒸发气相色谱谱图特征及其综合解释评价方法[J].录井工程,2014,25(3):46-50,101-102.

[94] 朱俊章,施和生,汪建蓉,等.珠江口盆地陆相原油轻烃环优势及其成因[J].天然气地球科学,2009,20(1):15-19.

[95] 尚锁贵.气测录井影响因素分析及甲烷校正值的应用[J].录井工程,2008,19(4):42-45,53.

[96] 曹凤俊,耿长喜.综合录井资料归一化连续校正处理方法[J].录井工程,2010,21(2):1-4.

[97] 曹凤江,肖光武.钻井液黏度、密度对气测全烃检测值影响的模拟实验[J].录井工程,2013,24(3):36-39.

[98] 黄小刚,毛敏.气测录井烃类气体组分脱气效率的计算方法[J].录井工程,2008,19(4):27-20.

[99] 陈现军,郭书生,黄浩,等.地下单位体积岩石含气率的录井解释方法研究[J].录井工程,2016,27(2):52-56.

[100] 曹凤俊.气测录井资料的影响分析及校正方法[J].录井工程,2008,19(1):22-24.

[101] 赵洪权.气测录井资料环境影响因素分析及校正方法[J].大庆石油地质与开发,2005,24(增刊):32-34.

[102] 赵文智,池英柳.渤海湾盆地含油气层系区域分布规律与主控因素[J].石油学报,2000,21(1):10-15.

[103] 刘岩松.气测录井参数物理意义及差异分析解释方法[J].录井工程,2009,20(1):15-17.

[104] 刘小红,卢海丽,魏新源.非平衡钻井条件下气测录井参数校正[J].录井工程,2006,17(1):9-11.

[105] 杨明清.降低气测录井背景值影响方法探讨[J].石油地质与工程,2010,24(4):47-49.

[106] 郑新卫,刘喆,卿华,等.气测录井影响因素及校正[J].录井工程,2012,23(3):20-24.

[107] 王洪伟,杨光照,薛岩,等.气测录井资料随钻自动实时解释系统的研制与开发[J].录井工程,2012,23(4):26-30.

[108] 柳绿,王研,李爱梅,等.深层气井气测录井资料校正处理及其解释评价[J].录井工程,2008,19(3):37-40.

[109] 王志战,程昌茹,班晓维,等.提高录井数据质量的意义与技术途径[J].录井工程,2015,26(3):6-8.

[110] 柳成志.钻井液体系及黏度对气测录井的影响[J].大庆石油学院学报,2004,28(3):20-22.

[111] 侯读杰,冯子辉.油气地球化学[M].北京:石油工业出版社,2011.

[112] 郎东升,岳兴举.油气水层定量评价录井新技术[M].北京:石油工业出版社,2004.

[113] 王守君,刘振江,谭忠健,等.勘探监督手册[M].北京:石油工业出版社,2013.

[114] 刘强国,朱清详.录井方法与原理[M].北京:石油工业出版社,2011.

[115] 张本云,邓强,谭伟雄,等.地化录井知识读本[M].武汉:中国地质大学出版社,2014.

[116] 王振平,王子文.轻烃地球化学场与油气勘探[M].北京:石油工业出版社,1997.

[117] 李成军,吴文宽,修天竹,等.三维定量荧光等值线谱量化相似度对比方法研究及应用[J].录井工程,2013,24(1):20-26.

[118] 李玉桓,刘建英,刘慧英.轻烃录井技术的理论基础和应用原理[J].录井工程,2010,21(1):1-4.

[119] 王胜,吴昊晟,林炳龙.地球化学录井技术在渤海湾地区的应用[J].录井工程,2011,22(3):62-65.

[120] 李玉桓,刘应忠.地化录井技术现状与展望[J].录井工程,2011,22(3):7-10.

[121] 耿长喜,刘丽萍,夏峥寒,等.录井解释评价技术面临的困难与挑战[J].录井工程,2006,17(1):18-20.

[122] 隋淑玲,林承焰,侯连华.含油饱和度的地化热解评价方法[J].石油实验地质,2004,26(1):80-83.

[123] 郎东升,郭树生.热解分析方法在松辽盆地北部储层评价中的应用[J].石油学验地质,1996,18(4):441-447.

[124] 朱扬明,梅博文,潘志清.储岩热解技术在石油勘探中的应用[J].石油勘探与开发,1995,22(4):92-95.

[125] 马友生,刘文利,刘新,等.应用热蒸发气相色谱含水指数评价储集层流体性质初探[J].录井技术,2004,15(1):6-9.

[126] 王新玲.轻烃分析技术在油气层评价中的应用研究[J].断块油气田,2008,15(2):30-33.

[127] 王国民.海拉尔盆地复杂油水层地化录井综合评价研究[D].大庆:大庆石油学院,2008.

[128] 杨丽华.轻烃分析技术在油气勘探开发中的应用[D].大庆:大庆石油学院,2008.

[129] 姜宗恩.饱和烃_轻烃气相色谱数据处理及应用[D].杭州:浙江大学,2010.

[130] 赵春华.渤海海域原油地球化学特征研究[D].杭州:浙江大学,2010.

[131] 韩涛.气相色谱资料在油水层解释评价中的应用方法研究[D].大庆:大庆石油学院,2007.

[132] 李中成.杏树岗扶杨油层油水层录井解释方法[D].大庆:东北石油大学,2011.

[133] 高兴.基于特征信息的测井曲线相似度算法研究与应用[D].大庆:东北石油大学,2013.

[134] 赵政璋,杜金虎,牛嘉玉,等.渤海湾盆地"中石油"探区勘探形势与前景分析[J].中国石油勘探,2005(3):1-7.

[135] 李欣,李建忠,杨涛,等.渤海湾盆地油气勘探现状与勘探方向[J].新疆石油地质,2013(2):140-144.

[136] 谯汉生.渤海湾盆地油气勘探现状与前景[J].勘探家,1999(1):18-21.

[137] 王洪亮,邓宏文.渤海湾盆地第三系层序地层特征与大中型气田分布[J].中国海上油气(地质),2000,14(2):100-103,117.

[138] 冯有良,周海民,任建业,等.渤海湾盆地东部古近系层序地层及其对构造活动的响应[J].中国科学:地球科学,2010(10):1356-1376.

[139] 丁增勇,王良书,钟锴,等.渤海湾盆地新生界残留地层分布特征及其构造意义[J].高校地质学报,2008,14(3):405-413.

[140] 余宏忠.黄河口凹陷新近系层序地层及构造对沉积充填的控制作用[D].中国地质大学(北京),2009.

[141] 侯贵廷,钱祥麟,宋新民.渤海湾盆地形成机制研究[J].北京大学学报(自然科学版),1998(4):91-97.

[142] 杨克绳,钱承康.渤海湾盆地演化特征与构造样式[J].断块油气田,1996(6):1-8.

[143] 宋景明,何毅,陈笑青.对渤海湾盆地断裂体系的认识[J].石油地球物理勘探,2009(S1):154-157.

[144] 徐守余,严科.渤海湾盆地构造体系与油气分布[J].地质力学学报,2005(3):259-265.

[145] 卢刚臣.渤海湾盆地黄骅坳陷潜山演化历程及展布规律研究[D].中国地质大学,2013.

[146] 李理,赵利,刘海剑,等.渤海湾盆地晚中生代—新生代伸展和走滑构造及深部背景[J].地质科学,2015(2):446-472.

[147] 周金堂,周生友,吴义平,等.地化录井烃类恢复系数模拟实验研究[J].录井技术,2002(3):17-22.

[148] 张媛媛.地化数据智能解释与评价研究[D].东北石油大学,2015.

[149] 吴欣松,韩德馨,张祥忠.确定烃类恢复系数的临界点分析法[J].新疆石油地质,2004(3):264-266.

[150] 李进步,卢双舫,陈国辉,等.热解参数 S1 的轻烃与重烃校正及其意义——以渤海湾盆地大民屯凹陷 $E_2S_4^{(2)}$ 段为例[J].石油与天然气地质,2016(4):538-545.

[151] 马德华,刘芳.通过密闭取心资料校正地化含油饱和度的方法[J].录井技术,2004(3):24-27.

[152] 冯士雍.回归分析方法[M].北京:科学出版社,1974.

[153] 陈希儒,王松桂.线性模型中的最小二乘法[M].上海:上海科学技术出版社,2003.

[154] 石瑞平.基于一元回归分析模型的研究[D].石家庄:河北科技大学,2009.

[155] 任建英.一元线性回归分析及其应用[J].才智,2012(22):116-117.

[156] 冯守平,石泽,邹瑾.一元线性回归模型中参数估计的几种方法比较[J].统计与决策,2008(24):152-153.

[157] 刘则毅.科学计算技术与 Matlab[M].北京:科学出版社,2001.

[158] 刘严. 多元线性回归的数学模型[J]. 沈阳工程学院学报(自然科学版),2005,1(z1):128-129.

[159] 王惠文,孟洁. 多元线性回归的预测建模方法[J]. 北京航空航天大学学报,2007,33(4):500-504.

[160] 王振友,陈莉娥. 多元线性回归统计预测模型的应用[J]. 统计与决策,2008(5):46-47.

[161] 金浩,高素英. 最佳多元线性回归模型的选择[J]. 河北工业大学学报,2002,31(5):10-14.

[162] 邓记才,史百舟,裴炳南. LMS算法收敛步长的精确求解[J]. 信号处理,2000,16(1):50-54.

[163] 马伟富. 自适应LMS算法的研究及应用[D]. 成都:四川大学,2005.

[164] 汪宝彬,汪玉霞. 随机梯度下降法的一些性质(英文)[J]. 数学杂志,2011,31(6):1041-1044.

[165] 谢兰,高东红. 非线性回归方法的应用与比较[J]. 数学的实践与认识,2009,39(10):117-121.

[166] 贝茨. 非线性回归分析及其应用[M]. 北京:中国统计出版社,1997:52-53.

[167] 拉特科斯基. 非线性回归模型[M]. 南京:南京大学出版社,1986.

[168] 拉特科斯基. 非线性回归模型:统一的实用方法[M]. 南京:南京大学出版社,1986.

[169] 董大校. 基于MATLAB的多元非线性回归模型[J]. 云南师范大学学报:自然科学版,2009,29(2):45-48.

[170] 肖艳,姜琦刚,王斌,等. 基于ReliefF和PSO混合特征选择的面向对象土地利用分类[J]. 农业工程学报,2016(4):211-216.

[171] 赵宇,黄思明,陈锐. 数据分类中的特征选择算法研究[J]. 中国管理科学,2013,21(6):38-46.

[172] 董虎胜. 主成分分析与线性判别分析两种数据降维算法的对比研究[J]. 现代计算机(专业版),2016(29):36-40.

[173] 张文盛,刘忠宝. 基于Matlab仿真的数据降维实验设计[J]. 实验技术与管理,2016(9):119-121.

[174] 张敬和. 关于主成分分析方法中的若干理论问题[J]. 华东冶金学院学报,2000(2):164-167.

[175] 靳刘蕊. 函数性主成分分析的思想、方法及应用[J]. 统计与决策,2010(1):15-18.

[176] 胡煜. 线性判别分析和降维方法应用于基因芯片数据分析[J]. 甘肃联合大学学报(自然科学版),2008(1):29-33.

[177] 张勇,党兰学. 线性判别分析特征提取稀疏表示人脸识别方法[J]. 郑州大学学报(工学版),2015(2):94-98.

[178] 金平. 轻烃分析在石油地质研究中的意义[J]. 中国新技术新产品,2016(13):140-141.

[179] 谢瑞永. 热解色谱分析技术的研究与应用[J]. 石化技术,2015,22(11):136-137.

[180] SHAJY L,VARGHESE P,MARICHAMY P,et al. Classification of Sputum Cytology Images using Radial Bias Network for Early Detection of Lung Cancer ISSN 0973-4562[J]. International Journal of Applied Engineering Research. 2015,10(70).

[181] 傅顺开,SEIN M,李志强. 多维贝叶斯网络分类器结构学习算法[J]. 计算机应用,2014(4):1083-1088.

[182] 吕岳,施鹏飞,赵宇明. 改进的贝叶斯多分类器组合规则[J]. 数据采集与处理,2000(2):204-207.

[183] SEIN M,傅顺开,吕天依,等. 一般贝叶斯网络分类器及其学习算法[J]. 计算机应用研究,2016(5):1327-1334.

[184] 裴亚辉,张兵利. 一种基于贝叶斯方法的多分类器组合优化算法[J]. 河南科技大学学报(自然科学版),2010(1):34-37.

[185] ZHANG L H,WEN-GENG G E. Based on the decision tree classification algorithm in intrusion detection research[J]. Electronic Design Engineering,2013.

[186] DAN X. Research and Improvement on the Decision Tree Classification Algorithm of Data Mining [J]. Software Guide,2009,21(4):1145-1172.

[187] SHEN C M. Research into the Decision Tree Classification Algorithmsrule[J]. Journal of Yancheng Institute of Technology,2005.

[188] JOHN D,蔡竞峰,蔡自兴.决策树技术及其当前研究方向[J].控制工程.2005(1):15-18.

[189] 杨静,张楠男,李建,等.决策树算法的研究与应用[J].计算机技术与发展,2010,20(2):114-116,120.

[190] 谢妞妞.决策树算法综述[J].软件导刊,2015,14(11):63-65.

[191] 马强.数据挖掘中决策树算法的优化应用研究[J].电子测试,2016(4x):30-31.

[192] 胡美春,田大钢.一种改进的C4.5决策树算法[J].软件导刊,2015,14(7):54-56.

[193] LI L, ZHU H, HONG K. Experimental study on damage detection of frame structured based on artificial neural network algorithm[J]. Journal of Vibration & Shock,2006, 25(1): 104-107.

[194] LONG K, XUEYUAN, et al. Study on the Overfitting of the Artificial Neural Network Forecasting Model[J]. 气象学报英文版,2005,19(2):216-225.

[195] LI X, XU J. The Improvement of BP Artificial Neural Network Algorithm and Its Application[C], 2010.

[196] 周黄斌,周永华,朱丽娟.基于MATLAB的改进BP神经网络的实现与比较[J].计算技术与自动化,2008(1):28-31.

[197] 范磊,张运陶,程正军.基于Matlab的改进BP神经网络及其应用[J].西华师范大学学报(自然科学版),2005(1):70-73.

[198] 吴仕勇.基于数值计算方法的BP神经网络及遗传算法的优化研究[D].昆明:云南师范大学,2006.

[199] 克里斯蒂亚尼尼.支持向量机导论[M].北京:电子工业出版社,2004.

[200] 顾亚祥,丁世飞.支持向量机研究进展[J].计算机科学,2011,38(2):14-17.

[201] 祁亨年.支持向量机及其应用研究综述[J].计算机工程,2004,30(10):6-9.

[202] 丁世飞,齐丙娟,谭红艳.支持向量机理论与算法研究综述[J].电子科技大学学报,2011,40(1):2-10.

[203] MAVROFORAKIS M E, THEODORIDIS S. A geometric approach to Support Vector Machine (SVM) classification[J]. IEEE Transactions on Neural Networks,2006,17(3):671-682.

[204] UTKIN L V, ZHUK Y A. An one-class classification support vector machine model by interval-valued training data[J]. Knowledge-Based Systems,2017(120): 43-56.

[205] PATEL A K, CHATTERJEE S, GORAI A K. Development of machine vision-based ore classification model using support vector machine (SVM) algorithm[J]. Arabian Journal of Geosciences, 2017, 10(5):107.

[206] FUREY T S, CRISTIANINI N, DUFFY N, et al. Support vector machine classification and validation of cancer tissue samples using microarray expression data[J]. Bioinformatics, 2000, 16 (10):906.

[207] 薛宁静.多类支持向量机分类器对比研究[J].计算机工程与设计,2011,32(5):1792-1795.

[208] 郑小霞,钱锋.高斯核支持向量机分类和模型参数选择研究[J].计算机工程与应用,2006,42(1):77-79.

[209] HUANG J, Lu J, LING C X. Comparing Naive Bayes, Decision Trees, and SVM with AUC and Accuracy[C],2003.

[210] 柳广弟.石油地质学[M].北京:石油工业出版社,2009.

[211] 赵靖舟,张金川,高岗.天然气地质学[M].北京:石油工业出版社,2013.

[212] 郭学增.录井学科在勘探事业中的地位[J].录井技术,1998,9(4):1-3.

[213] 尚锁贵,孙新阳,翁春军.一种新的气测录井气体比率解释方法[J].录井工程,2007,18(4):40-45.

[214] 柳城志,许乘武,张曙光,等.钻井液体系及黏度对气测录井的影响[J].东北石油大学学报,2004,28(3):20-21,31.

[215] 纪伟,宋义民.四种类型储气层的气测井解释[J].录井技术,2002,13(4):23-30.

[216] 南山,胡云.Reserval 气体比率法在渤海探区 BZ 油田的应用[J].中外能源,2013,18(6):40-43.

[217] 王雷,郭书生,杨红君,等.INFACT 气测录井解释方法在北部湾盆地的应用[J].中国海上油气,2012,24(6):20-24.

[218] 蔡开平,王应蓉.用气测资料计算岩石含烃浓度[J].石油勘探与开发,2001,28(2):56-60.

[219] 赵晨颖,耿长喜,左铁秋,等.气相色谱分析资料评价水淹层方法研究[J].录井工程,2005,16(1):21-24.

[220] 陈本才,王忠德.储集岩热解地化录井影响因素及对策探讨[J].西部探矿工程,2004,7(11):91-93.

[221] 唐友军,文志刚.地球化学录井技术在油气勘探中的应用[J].天然气地球科学,2015,16(3):3-4.

[222] 夏庆龙.渤海油田近 10 年地质认识创新与油气勘探发现[J].中国海上油气,2016,28(3):1-9.

[223] 谭忠健,吴立伟,郭明宇,等.基于烃组分分析的渤海油田录井储层流体性质解释新方法[J].中国海上油气,2016,28(3):37-43.

[224] 邹雯.北部湾盆地油气层识别图版的建立与应用[J].中国海上油气,2010,22(5):296-299.

[225] 王志战.录井基础理论体系的形成与发展[J].录井工程,2014,25(1):1-5.

[226] 张野,郎东升,耿长喜,等.大庆探区复杂油气水层录井综合识别与评价新技术[J].中国石油勘探,2004,43(4):43-48.

[227] GIONATA F, FABIO D P. Advanced Surface Logging technologies provide solutions for deepwater drilling and formation evaluation[C]. Deep offshore Technology international, 2010.

[228] MITCHELL A, BARRAUD B, BEDA G, et al. Gas While Drilling (Gwd): A Real Time Geologic And Reservoir Interpretation Tool [C]. 40th SPWLA Annual Logging Symposium, 1999.

[229] 吴拓,徐冠军,李培新,等.生物降解稠油油源对比新方法及其应用[J].特种油气藏,2007,14(5):98-101.

[230] 王飞龙,徐长贵,张敏,等.生物标志物定量叠加参数恢复法在渤海油田稠油油源对比中的应用[J].中国海上油气,2016,28(3):70-77.

[231] 横小明,蒋永福,刘树坤.在钻井液受污染条件下油气显示识别探讨[J].西部勘探工程,2004,(11):65-67.

[232] 陈代伟,袁伯琰,杨君.钻井液中烃类气体含量的检测[J].石油钻采工艺,2005,27(1):74-78.

[233] 赵军龙.测井资料处理与解释[M].北京:石油工业出版社,2012.

[234] Hawker D P. Direct gas in mud measurement at well site[J]. Petroleum Engineer International, 1999, 72(9):31-33.

[235] BRUMBOIU A O, HAWKER D P, NORQUAY D A, et al. Application of semipermeable membrane technology in the measurement of hydrocarbon gases in drilling FLAIRs [P]. SPE 62525, 2000.

[236] SHELL oil Company. System for detecting gas in a wellbore during drilling [P]. US: 7318343, 2008.

[237] Datalog Technology Inc. Method for determining the concentration of gas in liquid[P]. US: 694705B1, 2005.

[238] Hyperteq LP. System, method and apparatus for mud gas extraction, detection and analysis thereof [p]. US: 2006/0093523, 2006.

[239] 吴正平.模糊模式识别方法在气测资料解释中的应用[J].天然气工业,2000,20(4):30-32.

[240] 孙开琼,周云才.改进的神经网络算法及其在油层识别中的应用[J].石油机械,2004,32(3):28-29.

[241] 曹义亲,柳健,彭复员.BP 网络在录井气测解释中的应用[J].华东交通大学学报,1998,15(1):51-55.

[242] 杨立平,杨进.现代综合录井技术基础及应用[M].北京:石油工业出版社,2008.

[243] 施和生,吴建耀,朱俊章,等.应用定量荧光技术判识番禺低隆起-白云凹陷北坡残余油藏并重构烃类充注史[J].中国海上油气,2007,19(3):149-153.

[244] 王志战,许小琼,周宝洁.储集层含水性与有效性的录井识别方法[J].油气地质与采收率,2010,17(2):67-69,73.

[245] 肖云,韩崇昭.基于支持向量机的降低入侵检测误报警方法[J].计算机工程,2006,32(17):30-35.

[246] 吴青,刘三阳,杜喆.基于边界向量提取的模糊支持向量机[J].模式识别与人工只能,2008,21(3):273-278.

[247] 付岩,王耀威,王伟强,等.SVM 用于基于内容的自然图像分类和检索[J].计算机学报,2003,26(10):1261-1265.

[248] 楚恒.核 Fisher 判别分析在多聚焦图像融合中的应用[J].中国图像图形学报,2011,16(3):433-441.

[249] 李映,焦李成.基于核 Fisher 判别分析的目标识别[J].西安电子科技大学学报(自然科学版),2003,30(2):42-45.

[250] 韩国生,李双龙,张继德,等.气测录井在辽河凹陷非常规储集层解释评价中的应用[J].录井工程,2010,21(4):24-29.

[251] 王瑞宏,李兴丽,崔云江,等.气测录井技术在渤海疑难层流体识别中的应用[J].石油地质与工程,2013,27(1):72-75.

[252] 牛嘉玉,童晓光,胡见义.渤海湾地区高粘重质油藏的形成与分布[J].石油勘探与开发,1988,15(6):5-15.

[253] 邓运华.渤海上第三系油藏成因机制与勘探效益探讨[J].中国石油勘探,2003(2):25-28.

[254] 尚福华,原野,王才志,等.基于知识库的解释模型只能优选测井数据处理方法[J].石油学报,2015,36(11):1449-1456.

[255] 钟秀琴,刘忠,丁盘苹.基于混合推理的知识库的构建及应用研究[J].计算机学报,2012,35(4):761-766.

[256] 陈亚兵,孙济庆.基于知识库的专家咨询系统设计与实现[J].计算机工程,2007,33(16):196-198.

[257] 李洪奇,郭海峰,郭海民,等.复杂储层测井评价数据挖掘方法研究[J].石油学报,2009,30(4):542-549.

[258] 张立刚,吕华恩,李士斌,等.钻井参数实时优选方法的研究与应用[J].石油钻探技术,2009,37(4):35-38.

[259] 马海,王延江,魏茂安,等.地层可钻性级值预测新方法[J].石油学报,2008,29(5):761-765.

[260] 石峻,闫学峰.油井人工举升方式评价及优化设计软件的研制和应用[J].中国石油和化工,2008(5):61-65.

[261] 王开义,张春江.GIS 领域最短路径搜索问题的一种高效实现[J].中国图像图形学报,2003,8(8):951-955.

[262] 马良,朱刚,宁爱兵.蚁群优化算法[M].北京:科学出版社,2008.

[263] 卢辉斌,贾兴伟,范庆辉.基于蚂蚁算法中参数的讨论与改进[J].计算机工程,2005,31(20):175-179.

[264] 张毅,梁艳春.蚂蚁算法中求解参数最优选择分析[J].计算机应用研究,2007,24(8):70-71.

[265] 宋执武,高德利,李瑞营.大位移井轨道设计方法综述及曲线优选[J].石油钻探技术,2006,34(5):24-27.

[266] 何源,陈平.井下工程参数测量仪样机在文星5井的应用[J].天然气技术,2010,4(2):47-49.

[267] 陶国强,余明军,李油建,等.SLA-1型光谱录井分析仪的研制与应用[J].录井工程,2012,23(4):47-51.

[268] 黎伟.红外烷烃光谱录井分析仪的研制[D].武汉:中南民族大学,2013,4-11.

[269] 袁胜斌,黄小刚,汪芯,等.实时同位素录井技术应用[J].录井工程,2017,28(2):9-12.

[270] 尚锁贵,黄小刚.FLAIR气测系统及其在渤海湾盆地低电阻率油气层的应用[J].录井工程,2007,18(4):40-45.

[271] 谭伟雄,尚锁贵,吴立伟.渤海湾地区低电阻率油气层识别与评价方法[J].录井工程,2009,20(2):47-52.

[272] 胡云,尚锁贵,吴昊晟,等.基于SPSS的岩石热解储集层流体判别分析方法[J].录井工程,2016,27(2):7-11.

[273] 汪芯,胡云,马金鑫,等.渤海油田渤中13-1南区块馆陶组储集层流体性质识别方法研究[J].录井工程,2018,29(4):39-43.

[274] 桑月浦,刘晓亮,王道伟.RISExpress油气识别与评价软件的开发与应用[J].技术研究,2018,7(5):104.

[275] 刘坤,吴立伟,胡云,等.轻烃参数在石臼坨凸起流体性质评价中的应用[J].录井工程,2019,30(2):44-49.

[276] 吴昊晟,郭明宇,刘坤,等.基于FLAIR技术识别储层流体[J].长江大学学报(自科版),2018,15(15):30-34.

[277] 谭忠健,胡云,张国强,等.渤中19-6构造复杂储层流体评价及产能预测[J].石油钻采工艺,2018,40(6):749-759.

[278] 郭明宇,吴立伟,胡云,等.基于地化谱图特征的原油成因分类方法研究——以渤海油田石臼坨凸起东部斜坡带为例[J].录井工程,2018,29(4):49-54.

[279] 桑月浦,王道伟,董峰,等.主成分分析在地化录井储集层流体识别中的应用[J].录井工程,2018,29(2):70-73.

[280] 胡云,谭忠健,张建斌.气相烃类衍生参数解构法及其在渤海油田的应用[J].中国海上油气,2017,29(5):62-68.

[281] 郏磊,倪朋勃,刘坤,等.油质类型判断方法及其在渤海A油田的应用[J].录井工程,2017,28(2):68-71,77.

[282] 马金鑫,牛成民,姬建飞,等.Fisher判别分析法在渤中凹陷储层流体解释评价中的应用[J].石油钻采工艺,2018,40(增刊):32-35.

[283] 李鸿儒,胡云,张志虎,等.渤中构造复杂砂砾岩储层油气藏流体类型识别[J].石油钻采工艺,2018,40(增刊):41-43.

[284] 张建斌,谭忠健,胡云.基于气相烃类的渤海油田储层含油气性定量评价新方法及其应用效果.中国海上油气,2019,31(5):69-75.

[285] 姬建飞,袁胜斌,倪朋勃,等.核Fisher判别分析方法在黄河口凹陷储集层流体解释评价中的应用[J].录井工程,2019,30(1):65-68.

[286] 刘坤,吴立伟,胡云,等.轻烃参数在石臼坨凸起流体性质评价中的应用[J].录井工程,2019,30(2):44-49,134.

[287] 马金鑫,苏朝博,刘坤,等.基于QFA谱图构形的储集层流体识别方法[J].录井工程,2019,30(3):77-80,187.

[288] 徐长敏,黄子舰,李艳霞,等.地化录井技术在渤中19-6构造潜山储集层凝析气层识别中的应用效果分析[J].录井工程,2019,30(3):63-66,186.